U0180030

生物信息学数据分析丛书

生命科学家的 Python 指南

Python for the Life Sciences: A Gentle Introduction to Python for Life Scientists

〔美〕A. 兰卡斯特　　G. 韦伯斯特　著

徐　永　译

科学出版社

北京

图字：01-2020-6504

内 容 简 介

本书对 Python 的计算机编程进行了生动活泼、直观易懂且引人入胜的入门介绍。这本书是专门为没有或几乎没有编程经验的生命科学家而写的，其目的不仅是为他们提供 Python 编程的基础，而且是让他们有信心和能力开始在自己的研究中使用 Python。本书的所有示例均来自广泛的生命科学研究领域，包括生物信息学、结构生物学、发育生物学、进化生物学和生态学，从简单的生化计算和序列分析到对细胞中基因和蛋白质的动态相互作用，或对不断发展的种群中的基因漂移进行建模。书中可以找到如何使用 Python 进行实验室计算自动化、搜索基因启动子序列、旋转分子键、构建细胞拨动开关、模拟动物皮毛形成的模式、生长虚拟植物、模拟流感流行或进化种群等实用的 Python 代码写成的完整的示例。

本书适合于几乎没有编程经验的生命科学家包括本科生和研究生、学术界和工业界的博士后研究人员、医疗专业人员及教师，可作为高年级本科生和研究生的教材，也可供有经验的研究人员作为重要的参考书。

Python for the Life Sciences: A Gentle Introduction to Python for Life Scientists
by Alexander Lancaster and Gordon Webster
Copyright © Alexander Lancaster and Gordon Webster, 2019
This edition has been translated and published under licence from
APress Media, LLC, part of Springer Nature.

图书在版编目（CIP）数据

生命科学家的 Python 指南/（美）亚历山大·兰卡斯特（Alexander Lancaster），
（美）戈登·韦伯斯特（Gordon Webster）著；徐永译. —北京：科学出版社，2020.10
（生物信息学数据分析丛书）
书名原文：Python for the Life Sciences: A Gentle Introduction to Python for Life
Scientists
ISBN 978-7-03-066598-0

Ⅰ.①生… Ⅱ.①亚… ②戈… ③徐… Ⅲ.①软件工具–程序设计–指南
Ⅳ.①TP311.561-62

中国版本图书馆 CIP 数据核字(2020)第 212428 号

责任编辑：李 悦 刘 晶 / 责任校对：严 娜
责任印制：吴兆东 / 封面设计：北京图阅盛世设计有限公司

科 学 出 版 社 出版
北京东黄城根北街 16 号
邮政编码：100717
http://www.sciencep.com

北京虎彩文化传播有限公司 印刷
科学出版社发行 各地新华书店经销
*
2020 年 10 月第 一 版 开本：720×1000 1/16
2021 年 7 月第二次印刷 印张：19 1/2
字数：390 600
定价：180.00 元
(如有印装质量问题，我社负责调换)

作 者 简 介

亚历山大·兰卡斯特（Alexander Lancaster）是罗宁研究所（Ronin Institute）的研究员，悉尼大学访问学者，美国马萨诸塞州剑桥数字生物学研究公司琥珀生物学（Amber Biology）的合伙人。亚历山大拥有加州大学伯克利分校的进化生物学博士学位，同时还有物理学和电气工程的学位。他曾在澳大利亚和美国从事研发工作，主要关注进化生物学和系统生物学。他曾在包括人工生命、复杂的自适应系统、计算生物学和基因组学等广泛领域工作过，也曾在学术界从事研究并担任教职，且在广播和 IT 行业担任过研发职位。

亚历山大发表了许多经同行评审的论文，并对用进化和复杂系统方法解决生物学问题感兴趣。他是基于开源代理的建模工具包——Swarm 的共同开发者，在这一领域做了开创性工作。Swarm 是生物学及其他领域集体行为大规模建模的首批工具之一。

戈登·韦伯斯特（Gordon Webster）是罗宁研究所（Ronin Institute）的研究员及琥珀生物学（Amber Biology）的合伙人。在伦敦大学获得生物物理学和结构生物学博士学位之后，戈登在欧洲和美国从事生命科学的研发工作，特别着重于分子工程和计算生物学。从大学和医学院再到由小型风险投资资助的初创公司和全球制药公司，在学术和商业环境中，他曾担任过从研究人员到公司副总裁等多种职务。

戈登是众多原创性科研论文和专利的作者，与工业、学术和政府组织建立并管理了一些非常成功的研究合作伙伴关系。他在一家跨国制药公司发起并管理了首个转化肿瘤学临床试验项目，并在大型矩阵式组织及由科学家、软件开发人员和技术专家组成的大型分布式团队中，指导并领导了跨多个时区的合作。

审稿人简介

Sanika Bhide 是一位生命科学领域的数据专家，在疾病遗传学、基因组学、微阵列和下一代测序数据的大数据分析方面拥有丰富的经验。她致力于药物基因组学和临床决策支持系统（如 IBM Watson）并利用 NLP、ML 和 AI 方法进行数据科学的研究。她喜欢利用 R 和 Python 解决生物学中的复杂数据科学问题。

Sanika 拥有印度浦那大学的健康科学博士学位。她是斯坦福大学数据科学女性计划（WiDS）的积极成员，并对许多地方性数据科学会议和全国性会议做出了贡献。

Apurva Naik 在过去三年中一直是数据科学家，致力于解决房地产、生命科学和金融服务领域的问题。由于 Python 用途广泛、功能强大且易于实现，这已成为她完成大多数任务的首选工具，因此她有足够的视野专注于 Python 在商业上的应用实例。

Apurva 拥有孟买大学化学工程博士学位，是位运动爱好者和咖啡的"瘾君子"，她与丈夫和女儿住在浦那。

译　者　序

Python 是一款开源且免费的通用集成软件开发系统，是目前发展最快且最受欢迎的程序设计语言之一。它具有简洁、易学及可扩展等特点，而且由于众多程序爱好者的无私奉献，使它的功能得到不断的完善和丰富，具有众多可以直接调用的标准库和扩展库，可以帮助使用者处理各种日常的工作。除了可用于科学计算、建模、优化、数据处理和结果展示等各种科研用途外，它还具有文档生成、数据库构建、密码系统、用户界面、网页浏览、邮件收发和网络爬虫(Web crawler)等各种您想得到或想不到的用途。今后随着版本的不断更新和新功能的添加，Python 将越来越多地被用于各种大型项目的开发。

作为科研工作者、研究生或高年级本科生，可能经常会用各种专用或通用的软件来处理科研中遇到的问题，这些软件大多数是要付费的，如果您所在的单位没有购买这些软件的版权而贸然使用它们的盗版，则可能导致侵权甚至学术不端行为，引起不必要的纠纷。而作为开源的 Python 则可以替代这些软件的大部分功能。因此，本书的出版不仅有助于生命科学领域的科研工作者，而且作为入门教程，对其他领域有志于学习和使用 Python 的科研人员也有裨益。

本书前 10 章为 Python 语言基础，主要介绍 Python 的安装、变量类型、基本运算、文件处理、面向对象编程的概念及可视化问题等，虽然主要是用生命科学领域的问题做例子，但也可以满足其他领域初学者学习 Python 的需求。在本书的后续章节中，作者则用 Python 对生命科学领域的广泛问题进行了讨论，从纳米和纳秒级的蛋白质动力学，到各种基因的操作、生物学数据的挖掘、实验设备的操控、生态动力学和流感的模拟，再到自然生态系统及其演化的生物进化过程等。这些内容的讨论体现了 Python 对范围广泛的不同问题的适应性，不仅展示了 Python 可用于生命科学各个领域问题的研究，从而为生命科学领域的研究者提供扎实的 Python 基础，而且还可以激发不同领域的读者获得 Python 的编程灵感与技巧，在自己的工作中灵活使用 Python。

读者在学完这本 Python 的入门性教程之后，除了可以进一步开拓 Python 在生命科学各个领域中的应用外，还可以开始探索更广阔、更有趣且更有想象力的 Python 应用空间。关于 Python 的应用，在知乎上有个话题："你都用 Python 来做什么？"，获得最高赞的回答包括："SciHub Desktop"（用于研究人员输入文献的DOI 号，自动下载文献全文）；"HistCite Pro"（用于对 Web of Science 数据库中导出的文件进行预处理，快速分析某个领域最有价值的文献和作者）；"在某个 100万+的微博转发中，假流量所占的比例"；等等。从这些应用中读者应该可以看到Python 的潜力。只要您有兴趣去探索，一定能够在科研应用及其他领域找到学习和应用 Python 的乐趣并由此充分展示您的创新及想象能力！

在本书的翻译过程中，虽然译者花了很多的时间和精力在坚持不偏离原著本意的原则下，尽量采用通顺、流畅的语句，使读者看来不觉得生硬和吃力。但无论译者和编辑们怎样努力，书中难免还会出现差错。若有问题，读者可通过电子邮件 xuycn@foxmail.com 与译者联系，以便再版时更正。

最后，译者要感谢本书的编辑李悦女士的认真和耐心。在本书的编辑和校对过程中，她不厌其烦地认真而细致地勘校了本书的每一个词语和细节，并给出了一些用词的建议。更难能可贵的是，在本书的出版遇到问题时，她以超强的耐性和充分的信任继续推进本书的编审工作，使得本书能够提前与读者见面。译者还要感谢我的博士研究生杨碧云同学，她认真校对了本书的第一稿，纠正了一些错误。她们的努力无疑在很大程度上提高了本书的质量。但如果书中还有什么错误的话，一定是译者的问题，而与她们无关。译者还要感谢福建农林大学科技创新专项基金项目（编号：CXZX2018032）对本书出版的大力支持。

徐　永

2020 年 8 月 29 日

致　谢

　　戈登想感谢他可爱（且耐心）的妻子詹妮弗（Jennifer）以及两个漂亮的儿子本吉（Benji）和托比（Toby），在撰写本书时，他们都孜孜不倦地给予他支持。

　　亚历山大要感谢他的家人杰西卡（Jessica）和威廉（William）在本书比预期更长的撰写时间中对他的支持。亚历山大还想感谢阿灵顿（Arlington）的咖啡师出色的泡咖啡技巧，以及剑桥（Cambridge）的 Chez Gordon 出色的美式咖啡。他还感谢 Bill Tozier 使他和戈登接触到 Leanpub[1]，他们在那儿出版了本书的第一版。

　　亚历山大和戈登最后要感谢这个令人惊叹的国际 Python 社区，该社区已经开发并维护了他们最喜欢的编程语言，并使其成为强大而通用的计算工具，作为读者，您可以带着这些计算工具加入我们在 Python 领域的冒险之旅。希望您喜欢！

---

[1] 译注：Leanpub 是一个网站（https://leanpub.com/），提供了一个简单易用的电子书写作、出版、交易的平台，购买者可以根据自己对书本的喜好程度，在一定范围内调节交易价格。

本书的目的

　　"从头开始。"国王非常严肃地说，"然后继续下去，直到你走到尽头再停下来。"

　　本书的目的是使用生命科学家从一开始就熟悉的示例向您介绍Python的基础知识。您是否已经准备好去了解如何使用Python实现实验室计算的自动化、搜索基因启动子序列、旋转分子键、驱动96孔板机器人、构建细胞拨动开关、模拟动物皮毛的形成、模拟虚拟植物、模拟流感疫情或种群进化？如果您想了解这些的话，那么您就来对地方了。准备好去淘金了吗？让我们现在就开始。

目　　录

绪论：欢迎来到尼迪亚王国 ⋯⋯⋯⋯⋯⋯⋯⋯⋯⋯⋯⋯⋯⋯⋯⋯⋯⋯⋯ 1

第 1 章　**Python 入门：设置及使用 Python** ⋯⋯⋯⋯⋯⋯⋯⋯⋯⋯⋯⋯⋯ 14

1.1　在计算机上安装 Python ⋯⋯⋯⋯⋯⋯⋯⋯⋯⋯⋯⋯⋯⋯⋯⋯⋯⋯ 14

1.2　为您的计算机下载 Python 的最新版 ⋯⋯⋯⋯⋯⋯⋯⋯⋯⋯⋯⋯ 16

1.3　在 macOS 计算机上安装 Python ⋯⋯⋯⋯⋯⋯⋯⋯⋯⋯⋯⋯⋯⋯ 16

1.4　在 Linux 计算机上安装 Python ⋯⋯⋯⋯⋯⋯⋯⋯⋯⋯⋯⋯⋯⋯ 17

1.5　在 Windows 计算机上安装 Python ⋯⋯⋯⋯⋯⋯⋯⋯⋯⋯⋯⋯⋯ 18

1.6　使用 IDLE 的 Python 界面 ⋯⋯⋯⋯⋯⋯⋯⋯⋯⋯⋯⋯⋯⋯⋯⋯ 19

1.7　Python 开发环境 ⋯⋯⋯⋯⋯⋯⋯⋯⋯⋯⋯⋯⋯⋯⋯⋯⋯⋯⋯⋯ 20

1.8　安装 Python 套件管理程序 pip ⋯⋯⋯⋯⋯⋯⋯⋯⋯⋯⋯⋯⋯⋯ 21

1.9　获取示例代码 ⋯⋯⋯⋯⋯⋯⋯⋯⋯⋯⋯⋯⋯⋯⋯⋯⋯⋯⋯⋯⋯ 22

1.10　参考资料和进一步阅读 ⋯⋯⋯⋯⋯⋯⋯⋯⋯⋯⋯⋯⋯⋯⋯⋯ 23

第 2 章　**实验台上的 Python：Python 语言基础** ⋯⋯⋯⋯⋯⋯⋯⋯⋯⋯ 24

2.1　在 Python 中声明变量 ⋯⋯⋯⋯⋯⋯⋯⋯⋯⋯⋯⋯⋯⋯⋯⋯⋯ 25

2.2　用 Python 处理所有的数据类型 ⋯⋯⋯⋯⋯⋯⋯⋯⋯⋯⋯⋯⋯ 27

2.3　第一个真正的 Python 代码 ⋯⋯⋯⋯⋯⋯⋯⋯⋯⋯⋯⋯⋯⋯⋯ 28

2.4　Python 函数 ⋯⋯⋯⋯⋯⋯⋯⋯⋯⋯⋯⋯⋯⋯⋯⋯⋯⋯⋯⋯⋯ 29

2.5　在 Python 中使用整数和小数 ⋯⋯⋯⋯⋯⋯⋯⋯⋯⋯⋯⋯⋯⋯ 31

2.6　条件语句 ⋯⋯⋯⋯⋯⋯⋯⋯⋯⋯⋯⋯⋯⋯⋯⋯⋯⋯⋯⋯⋯⋯ 33

2.7　参考资料和进一步阅读 ⋯⋯⋯⋯⋯⋯⋯⋯⋯⋯⋯⋯⋯⋯⋯⋯ 37

第 3 章　**理解序列：生物序列和 Python 的数据结构** ⋯⋯⋯⋯⋯⋯⋯⋯ 38

3.1　序列与字符串 ⋯⋯⋯⋯⋯⋯⋯⋯⋯⋯⋯⋯⋯⋯⋯⋯⋯⋯⋯⋯ 39

3.2　列表及其他 ⋯⋯⋯⋯⋯⋯⋯⋯⋯⋯⋯⋯⋯⋯⋯⋯⋯⋯⋯⋯⋯ 41

3.3　方法与对象 ⋯⋯⋯⋯⋯⋯⋯⋯⋯⋯⋯⋯⋯⋯⋯⋯⋯⋯⋯⋯⋯ 44

3.4　您的朋友——Python 字典 ⋯⋯⋯⋯⋯⋯⋯⋯⋯⋯⋯⋯⋯⋯⋯ 45

3.5　用 Python 实现 DNA 限制酶的内切功能 ⋯⋯⋯⋯⋯⋯⋯⋯⋯ 48

3.6　参考资料和进一步阅读 ⋯⋯⋯⋯⋯⋯⋯⋯⋯⋯⋯⋯⋯⋯⋯⋯ 53

第 4 章　统计插值：贝叶斯定理与生物标记物································54

4.1　贝叶斯及其著名定理·······························55

4.2　贝叶斯定理的应用：生物标记物的性能··············56

4.3　贝叶斯定理的数学解析·····························57

4.4　用 Python 实现贝叶斯生物标记物函数··············58

4.5　用通用贝叶斯函数进行字符串格式化················59

4.6　参考资料和进一步阅读·····························61

第 5 章　打开数据之门：读取、解析和处理生物数据文件············62

5.1　用 Python 打开文件·······························63

5.2　更改变量类型····································65

5.3　出错处理：Python 的异常处理······················67

5.4　重新开始：解析 FASTA 文件·······················70

5.5　参考资料和进一步阅读·····························73

第 6 章　生物序列的搜索：基因组和序列的正则表达式··············74

6.1　Python 的正则表达式库及导入······················75

6.2　用正则表达式识别基因启动子······················77

6.3　MatchObject：第一个真实的 Python 对象·············78

6.4　Python 用于真正的基因组学时太慢了吗？············79

6.5　参考资料和进一步阅读·····························85

第 7 章　对象课程：生物序列作为 Python 的对象··················86

7.1　为什么要进行面向对象的编程？····················87

7.2　程序的组织——OOP······························88

7.3　生物序列处理的 OOP 实现·························89

7.4　命名空间和模块··································90

7.5　类定义的结构····································90

7.6　类的继承·······································92

7.7　类变量、实例变量和其他作为变量的类···············101

7.8　有关继承和覆盖继承方法的进一步讨论···············105

7.9　参考资料和进一步阅读····························106

第 8 章　基因组数据的切片和分块：下一代测序流程···············108

8.1　下一代基因测序：从 FASTA 到 FASTQ···············110

8.2　调用子流程·····································113

8.3　pySam：用 Python 读取比对文件 ······················· 114

8.4　测序读段的可视化 ······································· 117

8.5　测序读段的计数 ··· 118

8.6　建立命令行工具 ··· 119

8.7　最终流程：将所有内容放在一起 ·························· 123

8.8　下一步的工作 ··· 125

8.9　参考资料和进一步阅读 ··································· 127

第 9 章　孔板：微量滴定板分析 I——数据结构 ················· 128

9.1　机器人 ··· 129

9.2　96 孔板简介 ·· 129

9.3　用 Python 类实现多孔板 ·································· 130

9.4　孔板的遍历 ··· 134

9.5　分配和检索孔板的数据 ··································· 144

9.6　读取和写入 CSV 文件 ···································· 146

9.7　孔板中的数学 ··· 150

9.8　参考资料和进一步阅读 ··································· 153

第 10 章　孔板的进一步探讨：微量滴定板分析 II——自动化和可视化 ·········· 154

10.1　孔板的物理映射 ·· 155

10.2　在孔板上移动的编程 ···································· 161

10.3　用 matplotlib 可视化多孔板 ····························· 163

10.4　用 matplotlib 制作色图 ································· 164

10.5　matplotlib 的绘图命令 ·································· 167

10.6　不同孔板的布局 ·· 172

10.7　参考资料和进一步阅读 ·································· 173

第 11 章　分子的 3D 表示：结构生物学的数学和线性代数 ········· 174

11.1　分子键的旋转 ·· 175

11.2　分子力学和分子动力学 ·································· 177

11.3　自己动手去体会程序的运行效率 ·························· 177

11.4　输入 3D 数学矩阵 ······································ 178

11.5　分子系统的 Python 表示 ································· 181

11.6　用 matplotlib 进行 3D 可视化 ··························· 183

11.7　程序测试 ·· 186

11.8　计算静电相互作用 ······································ 187

11.9 参考资料和进一步阅读 ·········· 188

第 12 章 打开和关闭基因：用 matplotlib 可视化生化动力学 ·········· 191

12.1 简单的转录抑制：乳糖操纵子 ·········· 192
12.2 NumPy 及 From ... Import 简介 ·········· 193
12.3 双重交互阻遏物：更高效的抑制 ·········· 196
12.4 相同的浓度、更强的抑制：注释图 ·········· 199
12.5 参考资料和进一步阅读 ·········· 203

第 13 章 梳理网络伪信息：用 Python 集合挖掘系统生物学数据 ·········· 204

13.1 用集合制作表格 ·········· 206
13.2 双字典结构：网络的数据结构 ·········· 208
13.3 列表推导式 ·········· 210
13.4 基因调控问题 ·········· 212
13.5 汇总：使用 Python 的__main__ ·········· 213
13.6 参考资料和进一步阅读 ·········· 215

第 14 章 遗传反馈循环：用 Gillespie 算法为基因网络建模 ·········· 216

14.1 二聚体 ·········· 218
14.2 动态过程 ·········· 220
14.3 噪声的引入 ·········· 222
14.4 实际的操作：拨动开关 ·········· 223
14.5 三合一：开启基因 ·········· 225
14.6 所有蛋白质最终消亡 ·········· 227
14.7 生物化学的 Python 代码 ·········· 227
14.8 记录参与反应的分子 ·········· 228
14.9 生物分子的模拟 ·········· 229
14.10 随机切换问题 ·········· 234
14.11 参考资料和进一步阅读 ·········· 234

第 15 章 种植虚拟花园：用 L 系统模拟植物生长 ·········· 237

15.1 增加繁殖率：算法生成规则 ·········· 238
15.2 用 Python 的 Turtle 图形生长蕨类植物 ·········· 240
15.3 参考资料和进一步阅读 ·········· 244

第 16 章 细胞自动机：图灵模式的细胞自动机模型 ·········· 246

16.1 细胞自动机初始化 ·········· 248

16.2　创建更新规则 ·· 249

16.3　生成细胞自动机涂层图案 ·· 252

16.4　形态生成的显示 ··· 253

16.5　参考资料和进一步阅读 ·· 255

第 17 章　生态动力学模型：捕食者-猎物动力学的生态建模 ············ 256

17.1　种群的起落 ·· 259

17.2　绘制捕食者动画—— Prey ··· 261

17.3　参考资料和进一步阅读 ·· 264

第 18 章　虚拟流感流行：用基于代理的模型探索流行病学 ············· 265

18.1　SIR 模型：易感-感染-康复 ·· 266

18.2　代理的概念 ·· 266

18.3　代理列表：使代理保持直线和狭窄 ····································· 267

18.4　模拟流行病 ·· 271

18.5　提高代理的能力 ··· 273

18.6　参考资料和进一步阅读 ·· 277

第 19 章　追寻生活的脚步：Wright-Fisher 模型的进化动力学 ·········· 279

19.1　遗传漂变 ··· 281

19.2　绘制遗传漂变 ··· 283

19.3　将自然选择添加到 Mix ·· 285

19.4　参考资料和进一步阅读 ·· 290

后记：因为分手很难做到 ··· 291

绪论：欢迎来到尼迪亚王国

"但是我想写代码。"爱丽丝宣称，"能够编写代码可以极大地帮助我的研究，掌式计算器和电子表格只能做有限的事情。"

"疯了！"疯帽子惊叫道，"你是一名生物学家，每个人都知道真正的生物学家是不会写代码的。"

在桌子周围暂时安定下来的不安的气氛中，爱丽丝显得既生气又不服气。

"Python！"她突然说。"我将学习 Python，您无论如何也说服不了我！"

本书适合哪些人？

您可能是在学术或商业研究环境中工作的生命科学家，并且除了您的真实朋友 iPhone 和悬挂在工作台上方的会摇头的查尔斯·达尔文的动作人物（这是一个有些人喜欢放在桌子上的会摇摆的小玩具）外，您在实验室中最好的朋友也许是计算器和 Excel[1]电子表格。您可能从来没有写过太多的计算机代码，但在很多场合您都希望知道该怎么做，因为您知道它可以极大地帮助您的工作。

在您读大学和研究生期间，计算机程序设计并不是生命科学领域课程的核心组成部分，并且既然您已经致力于深入研究，那么很难想象您还有时间或精力在您职业生涯的这个时刻学习计算机编程（尤其是因为所有那些未完成的项目、演示文稿和研究报告都要您自己亲自处理）。至少我们希望能有像您这样的人，因为

---

[1] Excel 是 Microsoft Inc.的商标。对于记录而言，我们不反对电子表格，因为它们在很多方面都很有用。对于生物学家，您可能想做的很多事情，它们并不总是最佳的工具。

喜欢和好学而购买本书。

本书不适合哪些人？

您可能还不是一位经验丰富的生物信息学家、计算生物学家、计算机科学家或经验丰富的程序员。如果您已经是了，那么大量的书籍已经可以满足您的需求，这些书籍适合您自己作为有一定天分的代码大师使用。我们这本不起眼的书不太可能教您有关编程或 Python 的任何知识。

您可能也不是一个计算机科学家或程序员，但希望通过您已经非常熟悉的计算机编程范式来学习生物学。如果您希望这样做，那么我们担心您可能找错地方了。本书是假设您已经相当了解生物学，并且只需要一些帮助和鼓励就可以学习通过编写代码来协助您进行生命科学方面的研究。

所以总而言之：

- 如果您已经是一位经验丰富的计算机主管或编程人员，希望提高您的计算机技能或学习一些生物学知识，那就请继续您的研究，本书不太适合您。
- 如果您是一位经验丰富的生命科学家，很少或根本没有计算机编程经验，并且想要真正快速、直观地学习如何编写代码，以便您可以尽快起步、奔跑，并尽快在研究中使用它，那么请坐下来吧，我的朋友，因为您选对书了！

为什么是 Python？

Python[2]是最流行且增长最快的计算机编程语言之一。您可以将其用于所有类型的任务，从最微小的几行代码的简单脚本（用于从实验室仪器中读取和处理数据文件）到大规模的研究项目，例如，开发蒙特卡罗模拟以探索蛋白质折叠[3]的程序。而且 Python 还是免费的！

是的，只要零首付、零美元、零付款，您就可以获得与 NASA、Industrial Light & Magic、Google 和许多其他主要组织使用的相同的 Python 官方发行版，仅提及这些名称就可能让您惊恐不安、喘不过气，并懊悔为什么这个时候才赶上 Python 的潮流。

Python 不仅免费，而且另一个好消息是，如果您的计算机是 Apple Mac 或 Linux 系统，则您的计算机上可能已经安装了 Python 的发行版。如果您使用的是

---

[2] www.python.org/
[3] https://conference.scipy.org/scipy2010/slides/jan_meinke_protein_folding.pdf

Windows 或我们尚未提及的其他操作系统，请不要担心，您的计算机很可能也为您提供了一个简单的自安装的 Python 发行版，您可以从 Internet 下载并立即安装。

与其他某些编程语言不同，Python 代码编写后即可立即运行，程序员无需将代码编译为计算机可以运行的叫执行格式。所有这些都在计算机内部为您安排妥当了。这使得编写、测试和调整代码变得更加容易，因为传统的编译语言每次更改代码时都要重新进行编译。

与其他一些实施更高级和更难学的代码编写样式的编程语言，如面向对象的编程（object-oriented programming，OOP）相反，Python 还允许您（对于更适合的代码项目）编写一种简单的过程性代码（procedural code），如果您曾经使用过BASIC 或 C 之类的编程语言，您可能已经习惯了这种代码。所有这些特点使 Python变得异常强大，因为它使您可以非常快速地编写和测试代码并将它用于非常小的、简单的任务，如果要用其他编程语言来实现的话，可能会非常麻烦。

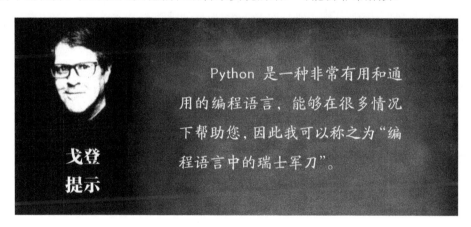

戈登提示 Python 是一种非常有用和通用的编程语言，能够在很多情况下帮助您，因此我可以称之为"编程语言中的瑞士军刀"。

如何使用这本书

本书的各章将带您导览 Python 编程语言以及它在生物学方面的应用，并从非常小而快速的时空尺度（如纳米和纳秒级的蛋白质动力学）开始我们的叙述，并以大而慢（例如，自然生态系统的广阔范围及其演化的世代时间尺度）的内容作为我们的结束章节。

在本书中我们将尽可能地始终在生物学的背景下讲授 Python 编程，而不是先向您介绍编程语言，然后再提供其在生物学领域的用法示例。当然，我们有时候也必然会偏离纯生物学的道路（也许生物学之神会怜悯我们的过失），但它将仅限于那些不得不暂时离开的场合，以便使作为生物学家的您能从 Python 编程中获得最大的收益。

我们的目的是让您对在研究中使用计算感到兴奋，并在可能的情况下激发您关于如何使用计算的想象力。我们想传达一种如何通过计算来帮助您进行研究，如何将 Python 语言的多样性应用于生物学中，以及如何用这种出色的编程语言来解决定量生物学研究问题的广泛知识。

正如我们已经说过的，市面上有不少关于在生物信息学和计算生物学等领域中应用 Python 的更全面的书籍，其讨论通常集中在针对这些领域的更高级的工具和库，但我们的这本并不是那种书。我们确实讨论了其中的一些领域，但本书的真正目的是为没有编码经验的生物学家提供工具、信心和灵感，以便针对他们在研究中所面临的挑战制订自己的 Python 解决方案。如果您认为其中一本比较专业的书相当于某一特定生物学领域的一顿美餐，那么如果您愿意的话，本书则更像是一份可口的甜点或生命科学的小吃（tapa）。

因此，如果您想了解如何利用 Python 来自动地执行基本的实验室计算、在基因组中搜索基因启动子序列、旋转分子键、构建用于下一代测序的数据处理流程、驱动机器人或实验室仪器以处理 96 孔板、模拟嘈杂的细胞拨动开关，或者尝试模拟动物皮毛的形成、植物生长、流感大流行或生物种群进化的工具，那么本书也许正适合您！

为了让读者对即将展示的内容有个初步的了解，在每一章的开头，您将看到一个索引，该索引总结了将要阅读的章节中有关 Python 主题和生物学主题的内容，例如，

编程索引：*声明变量、打印、注释、缩进的代码和代码块、数字变量、整数、浮点数、指数、字符串、类型、鸭子类型、条件、函数*

生物学索引：*生物化学、缓冲液、摩尔浓度、分子量、摩尔体积*

如果您需要复习其中的一个章节，则可以将此简短的索引词用作任何给定章节所涉及主题的提醒，也可以将它们作为一组可搜索的关键字来帮助您在书中查找所需的内容。

您会注意到，本书的前几章对 Python 描述得较多，而对生物学方面的内容描述得较少，是因为这些章节着重于 Python 语言的前期学习，处理了使读者熟悉和掌握该语言的许多必要的内容。在本书的后续章节中，您会看到很多以前可能已经见过的 Python，但它们已在新的上下文中使用。从某种意义上说，这些章节从一开始就广泛地强调了对 Python 的学习，而在本书的稍后部分则强调了由 Python 产生的灵感。请记住，我们的目的不仅是展示 Python 可以在生命科学的研究中使用的一部分方法，从而为身为生命科学家的读者提供扎实的 Python 基础，而且还可以激发读者在自己的工作中使用 Python。就像我们已经说过的那样，Python 确

实是编程语言中的瑞士军刀！

这不是一本您奶奶用的科学编程的教科书

我们的目标是以生动、动态的方式呈现生物数据和生物系统的计算表示形式，从而使本书易于阅读并从示例中学习。我们知道您不是计算机科学家（因为如果是的话，您就不需要这本书），而阅读本书的目的是学习足够的知识以便在研究中使用计算，而不是自己成为计算机科学家。我们还知道您很忙，并且在计划学习该编程课程时可能还没有打算搁置一个学期的研究。我们的目的是使您尽快和高效地实现您的目标。

本书中的每个示例都代表了生物学的应用或原理，但它们也足够简短和简洁，不会妨碍您学习 Python 编程语言的主要重点以及如何将其应用于自己的研究。例如，在基于代理的模型的章节中，即使您以前从未接触过基于代理的模型，这些示例也足够简单，以至于它们不影响读者理解其在 Python 中的实现。

我们为什么要写这本书

尽管计算机编程可以给生命科学的研究带来巨大的价值和实用性，但遗憾的是，除非您正在学习生物信息学、计算生物学或系统生物学等方面更专业的课程，否则，它仍然不是大学生命科学课程的核心组成部分。在我们数十年的学术及商业领域生命科学研究的经验中，我们看到许多生物学家试图将计算器和 Excel 电子表格的方形框挤进所研究问题的圆孔中，而这些问题本可以通过编码脚本、算法或软件应用程序等方法更有效地加以解决。

我们的理念和编写本书的方法

始终使用 Python：只有少数例外，我们始终只使用一种语言，即 Python。是的，我们知道有些工具或语言在某些计算生物学任务上可能被认为比 Python 更好或更有效，我们也没有反对任何其他用于计算生物学的强大语言，例如 R、Java、Perl 或 Ruby，我们自己也经常使用其中的许多语言。因此，如果您不同意我们，并且想在某个 Internet 编码论坛上就此展开一场激烈的论战，那么一定是没有问题的。但请注意，除非该论战已经闹得沸沸扬扬，否则我们也许不太可能注意到，因为我们不一定会在那里。

折衷而不是全面：我们选择的例子是不折不扣的折衷——反映了我们自己

在结构和计算生物学（戈登）以及进化生物学和复杂系统（亚历山大）中的背景。这种广度使我们能够覆盖生命科学的整个领域：从分子建模和下一代测序到基于代理的模型与进化遗传学。这些示例还包括非常实用的例子（下一代测序流程和实验室自动化），以及更为理论和概念性的实例（图灵模式和 L 系统）。但是，即使在后面几章的更抽象的模型中，我们也会通过关注代码本身来尝试保持一种实用的理论方法。这与许多已发表的研究和教科书完全不同，那些研究和教科书通常从高级理论和算法的书面描述开始，但将代码本身放在附录里。由于我们的目的是为生物学家提供足够的 Python 基础以使他们能够在自己的研究中使用，因此我们跳过了 Python 中一些更神秘和更高级的功能，以使本书的重点关注限制在更具可读性的篇幅之内。一旦掌握了 Python 的基础知识，我们建议您进一步冒险，去深入研究一些其他更酷的 Python 功能，如装饰器（decorator）和对象自省（object introspection）。然而，出于本书的目的，我们将大多数的讨论限于具体细节，日常使用的 Python 可能最终将成为您编写的绝大多数代码的工具，至少在开始时是这样的。

实用、迭代和自下而上：根据我们的经验，生物学家非常擅长根据过去的经验进行迭代并从简单的案例中得出推论。在大多数示例中，我们尽量做到直截了当：开始介绍生物学知识，并尽快向您展示代码。从一个简单的代码示例开始，我们逐渐向其中添加更多复杂的功能，这反映了大多数科学家的思考过程。可以将其视为"信封式"的方法：在掌握了简单的示例后，就可以更容易激发起以此为基础去解决复杂问题的能力。我们的方法是假设我们都从山脚处开始，一起来学习攀爬，而不是把我们自己置于高高的山顶上，并发出向何处以及如何攀爬的命令。

丰富的模拟方法：尽管我们涵盖了此类书籍中所期望的解析和分析数据的实践与数学方面的内容，但我们也将重点放在基于生成仿真的模型上。我们相信，在某些知识领域中，由仿真而建立直觉的速度比数学上的解释要快得多，而计算生物学的入门书籍，尤其是那些也教授编程知识的书籍，常常将仿真排除在外。此外，特别是在生物学中，仿真中使用的代码表示形式通常在概念上更接近于被模拟的现象，从而促进了生物学及其代码的表示形式之间最重要的认知飞跃。此外，仿真鼓励人们"玩弄"（play）模型以了解可能会出现的现象，我们认为玩耍对学习至关重要。

容忍噪声：研究和使用生物学系统必须对其固有的噪声、异质性和彻头彻尾的"麻烦"有一定程度的熟悉度和舒适度。因此，与大多数介绍性文本的传统方法不同，在本书中您将发现我们为使用 Python 探索不同生物学水平上的随机模型和嘈杂数据预留了相当大的空间。

代码编写是定量生物学的一部分：我们有时会遇到一些生物学家，他们喜欢构建模型，甚至在研究过程中开发算法，但却不愿真正地去写代码。这听起来好像是说"我不是程序员，但我会设计算法"。这意味着某些并不那么微妙的暗示，即代码编写是某种低级的机械劳动，类似于根据建筑师的蓝图去铺设砖块。我们认为这是没有意义的区别：代码是算法，反之亦然。计算机没有任何歧义，而编写代码会促使您明确所有隐含的假设。实际上，编写代码会迫使您从非常亲密和细致的层次上理解所描述的系统。

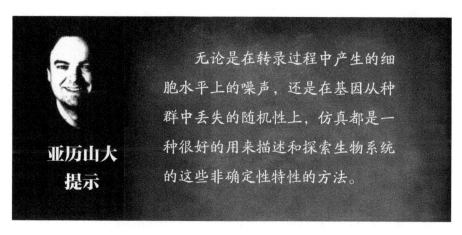

无论是在转录过程中产生的细胞水平上的噪声，还是在基因从种群中丢失的随机性上，仿真都是一种很好的用来描述和探索生物系统的这些非确定性特性的方法。

亚历山大提示

生物学并非全都是"大数据"：数据科学和大数据目前在生命科学中非常流行，我们在生物学中介绍了这些数据科学方法的一些基本组成部分（例如，关于贝叶斯定理的第 4 章和关于下一代测序的第 8 章）。数据不是知识，但我们相信模型是组织数据、推理数据并将其转化为知识的基本框架。生命科学领域对大数据方法的投资回报不佳与对这些方法投资的热度成反比。我们相信，对更传统（且普遍流行）的数据分析方法强调机制和概念上的建模是产生更多真实知识和生物学见解的手段。也正是由于这个原因，我们在建模方法上投入了比在同类生物学编程入门书中通常能看到的更多的篇幅。

为生物学而来，为代码而留下

既然您跟着我们读到了这里，就意味着您可能仍然很感兴趣，所以我们为什么不先窥视一下本书的章节大纲？尽管我们已经按顺次阅读的方式编写了本书，但在前 7 章中涵盖了大多数核心的 Python 概念，因此，其余的章节可以根据需要跳着阅读了。

绪论　欢迎来到尼迪亚王国

第 1 章　Python 入门：设置及使用 Python

本章引导您开始自己的旅程，并获得有关设置您自己 Python 环境的所有有趣的细节。

第 2 章　实验台上的 Python：Python 语言基础

本章将介绍一些 Python 的基础知识，并向您展示如何抛弃那些计算器和电子表格，让 Python 减轻基本实验室计算的烦琐工作（腾出更多宝贵的时间来喝咖啡和玩 Minecraft[4]）。

第 3 章　理解序列：生物序列和 Python 的数据结构

本章介绍了基本的 Python 字符串和字符的处理，并演示了用 Python 处理核酸和蛋白质序列的先天优越性。

第 4 章　统计插值：贝叶斯定理与生物标记物

本章讨论了贝叶斯定理并用 Python 实现，在这一过程中说明了为什么连您的医生也可能无法总是正确地估计您患癌症的可能性。

第 5 章　打开数据之门：读取、解析和处理生物数据文件

我们是否已经提到 Python 在处理生物序列数据方面有多出色？在本章中，我们将把讨论扩展到顺序文件格式，例如 FASTA 文件等。

第 6 章　生物序列的搜索：基因组和序列的正则表达式

在本章中，我们将展示如何用 Python 的正则表达式快速有效地搜索最大的生物序列——在此过程中击退了这样的误解——即由于 Python 是一种解释语言，它运行起来一定是很慢的。

第 7 章　对象课程：生物序列作为 Python 的对象

当您以为已经了解了有关序列的最新知识时，我们就探索了 Python 中面向对象编程的基本概念，并展示了一种用 Python 对象处理生物序列的更高级、更强大的方法。

第 8 章　基因组数据的切片和分块：下一代测序流程

我们展示了用 Python 创建简单的下一代测序流程的便利性，以及如何将其用于从包括整个基因组在内的多种基因组来源中提取数据。

第 9 章　孔板：微量滴定板分析 I——数据结构

我们用 Python 管理来自可靠的 96 孔板生物学检测工具所测得的数据。

第 10 章　孔板的进一步探讨：微量滴定板分析 II——自动化和可视化

4　译注：Minecraft（官方中文名《我的世界》）是一款风靡全球的、以第一人称为视角的 3D 高自由度沙盒游戏。它于 2009 年 5 月 13 日发行，其灵感来自《无尽矿工》，由瑞典游戏设计师马库斯·阿列克谢·泊松（Notch）开创，现由 Mojang AB 维护，是 Xbox 工作室的一部分。

在上一章的基础上我们用 Python 的 matplotlib 库添加了实验室自动化和方便的可视化工具。

第 11 章　分子的 3D 表示：结构生物学的数学和线性代数

本章中我们展示了用 Python 实现分子力学的三维数学和线性代数的能力。它是纳米量级的，但仍属于生物学领域！

第 12 章　打开和关闭基因：用 matplotlib 可视化生化动力学

我们用 Python 重新创建生物化学家在烧杯中所做的实验（减少恶臭），并用 Python 模拟变构蛋白的协同结合效应。

第 13 章　梳理网络伪信息：用 Python 集合挖掘系统生物学数据

本章中我们演示了如何用 Python 集合来查询和解析网络数据，并在此过程中梳理复杂的网络"伪信息"。

第 14 章　遗传反馈循环：用 Gillespie 算法为基因网络建模

本章中我们介绍了吉莱斯比算法（Gillespie algorithm），以对细胞内的生物噪声和开关进行建模，用 Python 实现并可视化结果。

第 15 章　种植虚拟花园：用 L 系统模拟植物生长

我们在本章中引入林登麦伊尔系统（Lindenmayer System）来种植虚拟植物，并用 Python 的 Turtle Logo 实施。不用担心，这些植物不会入侵您的花园（但它们可能会接管您的计算机）。

第 16 章　细胞自动机：图灵模式的细胞自动机模型

我们利用图灵模型（Turing's model）的 Python 2D 图形，用细胞自动机（cellular automata）的强大功能来生成一些非常好看的豹纹皮裤。请读者注意，在编写本章时，豹子没有受到伤害。

第 17 章　生态动力学模型：捕食者-猎物动力学的生态建模

在这种情况下，我们将原先无关的鸡和狐狸放到一个生态系统中，让它们在系统中自生自灭，然后用 Python 中的动画功能在状态空间中将该过程可视化。

第 18 章　虚拟流感流行：用基于代理的模型探索流行病学

在这种情况下，我们使用具有内部状态和行为的媒介创建虚拟的流感流行病。这说明了 Python 的面向对象编程方法在解决实际问题中的威力。

第 19 章　追寻生活的脚步：Wright-Fisher 模型的进化动力学

在本章中，我们用 Wright-Fisher 模型来演示自然选择的过程，并显示了"适者"并不总是意味着会得到"生存"。只要想想荷马·辛普森[5]（Homer Simpson）

---

[5] 译注：荷马·辛普森是美国福克斯广播公司出品的动画情景喜剧《辛普森一家》(The Simpsons)中的父亲。他一个人养着全家，是个头脑简单、脾气暴躁的典型人物，很少有聪明的时候，但很有爱。该剧由马特·格勒宁（Matt Groening）创作。

也可以赢得转机，这个问题就可以得到理解。

后记　因为分手很难做到。

常见问题解答

问：我一生中从未写过任何代码，我可以理解本书及其中的示例吗？

答：本书假定您对编写代码的知识为零。它正是为像您这样的人而写的。除了要接受生物学本身的高级培训外，使用这本书所需的唯一先决条件是高等数学的水平，而该水平是大学期间获得生物学学位的必要条件。

问：我是一名生命科学家，在使用 Java 和 C 等其他编程语言编写代码方面经验丰富。这本书对像我这样的人有用吗？

答：您可能会发现这本书花了很多篇幅来解释您已经理解的概念，如整数和浮点运算之间的差异，或面向对象的编程。但是，如果您从未使用过 Python，并且愿意跳过已有的知识，那么您可能会发现这本书对于拥有其他语言编码经验的生命科学家来说是很好的 Python 入门。

问：我是一位希望学习生物学的计算机科学家。这本书对像我这样的人有用吗？

答：没有多大用处。本书介绍性文字中讲解的基本编程概念都是您已经知道的内容，而本书并非旨在作为生物学的教科书。实际上，我们对读者所做的几乎唯一的假设是，他们已经在生命科学方面接受了一些培训和经验。由于本书涵盖了如此广泛的生物学示例，因此我们在每章中简要回顾了一些相关的生物学知识，以帮助读者定位，但我们没有花太多时间解释通常在大学水平生物学教科书中涵盖的基本生物学概念。

问：听说 Python 太慢且效率低下，无法用于大型的计算任务。这是真的吗？

答：这是不是跟以下的说法一致？即"可以通过吃很多胡萝卜来达到非凡的夜视功能[6]"。本书的两位作者都用 Python 解决过计算密集型的研究问题，例如，模拟了在人类基因组上使用新型下一代测序实验室协议的情况。是的，在某些情况下，标准的 Python 发行版不如某些其他已编译的语言（如 C）执行得那样快，但有许多方法可以让 Python 提高其性能，即使不会比这些语言执行得更快的话，至少可以使其达到相同的水平。在这类"谁最快"的讨论中经常被忽略的一个指标是实际编写代码所花费的时间。就代码本身的编写、测试和调试的速度而言，Python 是一种比许多其他语言（如 C）更高效的编码平台。因此，即使忽略了优

---

[6] http://gizmodo.com/youve-been-lied-to-about-carrots-your-whole-life-becau-1124868510/1126108142

化 Python 代码性能的任何尝试，也可以说如果鲍勃花了一个月的时间用来编写 C 代码，并且一天之内就可以运行，而爱丽丝花了一天的时间用 Python 来编写代码，而它却在一个月内运行（顺便说一下，这完全是假设的数字，仅用于说明一个问题）。谁有更好的生活？我们个人一般会同意爱丽丝的方法更好，因为她现在有一个月的时间可以做更多的工作，或者甚至可以在鲍勃仍在进行他的计算机代码编写的时候到海滩上去放松！当然，对于多种计算，鲍勃会更好，在这种情况下，爱丽丝应该花一些时间来优化自己的代码（例如，使用 Cython[7] 之类的工具将代码中 CPU 占用量最大的部分编译为 C），也可以优化她的处理方法（例如，通过探索某种形式的并行性处理[8]）来提高她的计算效率。实际上，在第 6 章关于用 Python 正则表达式进行下一代测序的处理过程中，我们实际花了一些时间来解决关于 Python 总是很慢的谬论，这是作者之一（戈登）从事实际研究项目时就使用的 Python 处理方法。

问： 本书中的一些示例似乎是在重新发明轮子，编写了那些许多优秀代码库中已经存在的代码，而这些代码正是在 Python 社区中为使用 Python 进行生物学研究而创建的。您是否会鼓励读者只使用这些代码库呢？

答： 对于他们的实际项目当然是会的。但本书的目的是教会生命科学家如何编写代码。除了编写代码外，还要具有理解代码的能力。成为程序员很重要的一点是能够同时处理其他人的代码，对其进行修改或扩展等。已经有很多关于如何使用这些库的书籍，而且其中许多文献的记录也非常地详尽。但在您使用所有这些代码的职业生涯中的某个时候，您需要能够理解它们的含义，否则它们将全是黑盒子。可以肯定的是，如在第 11 章中我们向您展示了如何实现将一组原子围绕共价键旋转所需的简单线性代数，但实际上，您几乎可以肯定会使用像 NumPy[9] 或 SciPy[10] 这样的出色数学库之一来实现这一点。

参考资料和进一步阅读

在每一章的结尾，我们都有一个部分来阐述本章中所做的所有引用以及用于进一步探索的指南。我们在本序言中以一些一般性的提示开始这个问题，这些提示启发了我们探索生物学和编程的世界。其中大多数不是特指任何章节的。它们通常是有趣的读物，将帮助您为生物学的计算方法开动脑筋。

---

[7] http://cython.org/
[8] https://docs.python.org/3/library/multiprocessing.html
[9] www.numpy.org/
[10] www.scipy.org/

为了有趣地介绍计算、生物学和音乐的世界，我们不能忽略 Douglas Hofstadter[11]的作品。《哥德尔、艾舍尔、巴赫：集异璧之大成》(*Gödel, Escher, Bach: an Eternal Golden Braid*)[12]（Basic Books，1979 年）和《超魔法主题》(*Metamagical Themas*)[13]（Basic Books，1985 年）是两个杰出的代表。同样具有哥德尔、艾舍尔、巴赫精神的另一本好书，是加里·弗莱克（Gary Flake）的《自然的计算之美》(*The Computational Beauty of Nature*)[14]（MIT Press，1998 年），内容涉及非线性动力学、复杂系统，以及像博弈论和细胞自动机等其他主题，但它更具有技术含量。

生物信息学和基因组学显然是一个变化很快的领域，许多最新的成果都是在线报道的，而不是写成书本。现在已经有两个网站，它们是共享令人难忘的计算生物学问题的建议和答案的杰出场所：BioStar[15]（专注于进化方面的生物信息学）和 SEQanswers[16]（更倾向于专注于下一代测序工具）。

建模，特别是数学建模，具有很长的历史。尽管大多数经典著作通常都省略了随机模型，约翰·卡斯蒂（John Casti）的《另类现实》(*Alternate Realities*)（Wiley & Sons，1989 年）和其后两卷的《现实规则》(*Reality Rules*)[17]（Wiley & Sons，1997 年）都采用了一种随机的方法并跨多个领域进行建模，同时应用一种引人入胜的风格编写。拉塞尔·施瓦茨（Russell Schwartz）的《生物建模与仿真》(*Biological Modeling and Simulation*)[18]（MIT Press，2008 年）是对生物建模更好且相对较新的介绍，其中包含了更多的随机方法。

理查德·道金斯（Richard Dawkins）的经典著作《盲眼钟表匠》(*The Blind Watchmaker*)[19]（Penguin，1986 年），激发了许多人对进化生物学的兴趣。无论您如何看待道金斯的技巧，他这一通过 Biomorphs[20]程序对形态演变的探索仍然是一部伟大而令人鼓舞的著作。

---

[11] http://cogs.indiana.edu/people/profile.php?u=dughof
[12] 译注：《哥德尔、艾舍尔、巴赫：集异璧之大成》是在英语世界中获得极高评价的科普著作，曾获得普利策文学奖。它通过对哥德尔的数理逻辑、艾舍尔的版画和巴赫的音乐三者的综合阐述，引人入胜地介绍了数理逻辑学、可计算理论、人工智能学、语言学、遗传学、音乐、绘画的理论等方面内容，构思精巧、含义深刻、视野广阔、富于哲学韵味。
[13] 译注：又译《无所不在的模式识别》，是一本收录了从生物学到语法再到人工智能等多个学科的精彩而古怪论文的畅销书，它们都是由一个主要问题统一起来的，即人们感知和思考的方式。
[14] https://mitpress.mit.edu/books/computational-beauty-nature
[15] www.biostars.org/
[16] www.seqanswers.com/
[17] www.wiley.com/WileyCDA/WileyTitle/productCd-0471184365.html
[18] www.mitpress.mit.edu/books/biological-modeling-and-simulation
[19] 译注：本书是一本从理论方面详细解说演化论的书，曾获英国皇家文学学会非小说类最佳图书奖、美国《洛杉矶时报》文学奖。本书作者是英国最著名的演化生物学理论名家，现任牛津大学"科学教育"讲座教授。
[20] www.watchmakersuite.sourceforge.net/

最后，作为任何领域的科学家、研究人员或哲学家，如果您正在寻找真正超越寻常的元灵感，那么罗伯特·波西格（Robert Pirsig）出色的《禅与摩托车维修艺术》（*Zen and the Art of Motorcycle Maintenance*）[21]（William Morrow，1974 年）就是一本很好的书，对于那些对科学方法背后的哲学问题感兴趣的人，或者对通过感官体验来构建物理模型的方式感兴趣的人来说尤其如此。

---

[21] www.amazon.com/Zen-Art-Motorcycle-Maintenance-Inquiry/dp/0060589469

第 1 章　Python 入门：设置及使用 Python

小瓶上贴有一个标签，上面有一组说明，只简单写着"DRINK ME"。

"嗯。这是一个自动安装的可执行文件，也可以自我记录。"爱丽丝检查瓶子时喃喃自语。她猜想："一旦打开它，谁都不会确切地知道事情将如何变化，而且可能没有简单的方法让事情回到之前的状态。"

在担心打开小瓶子可能产生后果的焦虑与可能将她带到各种美妙场景的兴奋之间，爱丽丝停顿了足够长的时间来关闭所有打开的应用程序，并试图记住她上次备份文件系统是多久以前的事了。

然后，她打开了小瓶子，深深地喝了一口。

编程索引：*Python 网站*；*Python 版本*；*下载 Python*；*在 macOS、Linux 和 Windows 上安装 Python*；*安装 pip*；*附加的 Python 库*；**NumPy**；*Python 编辑器*

生物学索引：*本章并没有涉及很多的生物学知识*

1.1　在计算机上安装 Python

为了能够运行 Python 代码，这显然是本书读者要做的第一步。就编辑代码而言，有许多选择，包括使用计算机上可能已经拥有的纯文本编辑器。无论如何，这都不是最佳的解决方案，但在解决了计算机上安装 Python 发行版的主要问题之后，我们将更多地讨论您可能想用哪种工具来编辑和管理 Python 代码。

在我们的讨论中，假设您的计算机是运行 Apple 公司 macOS 操作系统的 Apple Mac 架构平台、运行 Microsoft 公司的 Windows 操作系统的 PC 架构平台，或运行

GNU/Linux 操作系统。截止到本书撰写之时，运行这些操作系统的计算机约占全球台式机和笔记本电脑的 95%。

就本书而言，我们在讨论中并未明确包括任何移动平台，如智能手机和平板电脑。这些计算平台也有一些 Python 的发行版，但其中大多数仍相对不成熟。无论如何，移动计算平台（如智能手机）都具有各种附加功能，如触摸屏、加速度计和 GPS，而任何移动编程语言必须解决这些问题，但它们超出了本书的范围。本书涵盖的几乎所有基本的 Python 代码都适用于这些平台上的 Python 发行版。如果您对使用 Python 进行移动计算感兴趣，则可能需要看一下非常有趣的 Kivy[1] Python 平台。

等一下，难道有不止一种 Python 吗？

在这一点上，有必要插入一些有关现有的不同 Python 版本的注释。需要明确的是，我们这里不是在谈论所有 Python 的风格和实现，它们都是官方发行版的替代方案。我们只是在谈论可以在 Python 网站[2]上找到的 Python 官方发行版。

早在 2008 年就发布了 Python 新的主要版本 Version 3.0，它包括对语言的一些（大部分是微小的）更改，不幸的是破坏了 Python 与许多人在代码中使用的很多最受欢迎的代码库的兼容性。这对科学技术领域的影响特别大，因为其中一些库（如 NumPy[3]）是 Python 社区在世界范围内使用的大量科学技术 Python 代码的核心组件。

因此，很大一部分 Python 社区最初采用官方 Python 发行版 3.x 版本的速度都很慢，他们宁愿保留在先前的官方 Python 2.x 版本（Python2.7）中。但是，随着 Python 2.7.x 于 2020 年被淘汰，大多数保守派已将他们的组件转换或计划在淘汰日期之前进行转换（在第一版中，我们是这些保守派之一，但现在已经不是了，这将使 Guido[4]感到高兴）。

最终可以归结为，本书中的 Python 代码现在已移植到使用 Python 3。随着 Python 2.7 的即将终止，读者应下载并使用 Python 3 来编写和运行本书所提供的代码（如果您已经学过 Python 2.x，则迁移到 Python 3.x 是一个增量的过程，其中涉及的大部分过程只是学习两个主要版本之间的一些细微的语法和行为上的差异）。

如果您想知道更多有关 Python 版本分支的信息，在 Python 官方网站上甚至有一个专门介绍此问题的页面。该页面上反映的官方观点是，每个人现在都应该使用 Python 3.x，尤其是由于许多最重要且使用最广泛的第三方代码库已经更新并

---

[1]　https://kivy.org/#home
[2]　www.python.org/
[3]　www.numpy.org/
[4]　译注：Guido 的全名为 Guido van Rossum，是一名荷兰计算机程序员，Python 程序设计语言的作者。

支持该版本。但在编写本书时，并不是所有这些问题都已得到解决，并且仍然有些合理的理由使某些人继续使用 Python 2.x。

1.2　为您的计算机下载 Python 的最新版

但现在还不能这样做！我们是认真的，现在真的不要这样做！

可能是您的计算机上已经安装了 Python 发行版，尤其是在使用 Mac 或 Linux 系统计算机的情况下。因此，在继续从 Python 官方网站上下载 Python 发行版之前，请务必查看以下章节，这些章节描述了如何在计算机上拥有有效的 Python 发行版的最佳途径。

如果在阅读了适用于您计算机操作系统类型的部分（或者您的计算机是与此处所述的三个主要台式机/笔记本电脑系统不同的平台）之后，您确实决定需要下载并安装 Python 发行版，则可以在 Python 网站找到 Downloads[5] 页面中官方 Python 发行版的下载和安装说明。还要记住，当您选择要下载的版本时，我们建议使用 Python 3.x 版本。

1.3　在 macOS 计算机上安装 Python

如果您用的是 Apple Mac，好消息是您的计算机上已经有一个 Python 发行版了。不幸的是，默认的版本为 Python 2.7，因此您将需要用现有的 Python 发行版单独安装 Python 3。因此，您首先需要访问 Python 站点[6]并下载最新版的 macOSX 版本，然后运行安装程序，该安装程序应像其他任何标准的 macOS 软件包一样进行安装。完成此操作后，转到"Utilities（应用程序）"文件夹，然后打开"Utilities"子文件夹。在该文件夹内，您应该可以找到终端应用程序，该应用程序会在桌面上打开一个命令行窗口。

如果您在命令行中输入 Python3，则应该会在终端窗口中看到一条欢迎信息，然后是 Python 提示符，表明 Python 解释器已准备好接受某些输入，如下所示：

```
Python 3.7.2 (v3.7.2:9a3ffc0492, Dec 24 2018, 02:44:43)
[Clang 6.0 (clang-600.0.57)] on Darwin
Type "help", "copyright", "credits" or "license" for more information.
>>>
```

如果您想进一步快速进行检查以确保自己的 Python 发行版可以正常工作，请

---

[5]　www.python.org/downloads/
[6]　www.python.org/downloads/mac-osx/

尝试在 Python 提示符（>>>）处输入这两行代码，并在每行之后单击回车键。

```
>>> a = 4
>>> print(a)
>>>
```

给 macOS 用户一个简短的忠告，MacOS 操作系统实际上将 Mac 默认的 Python 发行版用于各种内部管理任务，用其他的 Python 版本来替换它是不明智的。安装 Python 3.x 的另一种优雅方法是创建一个虚拟环境（virtual environment），在该环境中，以不影响计算机上任何现有 Python 发行版或库的方式，运行新的 Python 发行版。为 Python 创建虚拟环境超出了本书的范围，但如果您对如何执行此操作感兴趣，请查看 Python virtualenv[7] 工具的文档。

1.4　在 Linux 计算机上安装 Python

如果您运行任何主流的 Linux 发行版（例如，Ubuntu[8]、Fedora[9]或 Debian[10]），则几乎可以肯定已经预装了 Python 2.7.x，但您可能需要单独安装 Python 3（通常是单独安装名为 Python3 的软件包，但也可以与 Python 2.7 并行安装，这与 macOSX 相似）。由于大多数 Linux 用户已经对 Unix 命令行有所了解，因此这些说明的分步步骤比其他操作系统要少一些。同样，不同的 Linux 发行版打包和安装软件的方式也是如此，以至于几乎没有全面的指南。可以说，要充分利用本书，您应该使用 Linux 软件包的管理器 matplotlib（用于绘图）、NumPy（数字 Python）和 pip（用于从 PyPI 存储库中安装其他软件包，请参阅以下部分）。例如，在 Fedora 中，相关的软件包是 python3-matplotlib、python3-numpy 和 python3-pip。这些发行版中的每一个都有图形化的软件包管理工具，通过搜索这些软件包可以很快地找到它们。从命令行安装它们通常也很简单。例如，在 Fedora 中，您可以运行

```
$ sudo dnf install python3-matplotlib python3-numpy python3-pip
```

对于 Ubuntu 和 Debian，apt-get 是一个等效的工具，尽管软件包名称可能略有不同。

---

[7]　https://pypi.python.org/pypi/virtualenv
[8]　www.ubuntu.com/
[9]　https://getfedora.org/
[10]　www.debian.org/

1.5　在 Windows 计算机上安装 Python

不幸的是，Microsoft Windows 没有像 Mac 和 Linux 平台那样预先打包了 Python 发行版。但幸运的是，python.org 的好伙伴提供了一套易于使用的 Windows 安装程序，可用于几乎任何您想要的现有 Python 版本。正如当前使用的 Python 版本不止一种一样，Windows 使用的版本也不止一个。出于本书的目的，我们将假定您没有被困在侏罗纪公园（Jurassic Park）[11]中，使用一个运行 Windows 98 的具有 64MB RAM 的 400MHz 的电脑。我们提供的说明将基于在撰写本书时使用的 Windows 版本下的安装（如 Windows 10[12]）。

我们在 Windows 平台上安装 Python 的第一步显然是进入 Python 网站。Python 网站的首页和中间位置都有一个很大的菜单栏，其中包含指向"下载"页面的便捷链接。单击此链接，将在浏览器中显示一个弹出菜单，为您提供下载最新版本的 Python 3.x 的选项。选择 Python 3.x，就可以自动开始下载。如果您需要再次查找的话，根据您配置 Windows 系统的方式，文件（称为 python-3.x.y.exe 之类的文件）通常会保存在"下载"文件夹中。

文件下载完成后，您可以通过运行它来开始安装。如果您具有 Windows 计算机的管理员权限，则应允许所有用户使用默认选项安装 Python，并且建议您选中一个复选框以将 Python 3.x 添加到默认的路径（PATH）中。选择了这些选项后，在安装程序菜单中单击"立即安装"，然后在回答询问您是否要授予 Python 继续安装权限的问题时选择"是"。在安装 Python 时，您将看到带有绿色条的"安装进度"，向您显示安装的进度。如果一切顺利，则会看到"安装成功"的信息。设置完成后，在消息窗口中单击"关闭"按钮以退出安装程序。

为确保您的 Python 3.x 安装正确运行，请使用 Windows 的开始菜单调出命令提示符（Command Prompt）应用程序，然后在提示符下键入 python。如果安装正确，您应该会进入 Python 界面，并看到 Python 启动的信息，它看起来是像这样的：

```
Python 3.7.3 (v3.7.3:ef4ec6ed12, Mar 25 2019, 21:26:53) [MSC v.1916 32 bit
(Intel)] on win32
Type "help", "copyright", "credits" or "license" for more information.
>>>
```

---

[11] 译注：《侏罗纪公园》（Jurassic Park）是一部 1993 年的科幻冒险电影，改编自迈克尔·克莱顿（Micheal Crichton）于 1990 年发表的同名小说，由史蒂文·斯皮尔伯格（Steven Spielberg）执导，环球电影公司出品，于 1993 年 6 月 11 日在美国上映。这里指很旧的 Windows 版本。

[12] www.microsoft.com/en-us/windows-10

为退出 Python 外壳并返回 Windows 命令提示符，只需键入 quit()。

Windows 用户请特别注意，您必须单独安装在本书中使用的出色的 Python 绘图库 matplotlib[13]。您可以查看本章的后续部分，以了解如何使用 Python 包管理器 pip 等工具安装其他 Python 模块，以获取有关如何执行此操作的说明。但如果您要寻找真正"高效的"已包含大量有用的附加功能的 Python 发行版，您可能想要查找 WinPython[14]（但如果希望与本书中的代码示例完全同步，您可能要确保下载并安装 WinPython 3.x）。

1.6　使用 IDLE 的 Python 界面

IDLE[15]是 Python 的图形用户界面（GUI），它运行 Python 代码的方式与 Linux 或 Mac 上的终端窗口或 Windows 命令行工具几乎相同，允许您在其界面中键入命令并运行。IDLE 甚至允许您将 Python 代码保存在文件中，还可以加载和运行这些文件。而且，大多数版本的 IDLE 还将对您的 Python 代码进行颜色编码，以突出显示诸如 Python 关键字、字符串和方法名称等内容，从而使您的代码更易于阅读和理解。

就其本身而言，IDLE 是一个非常简单且简陋的集成开发环境（integrated development environment，IDE）。有许多非常优秀的适用于 Python 的 IDE，其中有些甚至是免费的（如 Python 本身）。如果您开始着手进行更宏大且雄心勃勃的代码项目，这些更高级的 IDE 可以通过处理诸如版本控制（version control）和代码打包的方式，帮助您管理代码或发布程序。即使不用这些高级功能，它们也可以通过实时突显的方式显示语法和其他错误，帮助您管理模块之间的依赖关系以及测试代码，以提供一个非常舒适而方便的框架来管理您的代码。也有很多非常好的代码编辑器本身并不是真正的 IDE，但可以将其配置为像 IDE 一样运行。在下一节中，我们将简要介绍一些 IDLE 的替代方法，并将为您提供一些自己的建议，但您最终所找到的最舒适且最方便的开发环境将取决于您自己的个性和工作风格。

为在 Mac 上启动 IDLE，请打开 Mac 终端窗口（如果您的桌面上尚未安装 IDLE，则可以在"Applications（应用程序）"的"Utilities（实用工具）"文件夹中找到"Terminal（终端）"），然后输入 idle。

为在 Linux 计算机上启动 IDLE，请打开终端窗口，然后输入 idle。在一些流

13　http://matplotlib.org/
14　https://winpython.github.io/
15　https://docs.python.org/3/library/idle.html；译注：IDLE 为 Integrated Development and Learning Environment（集成开发和学习环境）的简称，是 Python 的集成开发环境。

行的 Linux 发行版（如 Ubuntu）上，IDLE 包含在 Python 发行版中，但默认情况下并未安装。在这种情况下，当您键入 idle 时，您将收到一条错误信息或一条很好的提示性消息，如下所示：

```
The program 'idle' is currently not installed. You can install it
by typing: sudo apt install idle
```

如果收到这样的消息，只需执行 sudo apt install idle（如果您使用 Fedora，则执行 sudo dnf install python3-tools），然后输入管理员密码即可快速安装 IDLE。 如果您收到一条信息，说根本没有找到 IDLE，则可能需要按照我们前面的描述进行安装。

一旦安装了 IDLE，就可以尝试在终端窗口中输入 idle，然后一切正常。

为在 Windows 计算机上启动 IDLE，只需在"开始"菜单搜索框中键入 idle，如果您按照上一节中的说明安装了 Python，则应该能够在搜索结果中单击 IDLE（Python GUI）。

与往常一样，我们建议您在 Python 的官方网站上查看大量文档，其中包括有关 IDLE 的详细部分[16]。

1.7 Python 开发环境

如果您要为 Python 寻找不同的开发环境，则可以使用 IDLE 的多种选择，从 vim[17] 之类的代码编辑器和 emacs[18] 的标志性编辑器（实际上也是其自身的代码解释器）到功能齐全且充满华丽点缀的 IDE，例如，Eclipse IDE（具有 PyDev 扩展名）[19]、PyCharm[20] 和 GitHub 的 Atom[21] 等。其中的一些编辑器，如 emacs，深受世界各地计算机爱好者的欢迎。如果您从未使用过，它们的学习曲线会相当陡峭[22]。而有些编辑器则太庞大，感觉有点像用大锤去砸开螺母。

您对 Python 开发环境的选择将在很大程度上取决于您的个性、品味和自身的特殊工作风格。在 Python 开发环境方面，可以说"萝卜白菜各有所爱"。但如果您需要一点指导，我们真的很喜欢 PyCharm 开发环境，它易于安装和使用，并且如果您只使用 Community Edition[23]（社区版），就是免费的。社区版缺少一些更高

---

[16] https://docs.python.org/3/library/idle.html
[17] www.vim.org/
[18] www.gnu.org/software/emacs/
[19] www.pydev.org/
[20] www.jetbrains.com/pycharm/
[21] https://ide.atom.io/
[22] 译注：指很容易在短期内学会。
[23] www.jetbrains.com/pycharm/features/editions_comparison_matrix.html

级的专业软件的开发功能，但您不需要其中任何一个功能就可以完成本书中介绍的所有 Python 项目。最重要的是，PyCharm 社区版可用于 Mac、Linux 和 Windows 系统。这些建议只是我们在该主题上的一点点分享，您可以随时忽略我们的建议，并为开发 Python 代码找到您自己的快乐之地。为了帮助您，本章结尾的参考资料部分还提供了指向 Python Wiki 上托管的 Python IDE 列表的链接。

1.8　安装 Python 套件管理程序 pip

在本节中，我们将描述设置漂亮的 Python 套件管理程序 pip 的步骤。一旦您可以通过终端访问命令行提示符，无论您是在 macOS、Linux 还是 Windows 上运行，这些步骤都应该相同。除了可以从 Python 包索引（PyPI[24]）中获得核心库外，pip 是在更大范围内探索 Python 包的门户。尽管我们的书主要集中在仅使用核心 Python 和标准库的示例上，但在少量的地方也使用了其中的一些外部软件包。首先，您可能已经安装了 pip（特别是如果您正在运行 Linux，则应该已经安装了一个名为 python3-pip 之类的软件包）。由于我们用的是 Python 3，因此您需要确保使用的是 Python 3 版本的 pip，而不是用由 pip3 命令指定的 Python 2 版本。为了核实这点，请从命令行中运行以下命令：

```
$ pip3 -V
```

（在某些系统上，您可能需要用 python3-pip pip 作为命令）。如果看到类似这样的内容：

```
pip 18.1 from /usr/lib/python3.7/site-packages/pip (python 3.7)
```

恭喜您！您已经安装了 pip，无须再做任何其他工作。如果没有，您可以用 easy_install（Python 工具的一部分）来安装 pip：

```
$ easy_install-3.7 --user pip
```

请注意，我们用了--user 选项。这一点很重要，因为它将在用户的账户中安装 pip，而不是在系统中安装 Python。如果在系统中安装，除非您是管理员，否则通常将无法运行。有了 pip 后，用它来安装软件包是非常简单的，例如：

```
$ pip3 install --user <package-name>
```

这将使该包在用户的 Python 程序中可用（同样，请注意--user 选项的使用）。有关 pip 和安装软件包的更详细的信息，请参见《Python 包用户指南》（*Python*

---

[24] pypi.python.org/

Packaging User Guide)[25]。pip 的应用示例记录在首次使用各个软件包的章节中（如第 8 章），但如果您想要立即开始，这里有一个单行的命令，可以一键安装两个使用最频繁的外部软件包 NumPy 和 matplot：

```
$ pip3 install --user numpy matplotlib
```

1.9 获取示例代码

本书中显示的所有代码都可以在我们的 GitHub 存储库[26]中非常方便地找到：

```
https://amberbiology.github.io/py4lifesci/
```

前面的站点提供了本书所有示例代码的 .zip 和 tar.gz 格式的链接。如果选择 .zip 文件，则下载后可以将所有示例代码解压缩到您选择的位置。macOS 应该会自动执行此操作，Windows 用户可能需要下载压缩文件管理器，如 WinZip[27]，Linux 用户可能更喜欢使用 tar.gz 的格式。

您还可以在以下链接处预览所有的示例代码（也可以从前面的站点进入）：

```
http://github.com/amberbiology/py4lifesci
```

对于已经熟悉 git[28]命令行工具的更高级用户，您可以通过将存储库直接克隆到您选定的目录中来更新最新的代码：

```
$ git clone https://github.com/amberbiology/py4lifesci.git
```

（您还可以安装并使用 GitHub Desktop[29]来克隆存储库。）

每章的文件名具有以下格式：

```
PFTLS_Chapter_<Chapter_number>.py
```

有些章节包含多个 Python 文件，在这种情况下，我们会添加一个子章节号，如下所示：

```
PFTLS_Chapter_<Chapter_number>_<Subchapter_number>.py
```

因此，应该很容易找到相关示例。例如，第 2 章的代码是：

```
PFTLS_Chapter_02.py
```

---

[25] packaging.python.org/installing/#installing-from-pypi
[26] GitHub 是所有开源软件（以及大量开源科学软件）开发的好地方。它是一个网站、一组代码库和一个开发社区。
[27] www.winzip.com/
[28] git-scm.com/book/en/v2/Getting-Started-The-Command-Line
[29] desktop.github.com/

要运行这一代码，只需打开您选择的终端，将目录更改为您解压缩该代码的位置，然后运行该示例：

```
cd <place-you-unzipped-code>
./PFTLS_Chapter_02.py
```

在前面的文本中，我们描述了如何使用"pip"安装软件包。但在"克隆"存储库之后，您还可以通过 PyPI 下载和安装并运行本书所有示例的软件包，这可以通过以下命令来实现：

```
cd <place-you-unzipped-code>
./setup.py develop
```

这样做还有其他好处，它可以设置环境，因此您可以运行所有的单元测试：

```
./setup.py test
```

1.10　参考资料和进一步阅读

- 通用的 Python 常见问题解答[30]。
- Windows 上的 Python 常见问题解答[31]。
- 在 Python Wiki 上托管的当前可用的 Python 集成开发环境列表[32]。

---

[30] docs.python.org/3.7/faq/general.html
[31] docs.python.org/3.7/faq/windows.html#how-do-i-run-a-python-program-under-windows
[32] wiki.python.org/moin/IntegratedDevelopmentEnvironments

第 2 章　实验台上的 Python：Python 语言基础

"我是渡渡鸟教授，很高兴见到您。"渡渡鸟说道，他的声音以及他挂着拐杖的方式出卖了他的虚弱和疲惫。

"我也很高兴认识您。"爱丽丝说，"您是否仍然用计算器和电子表格来完成所有的数值工作？"

"哦，我的宝贝儿，您为什么还觉得我总是那么疲倦？"渡渡鸟答道，"我要进行实验、申请项目和演示。在所有这些工作中，您认为我还能抽出时间来分析我在实验室研究中每天生成的大量数据？"

爱丽丝有些不安地说道："冒着听起来不正确的危险，您是否完全了解灭绝这个概念？"

编程索引：*声明变量*；***print***；*注释*；*缩进的代码和代码块*；*数值变量*；*整数*；*浮点数*；*指数*；*字符串*；*类型*；*鸭子类型*；*条件*；*函数*；*整数和十进制算术*；*布尔变量*；**True、False**；**if、elif、print**；*比较运算符*

生物学索引：*生化*；*缓冲液*；*摩尔浓度*；*分子量*；*摩尔体积*

Python 绝对是您在实验室中的朋友，因此，我们将从简单的日常实验室工作入手。你曾经会习惯性地拿出你的电子计算器，而它的小按钮似乎是为年幼的甚至不关心算术的孩子的小手指而设计的。如今，您很可能会用到您的智能手机，但现在是时候将它放下了［至于您暂停的《帝国冲突 3》（Clash of Empires

III）[1]游戏仍可以在您下次喝咖啡休息时重现]。

2.1　在 Python 中声明变量

让我们进入 Python，看看我们如何声明要使用的变量。为了使操作顺利进行，这里有很多简单的数字变量声明方式，它们说明了 Python 的变量声明语法和基本的 Python 数字格式。它们还说明了 Python 可接受的变量名的种类。例如，您很快就会发现 Python 变量名不能以数字开头的硬性规定[2]。

```
# Declaring numerical variables
h2oOxygens = 1
h2oHydrogens = 2
h2o_density_in_grams_per_liter = 1000
oxygenMass = 15.9994
hydrogenMass = 1.00794
avogadro = 6.023e23
```

这里有几个值得注意的问题：

Python 解释器的一行中任何紧跟#（即井号）的文本将被视为注释而被 Python 解释器所忽略。即使当#不在时，该文本看上去是一个语法上正确且合理的代码，也会被 Python 解释器所忽略。这不仅有助于记录代码，而且还可以暂时阻止在程序中执行某些代码行，这在代码测试时特别有用。您可以在行的开头使用井号将整个行变为注释，或者在一行中的任何 Python 代码之后使用该符号来注释掉其后的那部分代码。

在本书中我们将使用以下方案，以便可以针对您的 Python 编辑器或开发环境中的所有内容，轻松地区分什么是 Python 注释、Python 代码、Python 输出和 Python 出错消息，如下所示。

Python 注释：

```
# oxygenMass = 15.9994
```

Python 代码：

```
print(oxygenMass)
```

Python 输出：

---

[1] 译注：《帝国冲突》是首款支持玩家即时对战的策略游戏，在 iOS 操作系统上运行，与 iPhone、iPad、iPod touch 等兼容。在游戏里，您将扮演历史上最伟大的领导人，建设文明、发动战争、发现新科技、构筑联盟、制定战略、领导您的国家从远古时代走向现代直至未来太空时代。

[2] docs.python.org/3/reference/lexical_analysis.html#identifiers

15.9994

Python 出错信息：

NameError: name 'oxygenMars' is not defined

应该注意的是，如果您的编辑器或 IDE 的特定选择能够对您的 Python 输入和输出自动进行颜色编码，则不一定要用本文特定的颜色方案。

下面的示例显示了 Python 用于实数的三种基本格式。

- 整数：h2oOxygens = 1
- 浮点数：hydrogenMass = 1.00794
- 指数：avogadro = 6.023e23

Python 变量名称可以包含字母和数字以及下划线字符，如 h2o_density_in_grams_per_liter。它们不能以数字开头，并且不能包含空格。

Python 变量名称也区分大小写，因此以下的变量都不同：

```
myvariable = 1
MyVariable = 3.172
MYVARIABLE = 'Undefined'
```

换句话说，随后指定 myvariable = 2 不会影响 MyVariable 或 MYVARIABLE 的值。

同样，我们可以在 Python 中声明字符串变量，方法是将声明的值括在单引号或双引号中。单引号和双引号在 Python 中是可以互换的，但必须始终成对使用，您不能以单引号开头但以双引号结尾来声明字符串变量。但它确实允许您在字符串中使用单引号或双引号（如以下 jfk 示例中所示）。

```
# Declaring string variables
buffer = 'Tris'
buffer = "MES"
jfk = "I'm proud to say 'Ich bin ein Berliner'"
carbonMass = "12.0107"
```

请考虑以上示例中的最后一个：carbonMass ="12.0107"。

您认为它是数字还是字符串？

它实际上是一个字符串，因为它前后带有引号，并且如果您尝试对其进行任何数学运算（如将其乘以另一个数字），结果将不会是您所期望的。我们稍后再对其进行详细介绍。但在我们将这些变量用于某些实际的 Python 代码中（不久之后我们将这样做）之前，让我们考虑一个跟 Python 变量相关且重要的问题。

还有另一种在 Python 中声明字符串变量的方法，您甚至可以在字符串中包含换行符。例如，将文本段落声明为字符串就很有用。为使用该功能，必须将字符串本身用三个引号引起来，如下所示：

```
limerick = """ Said a young researcher named Spode
        Having reached the end of his road
        'I have far too much data for this hand calculator
        If only I knew how to code!' """
```

从此示例中可以看到，用三引号引起来的字符串不仅可以包含换行符，而且还可以包含单（和双）字符串引号。顺便说一句，如果需要的话，使用三引号也是注释掉一大块 Python 代码的一种非常有用的方法，特别适用于测试的目的。

2.2 用 Python 处理所有的数据类型

那些曾经使用过 Java 或 C 等其他编程语言的人可能会习惯于查看变量声明的语法，其中包括变量的类型。例如，在 C 语言中，必须先声明变量的类型，然后才能在代码中使用它。如下所示：int myvariable; 这会将 myvariable 设置为整数，以便可以在代码中对其进行适当的处理。

正如我们在计算机极客中所说的那样，Python 不要显式地声明变量类型。Python 改用一种称为鸭子类型（duck typing）的动态类型方法，其依据是这样的想法：如果它走路像鸭子，说话像鸭子，那它就是鸭子！因此，例如，当 Python 在 buffer='Tris' 中看到变量值的引号时，即使该字符串的内容看起来像 carbonMass="12.0107"中的数字一样，它也会将该变量视为字符串。与数字变量类似，如果变量的值符合 Python 的一种数字格式的语法，则会将该变量视为数字。

这种鸭子类型的方法使得 Python 极为灵活，因为可以根据需要动态引入变量，甚至可以在代码执行过程中更改类型。

例如，在您的 Python 代码中声明 a=11（整数），然后完全可以再声明 a= "大于 10 的整数"（字符串）。不过请注意，如果不仔细管理代码，这种灵活性会导致稍后的理解和调试代码出问题。例如，如果您有一段代码是用 a 进行算术运算，但在执行该代码之前将 a 重新声明为字符串，则可能会出现错误。

在这一点上，有些人可能想要编写一些 Python 代码，这些代码除了将变量赋值外，实际上还做了一些其他的事，而其他人对 Python 变量声明的语法仍有疑问。例如，变量名可以用多长时间？可以在变量名中使用其他字符吗？在 Python 变量名称中使用大小写字母的最佳实践是什么？……

但不要害怕哦，一丝不苟的人！Python 网站包含了一个丰富的文档库，该文档库由 Python 语言参考[3]甚至 Python 样式指南[4]组成。由于我们才刚刚开始 Python 之旅，因此这两个文档中的大部分对您而言并没有太大的意义。但当您阅读本书中的各章时，它们将是重要的参考。我们的目的是为您提供足够的背景知识，以使您开始使用 Python，并且 Python 官方网站[5]上的在线文档是本书所学内容的理想补充材料。

因此，事不宜迟……

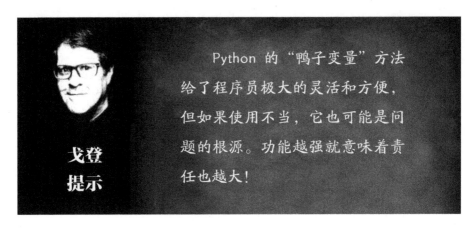

2.3 第一个真正的 Python 代码

示例 **2-1**. 我们的第一段 Python 代码

```python
# Calculate mass of water molecule and output it to console
h2oOxygens = 1
h2oHydrogens = 2
oxygenMass = 15.9994
hydrogenMass = 1.00794
h2oMass = h2oOxygens * oxygenMass + h2oHydrogens * hydrogenMass
print('Molecular weight of H20 = ',h2oMass)
```

套用 20 世纪 80 年代一位穿着宽大裤子的嘻哈艺术家的话说，"让我们来分解一下吧。"

示例 2-1 中的第 1 行是 Python 的注释。快速提醒一下，Python 代码中出现 # 之后的任何字符都将被视为注释，它不会作为代码被执行，并且注释甚至可以追

---

[3] docs.python.org/3/reference
[4] www.python.org/dev/peps/pep-0008/
[5] www.python.org

加到可执行代码行的尾部，如下所示：

```
oxygenMass = 15.9994  # standard atomic weight
```

您可以使用注释来注释掉您的代码，以提醒自己或告知其他人特定代码的作用、如何工作、存在什么问题或您希望包含在该代码中的任何其他信息。

第 2~6 行只是水分子质量的计算，使用了我们之前声明的变量，并将其分配给变量 h20mass。

第 7 行将输出引向 Python 控制台，这是任何代码输出（包括打印函数调用的内容和任何 Python 错误消息）的默认流。当您运行上述代码时，第 7 行的 print 函数将在 Python 控制台中产生如下输出：

```
Molecular weight of H20 = 18.01528
```

如果您将此代码输入到 Python 编辑器中，然后运行它，并在 Python 控制台中看到了此输出，您就可以好好犒劳一下自己了。您已经运行了第一个小型的 Python 程序！

2.4　Python 函数

与几乎所有编程语言一样，您可能希望将代码组织成美观、整洁的块，以使其易于维护和理解。因此，让我们直接用 Python 来定义函数，因为函数将是本书编写过程中普遍存在的代码功能。为了与 Python 对面向对象（object-oriented）代码的支持保持一致，我们稍后会将函数称为方法，并且还会有更多（得多）的内容。

对于现在而言，理解 Python 函数的最佳方法是查看它们的运行情况，如示例 2-2 所示。

示例 2-2. 一个简单的函数

```
def calculateMolarVolume(mass,density):
    volume = mass/density
    return volume
```

如果您曾经用 BASIC 或 Java 之类的任何流行编程语言编写过代码，那么您将非常熟悉该代码段。但 Python 有一个特别独特的功能在这里值得提醒：

Python 代码中的缩进有语法上的意义，而不仅仅是为了显示。

在许多编程语言中，都鼓励程序员缩进代码块以使代码更具可读性，但那都是一种美学上的选择，程序员可以随意忽略它，而不会影响代码本身的执行。但在 Python 中并非如此。

在 Python 中，缩进用于显示特定代码块的开始和结束位置。如前面的示例所示，Python 函数内的所有代码都必须缩进以将其定义为属于该函数。为了使这一点更清楚，请看示例 2-3 中的代码。

示例 2-3. 缩进代码的例子

```
def explainIndentedCode():
    print('This indented line is part of the function')
    print('So is this one')
print('This unindented line is not a part of the function')
```

如果您在代码中调用了函数 explainIndentedCode，则将执行该函数声明下所有缩进的 print 函数调用，但该函数调用本身将不会执行其后未被缩进的 print 函数。Python 在多种情况下可以执行代码块，这些缩进甚至可以出现在其他（已经缩进）的代码块（如函数）中。进入 Python 的 if 语句后，我们将看到这一点。

现在先让我们回到 calculateMolarVolume 函数。

可以看到，函数的定义包括 mass 和 density 这两个参数，它们在函数内用于计算 volume（摩尔体积）。函数结尾的 return 语句指定函数结束时返回的内容（如果有的话）。没有 return 语句的函数与具有空 return 语句的函数相同，即不返回任何内容。Python 实际上有一个特殊的值，称为 None，什么都没有，我们稍后会看到更多这方面的例子。但现在您可能想知道为什么 Python 会费心地为没有任何内容的东西提供一个特殊的值。原因之一是无论变量是分配给某个对象还是什么都没有分配，它都允许您在代码中进行测试。但是请不要为此太过于担心，在后续章节中所有的内容都会变得清晰起来。

现在让我们做一点测试并运行 calculateMolarVolume 函数，以查看运行示例 2-4 中的代码后所得到的结果。

示例 2-4. 简单函数的作用

```
def calculateMolarVolume(mass,density):
    volume = mass/density
    return volume
h2oMolarVolume = calculateMolarVolume(h2oMass,h2o_density_in_grams_
per_liter)
print('Volume of 1 mole of H2O = ',h2oMolarVolume,'L')
```

事先确保已包含我们前面列出的变量声明，如果运行这两行代码，则应看到以下内容：

Volume of 1 mole of H2O = 0.01801528 L

正如生物化学教科书中告诉我们的一样，1 mol 水的体积确实约为 18 ml。

现在我们开始进行下一步，创建另一个函数来计算 1 L 容积中某种物质的分子数量。为此，我们将需要再次计算刚刚看到的摩尔体积，但现在我们将通过在新函数中引用它来重用已经编写的函数，如示例 2-5 所示。

示例 2-5. 从函数中调用函数

```
# A function to calculate molecules per liter
def moleculesPerLiter(mass,density):
  molarVolume = calculateMolarVolume(mass,density)
  numberOfMolarVolumes = 1.0/molarVolume
  numberOfMolecules = avogadro * numberOfMolarVolumes
  return numberOfMolecules
```

再次注意，我们将相同的两个参数（`mass` 和 `density`）传递给新函数，而在函数的第 1 行中，我们使用先前的函数并将返回的结果分配给变量 `moleVolume`。

跟以前一样，我们将把水的质量和密度传递给函数。但这次我们将计算 1 L 水的分子数，而不是水的摩尔体积。因此，我们现在将运行新的函数（再次确保包括那些先前分配的变量声明，我们假设您已经将它们包含在 Python 的会话中），然后看看我们会得到什么。

```
h2oMoleculesPerLiter = moleculesPerLiter(h2oMass,h2o_density_in_
grams_per_liter)
print('Number of molecules of H2O in 1L = ',h2oMoleculesPerLiter)
```
Number of molecules of H2O in 1L = 3.343273043771731e+25

我们的第二个函数与第一个函数的特征非常相似，都是一种需要两个参数、少量数学运算并返回结果的函数定义。它确实显示了在 Python 代码中其至在其他函数内部也可以重用函数。我们的第一个函数无疑是一个相当琐碎的示例，它本身可以轻松地简化为单行代码，但您可以从中了解函数的定义。Python 中一个真正的函数可能有数十行、数百行甚至数千行代码。

2.5　在 Python 中使用整数和小数

在完成本章之前，我们将再创建一个函数。但在开始之前，让我们花一些时间来看看那些困扰了许多 Python 新手的算术陷阱。

第一个陷阱与整数计算有关。

请尝试在 Python 编辑器中运行示例 2-6 中的代码,然后看看将得到什么结果。

示例 2-6. 整数运算

```
a = 3
b = 6
print('a/b = ',a/b)
```

运行此命令时,应该会得到:

a/b = 0.5

必须指出 Python 2.7 的行为与此完全不同。在 Python 2.7 中,结果将为零。这是因为前面的代码 a 和 b 都被定义为整数,因此当我们执行 a/b 操作时,Python 2.7 返回了整数结果。由于 3/6 的实际结果是 0.5,因此 Python 2.7 不会以整数的形式返回该十进制数,它只是返回结果的整数部分,即零。这给 Python 新手带来了麻烦。例如,您知道一段代码必须处理浮点数,因此最初将浮点值分配给相关变量。但在代码的其他部分,这些将重新被分配为整数并且您得到的计算结果将是零而不是期望的十进制分数。

在 Python 3 中已经消除了这一怪事,并且代码现在可以按您期望的那样工作。不管输入变量是否为整数,它都自动将结果转换为浮点数。注意这一点很重要,尤其是当您要将代码从 Python 2 转换为 Python 3 时。

因此,以下示例现在可以按预期工作:

```
print('b/a = ',b/a)
```
b/a = 2.0
```
print('12/5 = ',12/5)
```
12/5 = 2.4

您仍然可以通过手动将它们指定为浮点数来进行算术运算,如下面的示例所示,但这并不是必需的。

```
a = 3.0
b = 6.0
print('a/b = ',a/b)
```
a/b = 0.5

作为读者的小练习,您可尝试探索在代码的算术运算中混合整数和浮点数时会发生什么。

在进入本章的最后（也是最有用的）函数之前，我们将讨论另一个 Python 陷阱。请尝试示例 2-7 中的代码。

示例 2-7. 混合浮点数和整数

```
a = 6.0
b = 3.0
c = 5.0
print('a/b+c = ',a/b+c)
print('a/(b+c) = ',a/(b+c))
```

您应该得到以下结果：

a/b+c = 7.0
a/(b+c) = 0.75

这只是一个友好的提醒，请不要忘记计算机所指的运算符优先级（operator precedence），这只是一种奇妙的方式，可以给出您自己未指定算术运算符的执行顺序而得到的计算结果。例如，通过使用括号强制示例中的加法运算符在除法运算符之前执行（如果没有括号的话，通常除法优先）。

与算术运算符及其他所有 Python 功能一样，如果您需要有关 Python 工作方式的更多详细信息，则 python.org 的在线文档库将是您的朋友，尤其是专门阐述运算符优先级的部分[6]。

2.6　条件语句

好的，现在我们准备用最后一个函数来结束本章，该函数将为一些常见的实验室缓冲液计算简单的储备液配方。在最后这个函数中，我们将介绍 Python 的条件语句。条件语句是计算机编程的核心，它们采用的一般形式如下。

　　if 条件为真：

　　　　执行操作

让我们看一下最后一个函数的代码，并在示例 2-8 中展示它的作用。

示例 2-8. 使用条件语句

```
# Function for calculating buffer recipes that uses conditionals
def bufferRecipe(buffer,molarity):
    if buffer == 'Tris':
        grams = 121.14
```

---

[6] docs.python.org/3/reference/expressions.html

```
    elif buffer == 'MES':
        grams = 217.22
    elif buffer == 'HEPES':
        grams = 238.30
    else:
        return 'Huh???'
    gramsPerLiter = grams * molarity
    return gramsPerLiter
```

上述 bufferRecipe 函数有两个参数：buffer-缓冲液的名称和 molarity-您要制备的储备溶液的摩尔浓度。然后根据所提供的缓冲液名称，将适当的值应用于变量 grams，并返回所需缓冲液的重量（以 g 为单位）以便配成 1 L 的溶液。

我们可以在该函数中看到条件语句的作用。

```
if buffer == 'Tris':
    grams = 121.14
```

Python 的条件语句采用以下形式：

```
if <condition>:
    <do something>
elif <condition>:
    <do something else>
elif
.
.
.
else:
    <do something completely else>
```

本示例中的第一个条件是所提供的缓冲区名称等于字符串"Tris"，这在 Python 中将表示为相等运算符"=="。请注意相等运算符和用于分配变量的等号"="之间的区别。

buffer == 'Tris' 用于测试变量缓冲区的值是否等于字符串'Tris'，而 buffer = 'Tris' 则用于将变量缓冲区的值设置为字符串"Tris"。

Python 的相等运算符看起来可能并不像它所展示的那样，但它实际上是一种返回"true"或"false"的函数，由特殊的 Python 值 True 和 False 表示。然后，if 语句将根据接收到的 true 或 false 值确定是否执行缩进的代码块。

真是代码块（code block）吗？

是的。Python 中的条件语句还使用缩进语法来确定满足条件时应执行的操作。
示例 2-9 中的例子很好地说明了这一点。

示例 2-9. 条件语句和代码块

```
something = 6
anotherThing = 6
if something == anotherThing:
    print('This statement will be printed')
    print('So will this one')
print('This statement gets printed either way')
```

让我们来看看它的实际效果。当您运行上面的代码时，我们将得到

```
This statement will be printed
So will this one
This statement gets printed either way
```

但如果我们在前面的代码中更改以下变量

```
anotherThing = 4
```

我们将得到

```
This statement gets printed either way
```

Python 中 if 块内的 elif 子句和 else 子句是可选的，但它们允许使用更多的
选项，包括即使无法满足所有条件子句也可以执行某些操作的选项。例如，请参
见示例 2-10 中的代码和输出。

示例 2-10. elif 和 else 子句

```
something = 10
if something == 6:
    print('something is 6')
elif something == 4:
    print('something is 4')
else:
    print('something is something else entirely')
something is something else entirely
```

如果只要执行一个当条件语句为 True 时的语句，则还可以用不带缩进块的

速记语法，如下所示：

```
if something == 11: print('It is 1 greater than 10')
```

与其他编程语言一样，Python 中的相等运算符只是一批比较运算符之一，它们是：

== 等于

!= 不等于

\> 大于

< 小于

<> 大于或小于（即不等于）

\>= 大于或等于

<= 小于或等于

除了这些比较运算符之外，还可以通过将 not 添加在任何条件语句之前来取反。例如：

```
not (something == anotherThing)
```
在逻辑上等同于 something != anotherThing

也可以用多个 and 和 or 子句将 Python 中的条件语句链接在一起以创建更复杂的条件，但我们会将其留在另一章中阐述。

因此，有了 Python 条件语句的知识，我们现在就可以了解最新函数的工作方式。在示例 2-8 中，如果将三个可识别的缓冲液之一传递给参数 buffer，它将返回适当的配方，否则将返回"Huh???"。

```
print('Recipe for 0.1M Tris = ',bufferRecipe('Tris',0.1),'g/L')
Recipe for 0.1M Tris = 12.114 g/L
print('Recipe for 0.5M MES = ',bufferRecipe('MES',0.5),'g/L')
Recipe for 0.5M MES = 108.61 g/L
print('Recipe for 1mM HEPES = ',bufferRecipe('HEPES',1.0e-3),'g/L')
Recipe for 1mM HEPES = 0.2383 g/L
print('Recipe for 1.0M Goop = ',bufferRecipe('Goop',1.0),'g/L')
Recipe for 1.0M Goop = Huh??? g/L
```

请注意我们是如何直接在 print 函数中调用 bufferRecipe 函数的，而不是用一个个单独的步骤去分配和打印变量。在本书中，有时我们会以更加冗长和非 Python 的方式编写新引入的 Python 函数，以便在一开始就使它们更加清晰。

与此相关的是，实际上有一种更好的方法来编写 bufferRecipe 函数，该函数涉及 Python 字典（Python dictionaries）的使用，我们将在第 3 章中介绍。字典是 Python 最强大的功能之一，我们将在后面看到，它们可以为我们提供一种更好的实现 bufferRecipe 函数的方式。

2.7　参考资料和进一步阅读

- Python 语言参考[7]：您想了解但又不敢问的有关 Python 语言的所有信息。
- Python 样式指南[8]：使您的代码更具可读性和可维护性。请记住，将来尝试解密您代码的人可能就是您自己！

---

[7] docs.python.org/3/reference
[8] www.python.org/dev/peps/pep-0008/

第 3 章   理解序列：生物序列和 Python 的数据结构

"您确实是最奇怪的，"爱丽丝对那只鸟说。"您只有长度而没有宽度，而且您的一端看上去跟另一端很像，很难知道要与哪一端进行对话。"

"与其他所有的鸟一样，我从头开始，一直顺到脚下。"这只鸟说道，"只要将我与其他任何一只鸟一起伸展开，您就会发现我们的举止都是一样的。"

爱丽丝看上去有些疑惑。从她的表情中，那只鸟明白了还有些问题需要进一步澄清。

"看，只要在一张纸上写下'头部-身体-羽毛'，您就有一个现成的模板来识别任何鸟类。"那只鸟不耐烦地说道。

爱丽丝似乎一时陷入了沉思，最后她说："但是这种模式也可以与其他小女孩相匹配。"

"好的，好的。"那只鸟亲切地说，"我现在不是真的想同构，但由于您已经提到了这个问题……"

编程索引：*字符串变量；列表；len()；迭代器；代码块；字符串和列表的切片符号；对象；方法；字符串搜索；列表方法；字典；键值对；布尔值；in；True；False；子串；元组；while；可变及不可变对象*

生物学索引：*DNA 序列；限制酶；限制酶酶切消化物；分子量*

序列是生物学的关键部分。在本章结束时，您就会为您以前为什么不用 Python 来管理序列而感到后悔。Python 具有一些非常神奇的功能，使其成为存储、搜索和分析蛋白质及核酸序列的绝佳工具。如果说 Python 处理序列的功能是唯一吸引生命科学家的工具，那么仅此一项就值得在生物学家的工具箱中占有一席之地。

3.1　序列与字符串

由于生物序列通常用字符串表示，因此字符串可能是我们讨论编写代码以管理 Python 序列的一个很好的起点。

以下是一个非常简单的 DNA 序列：

```
mySequence = 'atcg'
```

Python 中的字符串具有许多特性，使其成为处理生物序列的理想工具。示例 3-1 给出了一个例子。

示例 3-1. Python 中的字符串

```
mySequence = 'atcg'
print('Sequence length is ',len(mySequence))
```
Sequence length is 4

在示例 3-1 中，我们展示了 Python 的 len 函数如何返回以字符为单位的字符串的长度，并且正如我们将在其他章节中看到的那样，它也可以应用于 Python 的其他变量类型，如列表。

如果我们要对序列进行任何形式的运算，我们希望能够做的一件事绝对就是遍历一个序列，每次一个位置。因此这似乎是引入 Python 循环的合适时机。在下面的示例 3-2 中给出了一个例子，紧接着的是其输出。

示例 3-2. Python 中的循环

```
mySequence = 'atcg'
for c in mySequence:
  print(c)
```
a
t
c
g

您刚刚键入并执行的代码用文字表述出来就是："对于'mySequence'中的每一项，给该项指定临时名称'c'，然后在控制台上打印'c'。"这种循环结构在 Python 中称为迭代器（iterator）。Python 知道字符串是由较小的项（在这一情况下为字符）组成的，因此，当您使用"for"命令遍历字符串时，迭代器会按出现的顺序返回字符串中的每个字符。我们之所以使用名称 c 是因为这种情况下的项是字符，但由于我们要处理的是 DNA 序列，所以我们也可以轻松地使用任何其他名称（如

b 或 base)。

　　Print(c)中的缩进很重要。正如我们在其他章节中所看到的那样,缩进是在 Python 中创建要一起执行的代码块的方式。for 语句下缩进的每一行代码都会在每次循环中被执行。其用法请参见示例 3-3。

示例 3-3. 循环缩进

```
for c in mySequence:
    print('This line will be executed for each pass through the loop')
    print('So will this one')
print('This line will only be executed at the end')
This line will be executed for each pass through the loop
So will this one
This line will be executed for each pass through the loop
So will this one
This line will be executed for each pass through the loop
So will this one
This line will be executed for each pass through the loop
So will this one
This line will only be executed at the end
```

　　for 代码块中的两个缩进针对序列中的每个字符执行,而未缩进的 print 语句仅在完成所有迭代之后执行。示例 3-4 显示了 for 循环中代码块的实际例子。

示例 3-4. for 循环中的代码块

```
i = 0
for c in mySequence:
    i += 1
    print(i,c)
1 a
2 t
3 c
4 g
```

　　在前面的示例中,我们还将变量 i 初始化为零,然后在每次循环中将其加 1,以便我们还可以打印出 DNA 序列中每个碱基的索引。使用 Python 的增量运算符 i + = 1 的表达式是 i = i + 1 语法的简写,类似的表达式还有减量运算符 −=。

　　字符串(以及 Python 中所有基于列表的对象)的另一个功能是,它们的字符(如果是列表的话则为项)也可以根据其在对象中从 0 开始的数值位置(Python 中所有的列表、序列、数组等的编号都从 0 开始)到对象的长度减 1。您还可以用[from:to]语法提取字符串（和列表）中的一个片段：

```
print(mySequence[0])
a
print(mySequence[3])
g
print(mySequence[-1])
g
print(mySequence[0:4])
atcg
print(mySequence[:4])
atcg
print(mySequence[2:3])
c
print(mySequence[2:4])
cg
print(mySequence[2:])
cg
print(mySequence[-3:])
tcg
```

　　请注意 Python 索引的以下特征：[from:to]范围中的最后一个数字是不包含在内的。例如，如果您要选择序列的一个片段，直到并包括位置 41，则 to 指示符必须为 42 [该位置将不包括在所选取的子字符串（或子列表）中]；如果 from 或 to 被省略，则假定字符串（或列表）从头开始或一直到结尾；字符串（或列表）的负索引-n 表示从字符串末尾的位置往后数。

　　既然我们已经介绍了 Python 字符串和列表的片段提取法，就可以让我们花点时间介绍 Python 列表，因为它们在某些方面的行为很像字符串，并且我们可以很容易地将已经学到的字符串表示法应用到列表中。

3.2　列表及其他

　　就像字符串是一个字符序列一样，Python 列表是一个项目系列。但 Python 列表的项目可以是任何 Python 对象，而不仅仅是字符。我们也不在 Python 列表的两端使用引号，而是用方括号把它们括起来，如下所示：

```
mySequenceAsAList = ['a','t','c','g']
```

　　请注意，我们在这里存储的序列与前面的字符串示例中的序列完全相同，但这次是以列表的格式存储的。请注意，这些项目如何用逗号分隔并用方括号而不是引号括起来。尽管此格式看起来与以前的字符串版本完全不同，但我们可以看到，将以前使用的字符串片段提取法应用于此列表而不是字符串时，产生的结果与以前非常相似。

```
print(mySequenceAsAList[0])
a
print(mySequenceAsAList[3])
g
print(mySequenceAsAList[-1])
g
print(mySequenceAsAList[0:4])
['a', 't', 'c', 'g']
print(mySequenceAsAList[:4])
['a', 't', 'c', 'g']
print(mySequenceAsAList[2:3])
['c']
print(mySequenceAsAList[2:4])
['c', 'g']
print(mySequenceAsAList[2:])
['c', 'g']
print(mySequenceAsAList[-3:])
['t', 'c', 'g']
```

就像先前的字符串版本一样，在这新的基于列表的序列中包含了字符。因此当我们在列表中打印单个项目时，如 print(mySequenceAsAList[0])，我们得到的结果与之前相同，也是一个字符。但当我们打印列表的切片时，例如 print(mySequenceAsAList[2:4])，得到的结果是列表格式而不是字符串格式。请注意，每当我们将切片符号与列表一起使用时，即使结果中仅包含单个项目，也始终会得到列表格式的结果。例如，print(mySequenceAsAList[2:3])返回 ['c']而不是 c。字符串是编程语言中非常普遍且广泛使用的习惯用法，您可以将 Python 的字符串视为 Python 列表的一种特殊表示，专门用于表示字符序列，并具有适合于字符串的特殊语法。

现在让我们看一下 Python 列表和 Python 字符串之间的一些主要区别。首先，也许是最重要的是，Python 列表项可以是任何的 Python 对象，字符串、数字，甚至是另一个列表或列表的列表，或者列表的列表的列表，等等。好的，您应该知道了。下面是一个含有完全不同对象类型的列表，包括了字符串、列表、数字，甚至 Python 的 True 和 None 值。True 是一个内置的 Python 布尔值（Python Boolean value)，与它的姊妹布尔值 False 相反（这应该不足为奇）。None 值用于表示没有分配值的 Python 对象，实际上是指向无内容的指针。我们将在本书中大量用到这些内置值并将对它们非常熟悉，但现在先让我们看看它们如何在列表中显示为元素：

```
myList = ['atcg',['a','t','c','g'],42,True,None]
print('Length of myList is: ',len(myList))
Length of myList is: 5
print(myList[0])
atcg
print(myList[1])
['a', 't', 'c', 'g']
print(myList[2])
42
print(myList[3])
True
print(myList[4])
None
```

　　看起来有点奇怪，但请注意 print(myList[1])中的第二项本身就是一个列表。那么您将如何引用这个嵌在另一个列表内部的列表项呢？

　　这实际上有一个非常合乎逻辑且直观的方法，例如：

```
print(myList[1][2])
c
print(myList[1][1:3])
['t', 'c']
```

　　很容易吧！现在还有困难吗？实际上 Python 中字符串和列表之间的最大区别是列表是可变的，而字符串则不是。

　　哇！

　　如果您不确定"可变"（mutable）的含义，它实际上是可变化的、可修改的。但如果说字符串是不可变的，这似乎与直觉相反，因为我们可以首先为它们分配一个值。不过一旦字符串被分配了一个值，就不能被更改，除非用另一个字符串替代它。

　　当 我 们 设 置 correctSpelling = 'recognize'，然 后 再 赋 值 correctSpelling = 'recognise'，我 们 实 际 上 并 没 有 修 改 字 符 串 correctSpelling，而是创建了另一个具有相同名称的新字符串。如果将 correctSpelling 声明为列表，则完全可以通过执行示例 3-5 的代码来克服字符串无法进行修改的弊端。

示例 3-5. 修改一个列表

```
correctSpelling = ['r','e','c','o','g','n','i','z','e']
correctSpelling[7] = 's'
print(correctSpelling)
['r', 'e', 'c', 'o', 'g', 'n', 'i', 's', 'e']
```

如果我们尝试类似地去编辑字符串（Python 不允许这样做）：

```
correctSpelling = 'recognize'
correctSpelling[7] = 's'
correctSpelling[7] = 's'
TypeError: 'str' object does not support item assignment
```

我们会收到一条错误消息，告知我们字符串类型（在 Python 中缩写为"str"）不允许对各个项的赋值。实际上，有一些用于编辑字符串的特殊功能，但它们都是创建了一个新的字符串，而不是编辑现有的字符串，例如示例 3-6。

示例 3-6. 编辑字符串

```
correctSpelling = 'recognise'
correctSpelling = correctSpelling.replace('s','z')
print(correctSpelling)
recognize
```

3.3 方法与对象

上一小节中语句 `correctSpelling.replace('s','z')`的语法看起来可能有点陌生，因它引入了我们以前从未遇到过的 Python 的另一个层面。Python 中的对象（object，如字符串）可以拥有不同于其对象类型的函数，这些专属的函数被称为方法（在第 7 章关于对象的编程中将有更多与对象有关的内容，您将在其中看到可以定义自己的对象类型，甚至重新定义或扩展现有的 Python 对象类型）。

可以将对象类型的方法应用于该类型的实例，这与前面使用过的 `object.method()`有相同的语法。方法只是为特定的对象类型定义的函数。它具有方法的名称和用于传递参数的括号，就像在第 2 章中描述函数声明时所看到的那样。但它们的最大区别是，方法总是接收作为参数而调用的对象。这听起来可能有点儿奇怪，但当您考虑到方法是专用于对象类型的函数这一事实时，就很容易理解了。

它旨在为定义的对象类型或与其一起使用的对象执行一些操作，因此，如果在语句中不涉及为其定义类型的对象，就不能使用它。

在 correctSpelling.replace('s','z')的示例中，correctSpelling 是一个字符串对象，它使用了为字符串对象定义的 replace()方法。

为了完善我们对 Python 列表的介绍，让我们看一些可以对列表进行编辑的很棒的列表方法（即为列表对象定义的函数）。

```
myList = ['apple','banana','pear','llama','orange']
print(myList)
['apple', 'banana', 'pear', 'llama', 'orange']
myList.append('peach')
print(myList)
['apple', 'banana', 'pear', 'llama', 'orange', 'peach']
myList.insert(2,'kiwi')
print(myList)
['apple', 'banana', 'kiwi', 'pear', 'llama', 'orange', 'peach']
myList.remove('llama')
print(myList)
['apple', 'banana', 'kiwi', 'pear', 'orange', 'peach']
```

Python 中还有其他用于编辑列表的模式，这些模式不使用 object.method()语法，例如：

```
myList[4] = 'lemon'
print(myList)
['apple', 'banana', 'kiwi', 'pear', 'lemon', 'peach']
print(sorted(myList))
['apple', 'banana', 'kiwi', 'lemon', 'peach', 'pear']
```

列表在 Python 中的用途极为广泛，我们将在其他章节中看到还有许多使用它们的方法。但现在，如果您想更深入地了解 Python 列表的功能，请在 Python 官方网站上查看有关数据结构[1]的文档。

3.4　您的朋友——Python 字典

因此，现在我们开始研究如何将生物序列存储为 Python 字符串并用[from:to]字符串片段提取法访问它们中的一块，让我们来看看 Python 中最有用的功能之一字典如何能够帮助我们进行生物学序列的分析。

---

[1] docs.python.org/3/tutorial/datastructures.html

我们是否已经提到 Python 字典是您的朋友？

Python 字典是带有标签的项目的存储库。项目的顺序并不像在字符串或列表中那么重要，因此除了可以按照数字位置进行标记，还可以使用我们自己选择的几乎任何老旧的方法来标记它们，例如：

```
musician = {'name':'Nigel','instrument':'guitar','preferred volume':
11}
print(musician['name'])
Nigel
print(musician['instrument'])
guitar
print(musician['preferred volume'])
11
```

Python 字典由"键-值"（key-value）对组成，其中键（key）是寻找项目的标签，而值（value）显然是项目的赋值。字典的值可以是任何不可变的（immutable）Python 对象。例如：

```
gene = {'name':'p53','taxonomy':9606,'metal binding':True, \
'locations':['cytoplasm','nucleus']}
print(gene['name'])
p53
print(gene['taxonomy'])
9606
print(gene['metal binding'])
True
print(gene['locations'])
['cytoplasm', 'nucleus']
print(gene['locations'][0])
cytoplasm
print(gene['locations'][1])
Nucleus
```

在此处显示的示例中，键都是字符串，但是值包括字符串、整数、布尔值和列表。请注意，引用字典中嵌入列表内的项目的逻辑仍然保持不变，与我们之前的列表示例中的唯一区别是使用键而不是数字位置来引用字典项目。

我们现在再回到字典。

Python 中的字典键名必须唯一，并且可以是任何不可变的对象类型，因此可以将字符串和数字用作字典键，但列表（因为它是可变的）则不能。简而言之，Python 中实际上有一个特殊的不可变列表类型，称为元组（tuple），该元组两端用方括号括起，以将其与可变列表区分。元组可以用作字典键，但我们现在不打算详细讨论元组。

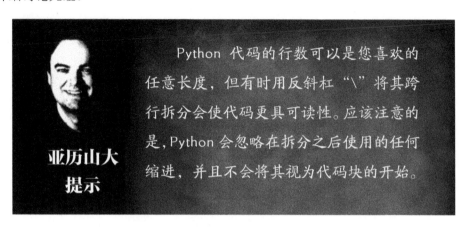

Python 代码的行数可以是您喜欢的任意长度，但有时用反斜杠 "\" 将其跨行拆分会使代码更具可读性。应该注意的是，Python 会忽略在拆分之后使用的任何缩进，并且不会将其视为代码块的开始。

亚历山大
提示

我们可以通过一个简单的声明将新条目直接添加到字典中，例如：

```
gene['name'] = 'homo sapiens'
gene['id'] = 96020344
```

并且还可以创建一个空字典，如下所示：

```
gene = {}
```

因此，在示例 3-7 中，我们创建了核苷酸分子量的字典（如果您是生物学家，这将非常有用！），然后创建一个计算寡核苷酸分子量的函数，最后，用一个短的 DNA 序列来测试这一新函数。

示例 3-7. 计算分子量

```
dnaMolecularWeight = {'a':313.2,'c':289.2,'t':304.2,'g':329.2}
def oligoMolecularWeight(sequence):
    dnaMolecularWeight = {'a':313.2,'c':289.2,'t':304.2,'g':329.2}
    molecularWeight = 0.0
    for base in sequence:
        molecularWeight += dnaMolecularWeight[base]
    return molecularWeight
dnaSequence = 'tagcgctttatcg'
print(oligoMolecularWeight(dnaSequence))
4002.59999999999
```

太棒了！

3.5 用 Python 实现 DNA 限制酶的内切功能

现在让我们看一个更为复杂的应用程序，计算限制性酶切消化产生的 DNA 片段的分子量，在该应用程序中我们可以同时使用字典和列表。

限制酶的活性可以通过其在 DNA 序列上的识别位点和相对于识别位点的位置来定义，在该位点上它切割 DNA。让我们创建一个字典，我们可以用它来定义这些限制酶参数：

```
restrictionEnzymes = {}
```

并添加一些限制酶使我们可以进一步处理：

```
restrictionEnzymes['bamH1'] = ['ggatcc',0]
restrictionEnzymes['sma1'] = ['cccggg',2]
```

请注意，该字典中每个条目的键是酶的名称，值是一个列表，其第一个元素是酶的识别位点，第二个元素是相对于识别位点的位置，酶在该位点切割 DNA。

您可以想象在此字典中添加一批限制酶，甚至可以将其用作一种简单的限制酶数据库，利用该数据库可以进行 DNA 的限制酶酶切数字实验。不过，您几乎肯定需要一种方法来跟踪字典中有哪些酶，并能够查询字典中是否含有您感兴趣的酶。

如果要在代码中使用字典，则应该知道两种非常有用的字典方法，描述它们的最佳方法是查看它们的运行情况：

```
print(restrictionEnzymes.keys())
['bamH1', 'sma1']
print('sma1' in restrictionEnzymes)
True
print('EcoR1' in restrictionEnzymes)
False
```

同样，在这里我们使用了 object.method()语法去访问为字典对象而定义的方法。Keys()方法返回字典键的列表（list），同时检查指定键是否在字典中，返回 True 或 False。请注意，keys()方法返回的字典键列表不一定按输入键的顺序，也不一定按字母顺序或任何其他特定顺序。Python 字典的排序方式与 Python 列表不同，因此，不能像列表那样按位置引用字典条目。

顺便说一句,您当然可以使用我们之前用过的 sorted()函数按字母顺序对键进行排序，如下所示：

```
print(sorted(restrictionEnzymes.keys()))
```
['bamH1', 'sma1']

在进入限制酶函数的完整代码之前，我们需要引入另一种非常有用的字符串方法，称为 find，其工作方式如下：

```
mySequence = 'gctgtatttcgatcgatttatgct'
print(mySequence.find('ttt'))
```
6
```
print(mySequence.find('gtgtgt'))
```
-1

请注意 mySequence.find 方法返回的是我们正在搜索的子字符串 'ttt' 首次出现在字符串 mySequence 中的位置。如果我们搜索的子字符串（'gtgtgt'）不在序列中，则 find 方法返回 -1，表示未找到该子字符串（请注意，find 不能对"没有发现"返回零，因为这实际上是 Python 字符串中第一个位置的索引，如果返回零，则表示在该位置找到了这个子字符串）。

但也请注意，mySequence 中第二次出现 'ttt'。如果我们想在 mySequence 中查找所有的 'ttt' 事件，该怎么办呢？我们当然需要对要编写的限制酶函数执行类似的操作。

我们仍然可以对限制酶函数使用 find 方法，但我们必须了解此方法可以采用的一些其他参数，在此过程中，我们将了解函数中的缺省参数（default argument）。

如果我们检查一下 find 方法声明的代码，它看起来像是这样的：

```
def find(self,substring,start=None,end=None):
```

请记住，方法只是对特定对象进行操作的函数，而该方法则由这些对象所定义（一般来说，它们对特定类的实例进行操作，稍后我们在介绍面向对象的编程和 Python 类的时候会更详细地讨论这部分内容）。因此，现在不要太关注 self 参数，这只是方法所特有的一种特殊语法，通过该语法，方法将对象作为第一个参数来接收，以便知道要在哪个对象上进行操作。

我们真正感兴趣的是方法声明中已经预定义的两个参数 start 和 end。Python 允许我们为函数和方法的参数声明默认值，因此我们不必每次都输入它们。当特定参数几乎总是相同时，这非常有用。例如：

```
def automobile(color,horsepower,wheels=4):
```

这使我们可以按如下方法使用该函数：

```
myCar = automobile('flaming grey',300)
```

其中该函数自动默认为 4 个轮子。但这也允许我们可以根据需要指定车轮的个数（例如，处理三轮汽车这种相对罕见的情况）：

```
myCar = automobile('cobalt black',150,3)
```

以类似的方式，我们可以覆盖 find 方法中默认的开始和结束参数，以强制在字符串的不同区域进行搜索。这样，我们每次找到 'ttt' 子字符串后，都可以从下一个位置再次开始搜索：

```
print(mySequence.find('ttt'))
6
print(mySequence.find('ttt',7))
16
```

在这个简单的示例中，我们一眼就可以看出 "ttt" 子字符串只出现两次，但如果我们具有更长的序列或更复杂的子字符串怎么办？

我们需要的是一种在整个序列上进行连续迭代以标识从开始到结束的所有子字符串位置的方法。让我们看看如何通过引入 Python 的 while 语句来做到这点：

```
found = 0
searchFrom = found
while found != -1:
    found = mySequence.find('ttt',searchFrom)
    if found != -1:
        print('Substring found at: ',found)
    searchFrom = found + 1
Substring found at: 6
Substring found at: 16
```

只要它包含的条件为真，Python 的 while 语句将继续循环访问紧随其后的代码块。在这种情况下，我们利用了以下事实：当没有更多的子字符串被找到时，find 方法返回 -1。循环的工作非常简单：我们搜索子字符串，每次找到子字符串时，我们都会报告该子字符串，并更新下一次搜索的位置，然后重复进行直到最终从 find 方法中返回 -1。

现在我们终于可以编写本章要构建的函数了。该函数需要一个 DNA 序列并计算限制酶酶切后产生的 DNA 片段的分子量。

我们将用本章前面创建的 oligoMolecularWeight 函数和限制酶字典来计算片段的分子量。

在该函数内，我们会将片段及其分子量存储为元组列表（list of tuple），而该列表则是函数的返回值。请记住，从我们之前的讨论中可以看出，元组只是一个

不可变的列表,它与 Python 中的列表不同,因为它两端带有圆括号而不是方括号。例如:

```
fruit = ['apple','orange']
print(fruit)
['apple', 'orange']
fruit[1] = 'pear'
print(fruit)
['apple', 'pear']
fruit = ('apple','orange')
print(fruit)
('apple', 'orange')
fruit[1] = 'pear'
TypeError: 'tuple' object does not support item assignment
This line will be executed for each pass through the loop
```

元组一旦被创建,就不能在不创建新元组的情况下对其进行编辑,除了这点外,在所有其他方面,元组的功能类似于列表。正如我们前面提到的,由于该属性,元组可以用作字典键。它们也可用于创建列表,但您必须清楚一旦创建就不应对其进行编辑,这似乎与我们的限制酶酶切函数的结果相符合。

因此,事不宜迟,让我们直接进入示例 3-8 中的 DNA 限制酶酶切函数。

示例 3-8. DNA 限制酶酶切函数

```
restrictionEnzymes = {}
restrictionEnzymes['bamH1'] = ['ggatcc',0]
restrictionEnzymes['sma1'] = ['cccggg',2]
def restrictionDigest(sequence,enzyme):
    motif = restrictionEnzymes[enzyme][0]
    cutPosition = restrictionEnzymes[enzyme][1]
    fragments = []
    found = 0
    lastCut = found
    searchFrom = lastCut
    while found != -1:
        found = sequence.find(motif,searchFrom)
        if found != -1:
            fragment = sequence[lastCut:found+cutPosition]
            mwt = oligoMolecularWeight(fragment)
            fragments.append((fragment,mwt))
        else:
```

```
        fragment = sequence[lastCut:]
        mwt = oligoMolecularWeight(fragment)
        fragments.append((fragment,mwt))
    lastCut = found + cutPosition
    searchFrom = lastCut + 1
  return fragments
```

下面让我们来分解一下。

```
def restrictionDigest(sequence,enzyme)
    motif = restrictionEnzymes[enzyme][0]
    cutPosition = restrictionEnzymes[enzyme][1]
```

我们的函数有两个参数：DNA 序列和 restrictionEnzymes 库中酶的名称。为了使代码更具可读性，我们接着将限制位点序列分配给 motif，将切割位置分配给 cutPosition。

```
fragments = []
found = 0
lastCut = found
searchFrom = lastCut
```

接下来我们创建一个列表，在其中存储并最终返回酶切的结果，同时初始化一些重要的变量，这些变量将用于跟踪序列中的进度。变量 found 是上次找到的限制酶酶切位点序列的起始位置。变量 lastCut 存储上次切割 DNA 的位置（可能与限制位点的起始位置不同），我们还要用它来定义当前片段的开始位置（以及上一个片段的结尾）。变量 searchFrom（该变量是为使代码更具可读性）告诉我们从哪里开始下一个搜索步骤，该步骤始终是我们先前切割 DNA 链之后的下一个位置。

```
while found != -1:
    found = sequence.find(motif,searchFrom)
    if found != -1:
        fragment = sequence[lastCut:found+cutPosition]
        mwt = oligoMolecularWeight(fragment)
        fragments.append((fragment,mwt))
    else:
        fragment = sequence[lastCut:]
        mwt = oligoMolecularWeight(fragment)
        fragments.append((fragment,mwt))
```

```
lastCut = found + cutPosition
searchFrom = lastCut + 1
```

该功能的其余部分使用 while 循环遍历 DNA 序列，只要该 sequence.find 方法设法找到另一个限制酶酶切位点，就可以计算出当前片段并将其存储在片段列表中。

请注意，如果 sequence.find 方法未能找到另一个限制位点，程序要一直运行到序列的末尾以完成当前的片段，并将其与其他片段一起存储。

在每次循环迭代结束时，我们都会更新上一条 DNA 链切割的位置，并从该位置开始在下一次循环中再次搜索（如果有的话）。

因此，让我们尝试用特意插入的两个 *BamH* I 限制酶酶切位点组成的 DNA 序列来运行限制酶酶切函数（当然，您要先执行示例 3-8 中的代码）：

```
digestSequence = 'gcgatgctaggatccgcgatcgcgtacgatcgtacgcggtacggacg
gatccttctc'
print(restrictionDigest(digestSequence,'bamH1'))
[('gcgatgcta', 2800.7999999999997),
('ggatccgcgatcgcgtacgatcgtacgcggtacggac', 11478.400000000005),
('ggatccttctc', 3345.1999999999994)]
```

太棒了！我们的函数将限制酶酶切片段作为元组列表返回，每个元组均由片段的序列及其分子量组成。就其本身而言，这是一个非常有用的函数，但我们仍然几乎没有涉及 Python 可以对生物序列进行处理的内容。稍后我们将看到正则表达式（regular expression，Python 中最强大的工具之一）如何用于大规模基因组学和测序应用程序。但在阐述这一方法之前，我们先根据贝叶斯定理对 Python 的数学表达式和字符串格式进行一些简要的介绍。

3.6　参考资料和进一步阅读

Python 中的可变与不可变对象（mutable vs. immutable objects in Python）[2]：一篇不错的简短博客文章，介绍了 Python 中可变对象和不可变对象之间的区别。

---

[2] codehabitude.com/2013/12/24/python-objects-mutable-vs-immutable/

第4章 统计插值：贝叶斯定理与生物标记物

"我叫爱丽丝，您叫什么名字？"爱丽丝对女王说道。

"我是女王！"女王愤愤不平地答道，"习惯上称呼我为'陛下'。"

"对不起，陛下，但我怎么能知道您是女王呢？"爱丽丝问道。

"你好！"女王用手指着自己，尖刻地说，"你是不是喝了一大碗酒作为早餐？皇冠、华贵的服装、庄严的举止……这些东西难道不是女王气质的证据吗？"

"嗯！"爱丽丝说，抽出纸笔，开始写些方程式，同时轻声喃喃自语，"因此，如果我们考虑到女王在整个人群中的概率与人群中戴皇冠并穿着华丽服装但不是女王的人数，除以……"

"你真是个书呆子！"女王愤怒地叫道，"这里谁有阿司匹林吗？"

编程索引：*函数；函数参数；字符串格式；字符串格式中的%运算符*

生物学索引：*药物和诊断开发；零假设；t 检验；贝叶斯定理；癌症；卵巢癌；生物标记物；CA-125；概率；条件概率*

作为生命科学家，我们很少要处理任何类似确定性的事情。我们用的系统通常是非线性的、混乱的、异构的、非二进制的，简而言之是凌乱不堪的。在商用生命科学领域，数亿甚至数十亿美元研发投资的实际价值通常最终可能会落在成功与失败之间的如刀刃般薄的边缘上，以至于需要进行一项类似 t 检验（t-test）来确定您是否真的有适销对路的产品或仅仅是其他安慰剂。在诊断的情况下，是真实指标与背景噪声的对比。

新药或诊断剂的开发实质上是一个收集证据的过程，该证据将支持或反对您关于该产品将带来一定净收益的假设。在这种情况下，零假设——您的产品根本不会带来任何净收益——是（而且应该永远是）方法中的核心考虑因素。制药公司沿着所期望的途径积累的每个新数据，都将权衡该产品的成功与失败。

4.1　贝叶斯及其著名定理

权衡证据的过程在 18 世纪由托马斯·贝叶斯（Thomas Bayes）给出了数学上的公式，他是一位对统计和概率着迷的英国牧师。以他的名字命名的具有里程碑意义的贝叶斯定理（Bayes' theorem），是衡量科学证据的一种重要方法。我们认为值得在本书中专门用一章来介绍它，并将用 Python 对该定理进行数值上的探索。我们的经验还表明，尽管贝叶斯定理在科学方法的定量应用中居于中心地位，但仍有许多生物学家从未在培训中接触到贝叶斯定理的正式介绍。对贝叶斯定理含义的理解及其在无数真理、信念，以及不确定世界中的应用，是我们每天都在应对的不确定世界的挑战，也是每个科学家（无论是否为生物学家）都可以在自己的工作中加以利用的。因此本章将是贝叶斯定理教程的一部分，此外，当我们用代码来实现时还将学习 Python 的使用，因为贝叶斯定理也是演示简单的 Python 数学函数的非常方便的示例。

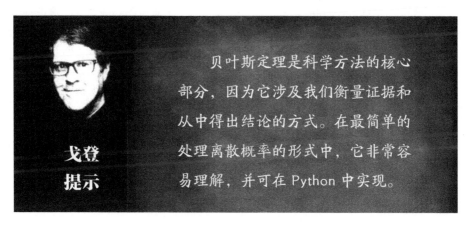

> 贝叶斯定理是科学方法的核心部分，因为它涉及我们衡量证据和从中得出结论的方式。在最简单的处理离散概率的形式中，它非常容易理解，并可在 Python 中实现。

那么，为什么贝叶斯定理如此有用？作为生命科学家，它对我们有什么启示的作用？

通过对贝叶斯定理的非常简单而简短的介绍，让我们看一下生物标记物的发展，其中生物标记物的研究领域直接涉及预测和可能性的问题。

4.2　贝叶斯定理的应用：生物标记物的性能

让我们想象一下，我们正在寻找一种可靠的疾病早期的指标，这种疾病会影响约 1.5% 的人口，并且我们的研究发现了一种生物标记物，该标记物的存在可预测约 80% 的患有该疾病的患者。听起来不错吧？大多数人看一下这些数字后可能会得出结论：生物标记物检测为阳性与患这种疾病的概率相同，均约为 80%。这样的结果看起来不是太差。

但这个结论似乎下得太早了。

一个尚未解决但非常重要的问题是"有多少没有这种疾病的人仍会因使用该生物标记物而获得阳性的检测结果？"一种生物标记物在所有无论有无该疾病的患者中都产生了 80% 阳性结果（表明该疾病的存在），这显然没有预测该种疾病的能力[1]。就像生活中大多数事物普遍存在的内在不确定性一样，生物标记物很少具有 100% 的可靠性。但就我们的例子而言，我们要说的是，有关的生物标记物会在约 4% 的健康人中产生假阳性（即实际上不存在疾病但检测结果表明具有该种疾病）。有了这些数字，我们可能会认为这种生物标记物在临床上有光明的前途。其理由是，在 10 名患者中仅有约 2 名检测不到该疾病，并且在 100 名健康人中只有约 4 名被误诊为具有该疾病。事情似乎正在往好的方向演进。

所以现在我们的情况很好了吧？但还是不要把结论下得太快。

让我们假设具有 10 000 名患者，并从这一角度来考虑该生物标记物的性能。根据人口中这种疾病 1.5% 的发病率，预计我们的人口中将有 150 名患有该疾病的患者，因此，大约有 9850 例无此疾病。在这 150 例疾病患者中，根据该疾病患者中 80% 的阳性检测率，我们预计约 120 例生物标记物检测呈阳性。在 9850 名未患有该疾病的人群中，基于生物标记物 4% 的假阳性检测率，我们预期约有 394 例呈阳性。

现在假设您自己处于那些刚刚获得阳性检测结果的患者中。您要问的第一个问题是："如果我被检测出该病呈阳性，那么我患该病的概率是多少？"

这确实是一个关键的问题。检测结果实际上意味着什么呢？

为了回答这个问题，让我们看一下在任何情况下获得阳性检测结果的总体可能性。我们预计 120 例该病的患者呈阳性，而 394 例无该病的患者也呈阳性。因此，在总共 514 项阳性检测中，我们预计 120 例检测阳性的患者实际上患有该疾病，相应的概率约为 23%。换句话说，对具有阳性检测结果的患者所问问题的答案是，基于阳性检测结果，他们只有 1/4 的概率实际患有该疾病。换一种说法（也

---

[1] 译注：因为没有该种疾病的患者也有 80% 的人被认定为得了该种疾病。

许更乐观），尽管检测结果呈阳性，但仍有约 3/4 的人没有患上这种疾病。

或者换一种说法，尽管检测结果呈阳性，但患者未患该疾病的可能性仍然是患上该疾病可能性的三倍。

根据上面对生物标记物性能的分析，您是否仍会得出结论，该生物标记物对该疾病是一种有用的临床诊断方法？例如，如果您是医生，您是否会根据检测结果呈阳性但患这种疾病的可能性只有 1/4 来安排一场可能有风险或昂贵的手术？或是尽管检测结果为阳性，您是否还是建议完全不做任何处理？

您可能会惊讶地发现，这个"假设的"疾病生物标记物示例是基于 CA-125[2]生物标记物的实际数字给出的，该数字实际上被用作卵巢癌的诊断指标。关于卵巢癌的发病率及用 CA-125 作为诊断指标的大量统计数据已经发表。我们接下来要做的就是将这些数字嵌入贝叶斯模型中。

根据美国癌症协会[3]的资料，妇女罹患卵巢癌的终生风险约为 1/72（0.0134）。在一项涉及 78 000 多名妇女的最新研究中[4]，CA-125 作为单一指标的使用可产生 3285 例假阳性结果（约 4%），即健康女性被诊断为患有卵巢癌。值得一提的是，从先前介绍的这种公认的粗略贝叶斯模型获得的诊断概率与通过 CA-125 检测的女性卵巢癌研究中的阳性和假阳性检测结果的实际统计数据确实具有很好的相关性。

顺便说一句，如果您认为我们夸大了人们对生物标记物统计数据的天真解释，即在人们的心目中，一项可以检测出 80%患病病人的测试，如果结果是阳性的，就等于有 80%的患病概率，那么不幸的是，我们并没有夸大。在反复的研究中，所有结果都始终如一地表明，即使是为患者解释这类统计结果的大多数医生，他们也难以做出正确的解释[5]，这通常使他们对其结论的信心比实际应有的更高[6]。

4.3　贝叶斯定理的数学解析

在某些先验证据（患者被检测为阳性）的前提下，我们以前用来确定事件（患者患有疾病）可能性的直观"算法"可以用公式更正式地加以描述。贝叶斯定理的正式描述通常用以下形式的等式来表示：

---

[2] 译注：CA-125 是 1981 年由 Bast 等从上皮性卵巢癌抗原中检测出的可被单克隆抗体 OC125 结合的一种糖蛋白，最常见于上皮性卵巢肿瘤（浆液性肿瘤）患者的血清中，可用于卵巢上皮性癌的早期诊断。但由于其诊断的特异性较差，故还需结合其他的诊断手段才能最终确诊。

[3] www.cancer.org/index

[4] www.livescience.com/14450-ovarian-cancer-screening-tests-reduce-deaths.html

[5] archinte.jamanetwork.com/article.aspx?articleid=1861033

[6] 译注：即如果阳性的概率是 80%，则一般医生都会认为患病的概率也是 80%。但根据前面的讨论，实际患病的概率要远低于 80%。

$$p(B/A) = \frac{p(A/B)p(B)}{p(A)} \qquad (4\text{-}1)$$

在上面的等式中，语法 $p(B|A)$ 表示给定结果 A 的条件下出现结果 B 的条件概率。如果将我们在前面直观方法中使用的数字代入以重新计算在阳性检测结果的条件下患者得病的概率，它们看起来像这样：

p(disease | positive) = p(positive | disease) * p(disease) / p(positive)

请注意，*p(positive)* 是在所有情况下都可能出现阳性检测结果的总概率。在我们这里，是在有无疾病的情况下获得阳性检测结果的概率之和。即

p(positive) = p(positive | disease) * p(disease) +
p(positive | no disease) * p(no disease)

p (positive) = 0.8 * 0.015 + 0.04 * 0.985 = 0.0514

因此，*p(disease | positive) = 0.8 * 0.015 / 0.0514 = 0.233*。这与我们前面用直观方法得出的 23% 的概率完全一致。

4.4 用 Python 实现贝叶斯生物标记物函数

现在让我们用 Python 来实现这一函数。首先，在示例 4-1 中，我们将实现一个特定于本章中所示生物标记物示例的函数，然后将其扩展为如前面方程式所示的贝叶斯定理的一般实现形式。

示例 4-1. 生物标记物函数

```
def biomarker(pDisease,pPosDisease,pPosNoDisease):
    pNoDisease = 1.0 - pDisease
    pPos = pPosDisease * pDisease + pPosNoDisease * pNoDisease
    return (pPosDisease * pDisease) / pPos
```

我们在上面定义了一个生物标记函数，其中包含三个参数：pDisease，即总体（人群）中具有这种疾病的概率；pPosDisease，患病时获得阳性检测结果的概率；当然还有我们在最初考虑生物标记物的性能时所缺少的基本信息 pPosNoDisease，即没有患病时获得阳性检测结果的概率（即假阳性检测率）。

利用基本的概率理论，我们知道没有疾病的概率等于 1.0 减去患疾病的概率，因此我们可以立即计算出方程式中所需的量值，如函数的第一行所示：

```
pNoDisease = 1.0 - pDisease
```

现在我们可以开始计算 pPos 了，这是通过所有手段获得阳性检测结果的概率。在我们的示例中，有两条路径可以获得：患有疾病或没有疾病。

```
pPos = pPosDisease * pDisease + pPosNoDisease * pNoDisease
```

最后，我们可以计算出在所有可能的阳性检测结果中与实际患有该疾病的人所对应的阳性检测结果的部分，并将其汇总起来作为函数的返回值。

```
return (pPosDisease * pDisease) / pPos
```

在示例 4-2 中，我们用前面卵巢癌例子中实际的输入参数来测试我们的生物标记物函数。

示例 4-2. 生物标记物函数的作用

```
def biomarker(pDisease,pPosDisease,pPosNoDisease):
    pNoDisease = 1.0 - pDisease
    pPos = pPosDisease * pDisease + pPosNoDisease * pNoDisease
    return (pPosDisease * pDisease) / pPos
pDisease = 0.015
pPosDisease = 0.8
pPosNoDisease = 0.04
print('Probability (disease | positive result) = ', \
    biomarker(pDisease,pPosDisease,pPosNoDisease))
Probability (disease | positive result) = 0.23346303501945526
```

这看起来不错。因此在下一节中，我们将重写函数，以反映前面方程式中所示的贝叶斯定理的一般形式。

4.5　用通用贝叶斯函数进行字符串格式化

示例 4-3. 一个带有 Python 字符串格式的简单的通用贝叶斯函数

```
def bayes(outComeA,outComeB,pB,pAGivenB,pAGivenNotB):
    pNotB = 1.0 - pB
    pA = pAGivenB * pB + pAGivenNotB * pNotB
    pBGivenA = (pAGivenB * pB) / pA
    return 'p (%s | %s) = %.2f' % (outcomeB, outcomeA, pBGivenA)
```

在示例 4-3 中，我们显示的函数在功能上与我们在示例 4-2 中实现的更具体的 biomarker 形式相同。其不同之处在于，现在包括了两个额外的参数 outComeA 和 outComeB，以便使我们可以描述结果 pA 和 pB 的功能，表明我们正在为其计算概率。这两个描述性参数用于函数的 return 语句中，以比一般方程式更易读的形式输出结果。

您还将在此处的 return 语句中看到 Python 中精巧的字符串格式。

```
return 'p (%s | %s) = %.2f' % (outcomeB, outcomeA, pBGivenA)
```

这种字符串格式的语法使您可以将占位符放入数字或文本或其他各种 Python 数据类型的字符串中，然后根据需要以编程的方式将其插入到字符串中。在该函数中，有两个结果是描述型的，因而作为字符串（%s）输出，但最终计算出的 pBGivenA 概率则作为浮点数输出，精度为两位小数（%.2f）。

在示例 4-4 中，我们给出了一些 Python 字符串格式化例子及其输出，以使您能够了解该语法的工作方式。

示例 4-4. Python 字符串格式例子

```
geneName = 'TP53 tumor protein p53 [ Homo sapiens (human) ]'
geneID = 7157
matchProbability = 98.64756341
print('The gene to be analyzed is: %s' % geneName)
print('The gene ID number is: %d' % geneID)
print('The gene match probability is: %.3f' % matchProbability)
print('The results for geneId: %d: %s' % (geneID,geneName))
The gene to be analyzed is: TP53 tumor protein p53 [ Homo sapiens
(human) ]
The gene ID number is: 7157
The gene match probability is: 98.648
The results for geneId: 7157: TP53 tumor protein p53 [ Homo sapiens
(human) ]
```

请注意，如果您要在格式化的字符串中插入多个字段，那么该字段必须包含在括号中（您也可以在下面的贝叶斯函数的输出中看到这点）。Python 字符串格式化语法的完整细节在 Python 官方网站的 Python 字符串文档[7]中给出。

最后，让我们测试更通用的贝叶斯函数，以确保它在示例 4-5 中起作用。

示例 4-5. 在函数中使用字符串格式

```
def bayes(outComeA,outComeB,pB,pAGivenB,pAGivenNotB):
    pNotB = 1.0 - pB
    pA = pAGivenB * pB + pAGivenNotB * pNotB
    pBGivenA = (pAGivenB * pB) / pA
    return 'p (%s | %s) = %.2f' % (outcomeB, outcomeA, pBGivenA)
outcomeA = 'positive test result'
outcomeB = 'has disease'
pB = 0.015
```

---

[7] docs.python.org/3/library/string.html

```
pAGivenB = 0.8
pAGivenNotB = 0.04
print(bayes(outcomeA,outcomeB,pB,pAGivenB,pAGivenNotB))
```
p (has disease | positive test result) = 0.23

作为生命科学家，权衡证据始终是我们工作的重要组成部分。我们希望前面的例子可以清楚地表明，在生物医学科学领域，天真地权衡证据至少可能会造成极高的成本，甚至危及生命。在生命科学中，贝叶斯定理已成功应用于众多生物学领域。例如，生物信息学和计算生物学、下一代测序、生物网络分析，以及疾病演变和流行病学，等等。

贝叶斯定理的基本原理非常容易掌握，尤其是在处理此处讨论的点概率和二元结果时。然而贝叶斯定理的应用非常广泛，不仅在生命科学中，而且在任何活动领域中都适用，它可以通过权衡证据来坚定我们的信念与决定。

贝叶斯定理可用于分析许多不同类型的数据，但是将数据点硬性编码到 Python 程序中可能会有些乏味。为了提供帮助，在下一章中我们将介绍 Python 的文件处理功能。

4.6 参考资料和进一步阅读

- 直观、可视化地介绍贝叶斯定理[8]：由真正为您服务的琥珀生物学（Amber Biology）创建的 YouTube 视频。
- 在维基百科（Wikipedia）上有关于贝叶斯定理的更详细的说明[9]，包括其在非离散概率中的应用。

---

[8] www.youtube.com/watch?v=3kD6GyMuf4M
[9] 译注：https://en.wikipedia.org/wiki/Bayes'_theorem

第5章 打开数据之门：读取、解析和处理生物数据文件

"有人吗，请帮帮我！"爱丽丝喊道，"由于我做的研究，我简直被淹没在数据中了。"

"不，我的孩子，你没有被淹没。"一个神秘的声音说。

"什么？你是谁？"爱丽丝朝着虚无声音的方向问道。

该声音说："我是语法仙子，我在这里告诉你，没有人会真正被数据淹没。你可以在字面意义上被淹没在水中[1]，但你只能以象征性的方式被淹没在数据中。"

"哦，再见！"爱丽丝翻了个白眼说道。

"抱歉，"语法仙子说，"但像你这样滥用'字面意义'一词的人使我觉得有点儿精神错乱。"

编程索引：*文件*；*open( )*；*close( )*；*鸭子类型*；*转换*；*float( )*；*int( )*；*循环*；*for*；*异常*；*try*；*except*；*字典*；*string*；*strip( )*

生物学索引：*基因*；*基因序列*；*DNA*；*FASTA 文件*

您一直享受着编写循环、创建变量和各种其他编程的乐趣。但现在让我们想象一下，您想要开始真正处理大量的数据。本章都是关于如何从外部文件（external file）中提取此类数据的，其中的大多数很可能都"有效"。如果您想要知道不从

---

[1] 译注：即确确实实地被淹没在水中。

文件中读取数据的生活将是怎样的，让我们想象一下，有一个带有表达值的基因列表，您想计算它们的平均值。那么，您可以创建一堆这样的变量：

```
expr1 = 2.1
expr2 = 0.9
expr3 = 0.1
```

然后计算它们的平均值：

```
mean = (expr1 + expr2 + expr3) / 3
```

但这样做的话您的头发很快就变白了，尤其是如果我们要计算很多个基因的平均值时。把所有这些数据手动复制并粘贴到变量中将很快变得有些乏味。另外，这意味着我们将把基因表达值"硬编码"（hard-coding）到 Python 代码中。在这里，硬编码不是指很难编码，而是意味着将数值直接烘烤到代码中，就像将干椰子烘焙到拉明顿（lamington）蛋糕[2]中一样。

但如果我们可以从文件中读取相同的数据，就可以使代码变得与拉明顿蛋糕一样美味且会更加灵活。当然在某些情况下，最好是对对象进行硬编码，让我们将这部分留到后面去讲解，Python 已使您可以胜任这方面的工作。

让我们用您喜欢的文本编辑器将基因表达数据放入一个简单的文本文件中，并将其命名为 gene_expression.txt。在文件中输入以下内容（每个数据都在新行中输入）：

```
2.1
0.9
0.1
```

5.1　用 Python 打开文件

首先要掌握的第一个概念是文件句柄（file handle）。可以将它想象为正在为那些美味的拉明顿蛋糕烹饪酱汁的手柄。手柄只是将这些美味的食材融合在一起的一种方式，它们本身并不是食材。因此，我们先用 open() 命令为 gene_expression.txt 文件创建一个名为 f 的文件句柄：

```
f = open("gene_expression.txt", 'r')
```

让我们对此做进一步的解释。open()命令的两个参数中的第一个很清楚，它只是文件名，第二个参数指的是我们是否要修改文件的内容。"r"表示我们希望

---

[2] 这是一种美味的澳大利亚蛋糕。

文件为只读（read-only），我们不会更改文件的内容，而只要数据：不要在这里搞乱我们的蛋糕配方！

现在，我们可以用 f 句柄访问文件的内容。像我们这里的朋友 gene_expression.txt 一样，文本文件基本上可以被视为行的"列表"。但我们首先必须从文件句柄中获取配料列表，然后调用可信赖的命令，等待 readlines() 命令的出现：

```
lines = f.readlines()
```

上式中的变量 lines 是一个行列表，该列表的每个元素都是一个作为字符串的行。现在，我们准备将其与循环一起使用，以检索示例 5-1 中所有这些"美味"的文件内容。

示例 5-1. 用 Python 打开文件

```
f = open("gene_expression.txt", 'r')
lines = f.readlines()
for line in lines:
    print(line)
```

示例 5-1 中的代码先打开文件，读取各行，然后遍历每一行，并仅将该行的内容打印到屏幕。如果您运行上面的代码，则应该……啊，等等。我们忘了清理！重要的是要记住，像任何优秀的厨师一样，我们应该收拾锅碗瓢盆。这意味着要记住 close()我们的文件句柄！这将告诉计算机我们不再需要该文件的内容。

好的，现在在示例 5-2 中提供了以下代码来修复该问题。

示例 5-2. 在 Python 打开文件中正确使用 close()函数

```
f = open("gene_expression.txt", 'r')
lines = f.readlines()
for line in lines:
    print(line)
f.close()
```

运行以上代码应产生如下输出：

```
2.1
0.9
0.1
```

这一切都很好，但我们如何才能真正使用刚才读取的数据呢？首先要意识到的是输出到屏幕上的数字实际上不是数字！"你在说什么？这简直是个疯狂的话题！我在屏幕上清楚地看到它们就是数字。"

实际上，它们是以字符串为掩饰的[3]，我们可以证明这点的一种方式是，当我们在屏幕上打印每行时，它包含了所谓的行尾字符（end-of-line）。那不是地铁线的尽头（就像作者美丽的家乡波士顿[4]红线地铁线上站点 Alewife 或 Braintree[5]内的"T"字一样），而是一个不可见的字符，它告诉计算机我们已经完成了该行所有字符的输出，并准备开始新的一行。这就是为什么输出的每一行之间都有一个空格，而不是原始文件中没有空格的原因。

因此，循环中第一行的实际内容为"2.1\n"，其中\n 代表上述的行尾字符。您暂时不需要知道换行符的详细信息，但稍后当我们涉及诸如输出之类的非常有趣的内容时会再回到这个问题，因此请将其放在您的后兜里。

那么文件句柄、行尾字符、不可见字符，所有这些已经足够抽象了，我如何去获得实际值？

5.2　更改变量类型

现在我们必须讨论一下转换。但这里的"转换"不是指您为即将到来的巨额预算的好莱坞影片所做的"演员角色分配"[6]，这里的转换是将变量从一种类型（例如字符串）转换为另一种类型（如整数）。我们在第 2 章中说过，Python 使用鸭子类型，即变量被设置为特定类型，而无须显式地事先告知计算机该变量所期望的类型。

那么在目前的情况下，转换如何帮助我们更改变量类型呢？

在这种特定情况下，实际上非常容易。我们真正希望从字符串"2.1\n"中获得的是嵌入在其中的浮点数 2.1。因此，我们仅需用 float()函数将字符串转换为浮点数。您可以自己试试：

```
line = float("2.1\n")
print(line)
2.1
```

请注意，float()很神奇地提取了浮点数并删除了看不见的行尾字符。现在您已经成功地将原始字符串转换为浮点数，该数字现在包含在变量行中。如果您碰巧拥有了一堆都是整数的数据，而不是浮点数，则可以用类似的函数 int()，或者可以用 str()函数将整数或数字转换回字符串。有关更详细的信息，请参见

---

[3] https://docs.python.org/3/library/functions.html
[4] www.mbta.com/schedules_and_maps/subway/
[5] 译注：Alewife 和 Braintree 分别为波士顿红线地铁线的起点站和终点站。
[6] 译注：英文原文中的 casting 是双关语，具有"转换"和"演员角色分配"的意思。

Python 的内置函数文档[7]。

至此，简短的题外话结束了。让我们将转换合并到原始的循环中，并注意我们现在将新转换的值存储到一个新的变量 level 中，以备后用。示例 5-3 是这一新的改进过的循环。

示例 5-3. 打开文件并转换为浮点数

```
f = open("gene_expression.txt", 'r')
lines = f.readlines()
for line in lines:
    level = float(line)
    print(level)
f.close()
```

我们还用 print() 函数将该数据输出到屏幕。如果您运行该程序，将看到一个简短的输出：

```
2.1
0.9
0.1
```

太棒了！现在，您已经将文件中的实际值输入了程序！恭喜您！是喝杯咖啡的时候了。不用担心，我会等您的。

回来了吗？好的，我们现在还要承认一点，即我们还不能完全开始用这些数据做一些有趣的事。是的，我们必须先处理一些小问题，有时您的输入文件中可能会存在错误。

我的天哪！

是的，亲爱的读者，您知道我们谈论的不是代码中的错误，而是其他人可能会在您的输入数据文件中引入的错误，这些人显然不那么谨慎，而且可能不像您自己那样是个真正正直的公民。

也许其他人发给您的文件看起来像是这样的：

```
2.1
0.9
3.1xx
0.1
```

如果您现在运行相同的代码，它将因以下原因而停止运行：

```
2.1
```

---

[7] https://docs.python.org/3/library/functions.html

```
0.9
Traceback (most recent call last):
    File "./File_IO.py", line 8, in <module>
        level = float(line)
ValueError: invalid literal for float(): 3.1xx
```

太令人沮丧了!

您必须应用错误检查的功能来尽可能地防止这些不法行为。但为了避免伤害其他人的感受（他们可能恰好是很好的人、合作者或您实验室的 PI），我们将采用更友好而温和的 Python 描述：异常处理（exception handling）[8]。

5.3 出错处理：Python 的异常处理

如果您正在编写的程序中所有内容都是硬编码的且没有外部输入，则可能永远不必担心异常。但这些程序通常会很无聊：每次运行该程序时，它都会得到完全相同的结果。如果您无法处理数据，那么您当然将无法在生命科学或计算生物学中做任何非常有趣的工作！即使您将 Python 用于某些理论模型，肯定也希望能够修改参数或读取模型规范。

在生命科学中与在生命本身一样，一个不言自明的真理是事物并不总是按计划进行的，因此必须尽早让您的程序获得一些鲁棒性（robustness）。是的，处理这些异常有点像吃药，并不是一件最有趣的事，但请相信我们，稍后您将会感谢我们。

处理错误的基本格式是，我们首先尝试做原计划要做的事，这些在正常情况下都是要做的，但当我们遇到错误时就做其他事情。有道理吧？其结构如下：

```
try:
```

do our original thing（做我们原计划要做的事）

```
except SomeKindOfError:
```

do something else（做其他事情）

让我们回到原始示例。令人讨厌的是将浮点转换为浮点数。float()函数不知道该如何处理字符串，因为它不是一个显而易见的数字。前面显示的灰色错误信息告诉我们，错误类型为 ValueError，因此我们需要添加一个异常来处理这种情况。如果发生例外情况，我们可以选择想要做的事情，最简单的就是忽略它。

---

[8] https://docs.python.org/3/tutorial/errors.html

为此您可以调用 pass 函数，它相当于告诉计算机 "不要管这里的事，继续执行其他语句"：

```
try:
    level = float(line)
except ValueError:
    pass
```

但最好的做法还是找出有问题的行，这样您就可以向发送文件的用户报告他们出错的方式。

```
try:
    level = float(line)
except ValueError:
    print("line is not a number:", line)
```

请注意，您可能会遇到多种不同类型的错误，因而可以通过用多个 except 子句来处理每个不同的错误，但我们现在暂时只用一个 except 子句这种简单的做法。

现在，示例 5-4 将整个程序列出来（请记住要保持缩进）。

示例 5-4. 用异常处理打开文件

```
f = open("gene_expression.txt", 'r')
lines = f.readlines()
for line in lines:
    try:
        level = float(line)
    except ValueError:
        print("line is not a number:", line)
    print(level)
f.close()
```

现在让我们做一些实际的计算！回到先前计算平均值的原始示例，现在我们可以通过跟踪示例 5-5 中的总表达水平（sum）和表达数量（count）来实现。

示例 5-5. 动态计算文件中的平均值

```
f = open("gene_expression.txt", 'r')
lines = f.readlines()
sum = 0
count = 0
```

```
for line in lines:
    try:
        level = float(line)
    except ValueError:
        print("line is not a number:", line)
    print(level)
    sum += level
    count += 1
print("average:", sum/float(count))
f.close()
```

该段程序的输出如下：

```
2.1
0.9
0.1
average: 1.03333333333
```

因此，我们实现了最初的目标，读取文件并计算出一系列表达水平的平均值。但您现在可能要问，我难道不能在电子表格中做同样的事吗？为什么我要所有这些 Python 的代码？是的，的确如此，但计算平均值仅仅是个开始。您可以从多种文件中获取各种数据，并且它们可能有多种不同的格式。Python 将为您提供处理几乎所有内容的灵活性。接下来，我们将利用这些技能，展示如何解析最常见的序列数据文件之一：FASTA 文件。

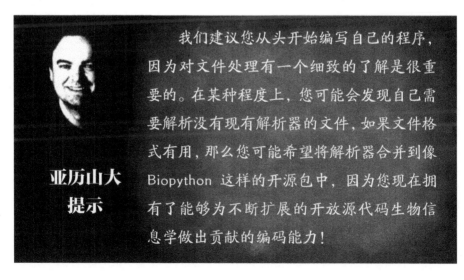

亚历山大
提示

我们建议您从头开始编写自己的程序，因为对文件处理有一个细致的了解是很重要的。在某种程度上，您可能会发现自己需要解析没有现有解析器的文件，如果文件格式有用，那么您可能希望将解析器合并到像 Biopython 这样的开源包中，因为您现在拥有了能够为不断扩展的开放源代码生物信息学做出贡献的编码能力！

5.4 重新开始：解析 FASTA 文件

FASTA 文件是整个生物信息学、基因组学和进化生物学中使用的最常见的序列格式之一。首先，我们应该说，如果您陷入了以序列分析为生的世界，可能会发现自己正在利用现有的解析器（如 Biopython[9]中提供的解析器）来读取和写入多种序列格式。当掌握了此处介绍的基本知识之后，我们强烈建议您研究这些软件包。例如，解析 FASTA 文件[10]就像运行示例 5-6 中的代码一样简单（import 语句将在第 6 章中进行更全面的描述）。还要注意，如果事先没有安装 Biopython 软件包，该代码将无法运行（请参阅第 1 章中的如何用 pip 安装 Biopython 的有关内容）。但我们不希望您现在自己执行此代码，那只是为了说明代码的简洁性而将其显示出来。

示例 5-6. 用 Biopython 解析文件

```
from Bio import SeqIO
handle = open("example.fasta", "rU")
for record in SeqIO.parse(handle, "fasta"):
    print(record.id)
handle.close()
```

因此，假设您想从生物体中读取一些序列到程序中，以便最终可以在其中搜索各种基元或基因（我们将在第 7 章有关 Python 正则表达式的主题中更深入地探讨这一主题）。第一步将是从文件中读取序列。我们已经创建了一个测试数据文件 Sequences.fasta，它位于我们将要操作的 genomes 子目录中。请注意，FASTA 文件的扩展名差异很大，有时可能是 .fasta，有时是 .fas 或 .fna（用于核酸的 FASTA 文件标记）。因此，我们先看看前几行：

```
>Gene1
AGCTTTTCATTCTGACTGCAACGGGCAATATGTCTCTGTGTGGATTAAAAAAAGAGTGTCTGAT
AGCAGCTTCTGAACTGGTTACCTGCCGTGAGTAAATTAAAATTTTATTGACTTAGGTCACTAAA
TACTTTAACCAATATAGGCATAGCGCACAGACAGATAAAAATTACAGAGTACACAACATCCATG
AAACGCATTAGCACCACCATTACCACCACCATCACCATTACCACAGGTAACGGTGCGGGCTGAC
GCGTACAGGAAACACAGAAAAAAGCCCGCACCTGACAGTGCGGGCTTTTTTTTCGACCAAAGGT
AACGAGGTAACAACCATGCGAGTGTT
```

如您所见，FASTA 文件中每个序列的基本格式非常简单。

---

[9] http://biopython.org/
[10] http://biopython.org/wiki/SeqIO

1. 标识符：以 ">" 开头，后跟唯一的字符串（标识符本身）。

2. 顺序：从标识符后的一行开始。该序列由多个符号（核酸或氨基酸）组成，它们可能会显示在一行上，也可能包含在多行上。

然而，问题在于细节，而且由于 FASTA 的格式非常松散（例如，它允许序列之间有空行），我们的解析器应该具有较强的鲁棒性，以应对这些格式上的细微变化。显然，一个完整的 FASTA 解析器可能需要处理更多的问题，例如，捕获不属于标准核苷酸 "字母表" 中的字母。但在处理所有异常之前，我们将在示例 5-7 中展示我们的解析器。它的目标是读入 FASTA 格式的文件，将每个序列保存到字典中，并打印该字典。

示例 5-7. 用标准 Python 库解析 FASTA 文件

```python
f = open("Sequences.fasta", 'r')
lines = f.readlines()
seq_dict = {}
seq_name = None        # initially we have not found a gene
for line in lines:
    if line[0] == '>':
        # get name of the gene to use in the dictionary
        seq_name = line[1:].strip()
        seq_dict[seq_name] = ''
    else:
        if seq_name:   # we have a sequence!
            # append the sequence to the dictionary
            seq_dict[seq_name] = seq_dict[seq_name] + line.strip()
print(seq_dict)
f.close()
```

如您所见，文件打开部分及文件中每行的 for 循环与前面的示例相同。我们需要解决的关键挑战是，基于当前的行，决定我们将处于以下三个不同状态中的哪一个：①没有开始新的序列；②正在启动一个新的序列；③将一个序列添加到已有的序列中。我们可以用当前序列 seq_name 的名称来跟踪状态。

在文件的开头尚未找到任何序列，因此在开始 for 循环之前，我们将 seq_name 设置为 Python 的 None 常量（Constant）[11]。如前几章所述，None 通常用于表示值的丢失，在这种情况下它很有用，因为可以在实际为 seq_name 变量赋值之前引用它。我们还初始化了一个空字典 seq_dict。

现在我们准备好开始循环了。在循环中要做的第一件事是检查当前行是否含

---

[11] https://docs.python.org/3/library/constants.html

有序列的起始字符 ">"; 如果有, 我们就开始工作! 现在, 我们可以用以下 Python 切片将 seq_name 分配给行中第一个字符之后的所有内容: line[1:]。请注意, 类似于上一节中的读取基因表达数据的内容, 我们需要摆脱讨厌的行尾字符。在这里, 我们可以用内置的 strip() 函数, 该函数对字符串进行操作以删除所有前导和尾随空格以及特殊字符[12] (如行尾字符)。我们还用新的 seq_name 变量将字典初始化成空字符串" "。这是我们即将开始用序列数据来填充的空容器。

如果该行的开头不是序列的开始字符, 我们就要先检查当前是否设置了 seq_name, 这可以处理尚未找到序列标识符的情况。例如, 如果文件的第一行为空行, 则 seq_name 将设置为 None, 这是一个为确保您的代码具有鲁棒性的例子。如果行的开头是序列的开始字符, 则我们可以开始工作了! 我们可以开始将这些序列添加到 seq_name 的当前字典条目中, 这是通过提取当前序列并将当前行用 strip() 函数变为字符串后再用 "+" 运算符扩展字符串来实现的。还请注意, 这神奇地处理了该行为空白或仅由空格组成的情况。最后, 我们打印出字典。

为了让程序步入正轨, 我们创建测试文件 Sequences.fasta, 它不仅是标准的 FASTA 文件, 而且还特意包含了一些小的错误:

>Gene1

```
AGCTTTTCATTCTGACTGCAACGGGCAATATGTCTCTGTGTGGATTAAAAAAAGAGTGTCTGAT
AGCAGCTTCTGAACTGGTTACCTGCCGTGAGTAAATTAAAATTTTATTGACTTAGGTCACTAAA
TACTTTAACCAATATAGGCATAGCGCACAGACAGATAAAAATTACAGAGTACACAACATCCATG
AAACGCATTAGCACCACCATTACCACCACCATCACCATTACCACAGGTAACGGTGCGGGCTGAC
GCGTACAGGAAACACAGAAAAAAGCCCGCACCTGACAGTGCGGGCTTTTTTTTCGACCAAAGGT
AACGAGGTAACAACCATGCGAGTGTT
```

>Gene2

```
GGCGCGCGTCTTTGCAGCGATGTCACGCGCCCGTATTTCCGTGGTGCTGATTACGCAATCATCT
TCCGAATACAGTATCAGTTTCTGCGTTCCGCAAAGCGACTGTGTGCGAGCTGAACGGGCAATGC
AGGAAGAGTTCTAGGTGATGGTATGCGCACCTTACGTGGGATCTCGGCGAAATTCTTTGCCGCG
CTGGCCCGCGCCAATATCAACATTGTCGCCATTGCTCAGGGATCTTCTGAACGCTCAATCTCTG
TCGTGGTCAATAACGATGATGCGACCACTGGCGTGCGCGTTACTCATCAGATGCTGTTCAATAC
CGATCAGGTTATCGAAGTGTTTGTGATAAAACTGGCGTGCGCGTTACTCATCAGATGCTGTTCA
ATACCGATCAGGTTATCGAAGTGTTTGTGAT
```

> Gene 3 (other comment)

```
TACAGTATCAGTTTCTGCGTTCCGCAAAGCGACTGTGTGCGAGCTGAACGGGCAATGCAGGAAG
AGTTCTATTTCCCAATTTTTAGGAACCC
```

---

[12] https://docs.python.org/3/library/stdtypes.html#str.strip

请注意，我们引入了另外两种具有不同格式的序列：Gene2 在标识符和序列之间有一个行间距，Gene 3 则包含带有空格的标识符，并且该序列在一行上（而不是分开成多行）。如果运行程序 PFTLS_Chapter_05_02.py，我们应该看到序列被打印为字典：

```
{'Gene1':'AGCTTTTCATTCTGACTGCAACGGGCAATATGTCTCTGTGTGGATTAAAAAAAG
AGTGTCTGATAGCAGCTTCTGAACTGGTTACCTGCCGTGAGTAAATTAAAATTTTATTGACTTA
GGTCACTAAATACTTTAACCAATATAGGCATAGCGCACAGACAGATAAAAATTACAGAGTACAC
AACATCCATGAAACGCATTAGCACCACCATTACCACCACCATCACCATTACCACAGGTAACGGT
GCGGGCTGACGCGTACAGGAAACACAGAAAAAAGCCCGCACCTGACAGTGCGGGCTTTTTTTTC
GACCAAAGGTAACGAGGTAACAACCATGCGAGTGTT','Gene2': 'GGCGCGCGTCTTTGCA
GCGATGTCACGCGCCCGTATTTCCGTGGTGCTGATTACGCAATCATCTTCCGAATACAGTATCA
GTTTCTGCGTTCCGCAAAGCGACTGTGTGCGAGCTGAACGGGCAATGCAGGAAGAGTTCTAGGT
GATGGTATGCGCACCTTACGTGGGATCTCGGCGAAATTCTTTGCCGCGCTGGCCCGCGCCAATA
TCAACATTGTCGCCATTGCTCAGGGATCTTCTGAACGCTCAATCTCTGTCGTGGTCAATAACGA
TGATGCGACCACTGGCGTGCGCGTTACTCATCAGATGCTGTTCAATACCGATCAGGTTATCGAA
GTGTTTGTGATAAAACTGGCGTGCGCGTTACTCATCAGATGCTGTTCAATACCGATCAGGTTAT
CGAAGTGTTTGTGAT','Gene 3 (other comment)': 'TACAGTATCAGTTTCTGCGT
TCCGCAAAGCGACTGTGTGCGAGCTGAACGGGCAATGCAGGAAGAGTTCTATTTCCCAATTTTT
AGGAACCC'}
```

请注意，该程序已像冠军一样成功处理了每个测试用例，正确地将所有标识符用作字典键，并且所有序列均由连续的核苷酸标识符组成。

做得不错，老兄！在下一章中，我们将介绍 Python 的正则表达式，它将增强我们在众多的基因组中对序列标记的搜索（如本章所述）。

5.5 参考资料和进一步阅读

- Biopython[13]：Python 中生物信息学工具包的祖先，它包含用于多种生物信息学文件格式的解析器及许多其他功能。
- PyCogent[14]：一种更新过的工具包，用于分析序列，与分子进化和基因组学尤为有关的第三方应用程序进行交互。

---

[13] http://biopython.org/
[14] http://pycogent.org/

第 6 章　生物序列的搜索：基因组和序列的正则表达式

"哦，亲爱的!"白兔说，"我在实验室会议上迟到了，我还有大量的基因测序数据要处理。"

白兔放弃了他的计算器和电子表格，并支付了一笔巨款来购买一些花哨的桌面应用程序用以处理基因数据，但他仍然感到沮丧。这些应用程序似乎想成为所有人处理一切问题的工具，但在实际应用中，它们根本无法处理他所要的特定类型的实验数据分析。

突然，在毫无预警的情况下，坐在池塘中间睡莲座上的一只大而聪明的老蟾蜍发出了一声嘶哑的叫声："Python!"

"什么? 不，不，不!"极度受困中的白兔喊道，"所有人都知道 Python 的运行速度很慢，因为它是一种解释型语言，而我并没有多余的时间。"

"嘿，你是穿着花哨的背心并带着怀表的啮齿动物，而我只是一个吃苍蝇的老家伙。我怎么知道呢? "年长的蟾蜍跳入水中去寻找它的下一顿饭食。

编程索引：*正则表达式*；*re 模块*；*Python 模块和子模块*；***import***；*Python MatchObject*；*迭代器*；*Python 字节码*；*Python 解释器*；**random** *模块*；*2038 年的问题*；**time** *模块*；*Cython*；*SWIG*；*Python 标准库*

生物学索引：*下一代测序*；*基因启动子*；*限制酶*；*限制位点*；*基因组*；*DNA*；*核苷酸*；*染色体*；*共有序列*；*错配*

那些与基因组学或下一代测序（next-generation sequencing）研究有关的人们特别喜欢本章，在这一章中我们将介绍正则表达式，这是 Python 最强大的文本处理功能之一。

正则表达式的最佳用法是将其作为字符序列中的可搜索模式（searchable pattern）。最简单的模式是直接的字符序列，就像我们在第 3 章中定义序列上的 DNA 限制性位点所见的那样。请记住，我们将限制酶酶切位点定义为识别基元及其相对位置，酶在该位点切割 DNA，如下所示：

```
restrictionEnzymes['bamH1'] = ['ggatcc',0]
```

尽管我们实际上并未在本章中使用正则表达式，但我们搜索的小序列 'ggatcc' 将是有效的正则表达式，这是一个在可搜索模式中的每个位置均由字符唯一且明确地定义的正则表达式。

现在让我们考虑一个稍微复杂一点的示例。在这个示例中，我们可能希望在给定位置上拥有多种可能的字母。限制酶 *Nci* I 可以识别 DNA 序列 CC（C 或 G）GG（并在第二个 C 之后切割 DNA）。我们如何在 Python 库中表示这种限制酶？

一种方法是搜索两个可能的序列变体 CCCGG 和 CCGGG。这是可行的，但非常低效，因为针对每个序列的变体它都要运行整个搜索。现在，想象对具有识别位点 CC（A，T，C 或 G）GG 这样的 *ScrF* I 限制酶进行操作！这将需要分别搜索序列变体 CCAGG、CCTGG、CCCGG 和 CCGGG，并且该酶仅在一个位置具有歧义！一些限制酶在其识别位点的多个位置识别多个碱基，从而产生数十个甚至数百个可能需要搜索的序列变异。

幸运的是，有很多（很多）更好、更快和更有效的方法来完成这项工作，而正则表达式就是这样的一种方法。

6.1　Python 的正则表达式库及导入

为了在 Python 中使用正则表达式，我们必须重新导入 Python 的正则表达式库[1]re，并且不能依赖于诸如 find 之类的简单字符串搜索方法。import 一个库是什么意思呢？这样说吧，通过使用 re 库，我们已经走出了 Python 的核心语言功能（内置功能），并且开始用 Python 标准库（Python standard library）中的功能。可以认为核心语言是太阳系的内环（水星、金星、地球、火星），而标准库则视为外部行星（木星、土星、天王星、海王星）。它们仍然是 Python 太阳系的一部分，只是绕得更远。导入模块很简单，只需在程序开头键入：

```
import re
```

这就可以了！（当然，如果您使用的是其他模块，则可将 re 替换为该模块的

---

[1] docs.python.org/3/library/re.html

名称。）如果只需在该模块中使用全局函数（如本章所述），则只要这样做即可（实际上，许多模块由各种子模块组成，我们将在第 7 章中讨论子模块和命名空间的相关概念，但在此之前，这种简单的导入形式就足够了）。

因此，在示例 6-1 中，让我们进入并使用与字符串查找方法等效的 Python 正则表达式库。我们还将使用在有关序列操作的那章中创建的限制酶库。然而，我们现在可以扩展其功能以便与 DNA 限制酶酶切位点一起使用，该位点在任何给定的位置允许具有多于一个的碱基。

示例 6-1. 创建正则表达式（同时显示其输出）

```
import re
restrictionEnzymes = {}
restrictionEnzymes['bamH1'] = ['ggatcc',0]
restrictionEnzymes['sma1'] = ['cccggg',2]
restrictionEnzymes['nci1'] = ['cc[cg]gg',2]
restrictionEnzymes['scrF1'] = ['cc[atcg]gg',2]
sequence1 = 'atatatccgggatatatcccggatatat'
print(re.findall(restrictionEnzymes['bamH1'][0],sequence1))
[]
print(re.findall(restrictionEnzymes['nci1'][0],sequence1))
['ccggg', 'cccgg']
print(re.findall(restrictionEnzymes['scrF1'][0],sequence1))
['ccggg', 'cccgg']
```

首先，我们用 `import re` 语句导入 Python 正则表达式库，然后创建我们的限制酶库（为了完整性，我们重新创建了第 3 章中的代码）。您会发现我们现在还添加了前面讨论的两种新的限制酶，在它们的识别位点的一个位置上允许有一个以上的碱基。

接下来，我们定义了一个序列，在该序列中我们故意添加了 *Nci* I 识别位点的两个变体，我们还用一对成对的片段将它们分开，以使其易于查看。

最后，我们使用 re 模块的 `findall` 方法在序列中搜索与 *Bam*H I、*Nci* I 和 *Scr*F I 识别位点相对应的正则表达式。让我们来看看它们中的每一个。

*Bam*H I 的正则表达式只是一个简单的字符串："ggatcc"。

Nci I 和 *Scr*F I 的正则表达式包含由方括号定义的位置,方括号内包含一组字符。这是用于指定模式中该位置允许插入哪些字符的正则表达式语法。您可以将方括号视为一种 OR 的陈述式,例如:'cc[cg]gg'的意思是'cc 后跟 c 或 g,然后是 gg';'cc[atcg]gg'的意思是'cc 后跟 a 或 t 或 c 或 g,然后是 gg'。

在示例 6-1 所示的代码中，我们现在可以看到为什么 *Bam*H I 搜索未能产生任何匹配，以及为什么 *Nci* I 和 *ScrF* I 都与我们插入序列中的两个识别位点匹配，因为它们满足了两种酶的搜索标准。匹配 *Nci* I 的两个可能位点实际上是匹配 *ScrF* I 的位点的子集，其中 *ScrF* I 还允许 a 和 t 插入到识别位点的中心位置。

事实证明，实际上有一种甚至更简单的正则表达式语法，可以允许 *ScrF* I 识别位点中心位置为四个碱基中的任何一个。

```
restrictionEnzymes['scrF1'] = ['cc.gg',2]
```

正则表达式中的句点表示任何字符都可以匹配该位置的搜索模式。在我们的 DNA 序列世界中，这意味着 a、t、c 或 g 中的任何一个。但在这里要小心，因为它也可以接受任何其他字符，包括那些不是有效 DNA 序列元素的字符。

6.2　用正则表达式识别基因启动子

让我们来看一个更复杂的示例，说明如何利用正则表达式的功能处理 DNA 序列，在基因组中寻找生物学上感兴趣的序列（如基因启动子）（我们将探索启动子的各种多变且有趣的用法以控制在第 12 章生化动力学中描述的基因表达水平）。基因启动子通常由相对保守的识别序列组成，这些识别序列通常由可变长度的间隔子序列隔开。例如，许多细菌基因启动子由将要被转录的基因上游的两个不同的识别序列组成，如图 6-1 所示。

图 6-1　一个典型的细菌基因启动子

在–10 位识别位点的共有序列为 tataat，而在–35 位点的共有序列为 ttgaca。我们可以很容易地设计一个 Python 正则表达式，它将在基因组中搜索这样的共有启动子区域，如下所示：

```
promoter = 'ttgaca..................tataat'
```

这将匹配到由固定数目的碱基分开的两个共有识别位点组成的任何序列（在那些位置可以是四个碱基中的任何一个）。由于这些序列是基元的共有序列，而这些基元本身实际上会发生某些可变性，因此我们可以通过允许已知可变性较大的共有序列中位点的失配，来扩展搜索以解决该可变性问题，如下所示：

```
promoter = 'ttga.a..................ta...t'
```

但如果共有序列之间的间隔长度可变，那该怎么办？

事实证明，正则表达式也为我们提供了一种简单有效的方式来处理这种情况。我们可以创建搜索模式，以允许在识别位点之间的碱基数量可变，如下所示：

```
promoter = 'ttgaca.{15,25}tataat'
```

句点后的花括号（{}）用于表示重复填写括号前的字符 15~25 次。在这种情况下，该句点可匹配任何基数。该搜索模式将匹配由两个共有识别位点组成的基因组的任何片段，该片段由 15~25 个任何类型的碱基分隔。

```
sequence2 = 'ccccttgacacccccccccccccccccctataatccccc'
sequence3 = 'ccccttgacacccccccccccccccccccccctataatccccc'
print(re.findall(promoter,sequence2))
['ttgacacccccccccccccccccctataat']
print(re.findall(promoter,sequence3))
['ttgacacccccccccccccccccccccctataat']
```

从前面的代码中可以看出，正则表达式 'ttgaca.{15,25}tataat' 与 sequence2 和 sequence3 匹配，它们的区别仅在于两个共有序列之间的间隔长度不同。

6.3 MatchObject：第一个真实的 Python 对象

现在，您可能正在查看 re.findall 方法的结果，并认为其中缺少一些东西。有时只要知道序列中是否存在匹配模式并查看其含义就够了，但如果我们还想要知道序列中的位置怎么办？不要担心，因为 re.finditer 方法是您解决此问题的朋友。finditer 方法不会像 findall 方法那样返回简单的匹配列表，因为 finditer 方法能够运行更复杂的搜索类型，从而产生一组更丰富、更结构化的结果。如果我们尝试直接打印来自 finditer 搜索的结果，则其结果如下所示：

```
print(re.finditer(promoter,sequence2))
<callable-iterator object at 0x100409290>
```

嗯，好的。但什么是"可调用迭代器对象"呢？我该如何处理？

为了处理这种额外的复杂性，finditer 方法返回了一个可迭代的 Python 的 MatchObject 对象集合，该集合使搜索结果可以一次遍历一个，并且对每个结果进行了更广泛的分析。从技术上讲，finditer 方法返回一个对象，该对象是其他对象的一种有序列表。该方法的最终结果是一个迭代器（iterator），通过使用我们在字符串和列表这一章中介绍的 for element in object 语法依次调用每个对象来逐步执行该迭代器。迭代器对象中引用的每个元素实际上都是一个 Python 的

MatchObject，它类似于每个搜索所命中的微型数据库，可用以查询并提取和分析其包含的有关匹配信息。

除了更传统的过程编程风格之外（这在本质上是计算机遵循的指令块），Python 还支持面向对象的编程（通常缩写为 OOP）。我们已经对使用的对象方法（如 string.find）有所了解，在第 7 章中，我们将真正了解 OOP 的本质。不过就目前而言，将 Python 迭代器和 MatchObject 都视同为其他类型的 Python 对象（如 String 或 int 型的对象），并具有自己的属性和方法就足够了。

在示例 6-2 中，我们展示了一些代码，该代码显示如何遍历由 finditer 方法返回的搜索所命中的列表（假设变量已经如上定义），并查询每个对应的 MatchObject。

示例 6-2. 通过正则表达式遍历匹配

```
matches = re.finditer(promoter,sequence2)
for m in matches:
    print(m.group())
    print(m.start(),m.end())
```
ttgacacccccccccccccccctataat

5 34

在上述简单示例中，实际上只有一个搜索命中可以迭代，并且我们使用了 MatchObject 中的方法 group()、start() 和 end() 来打印匹配序列及其开始与结束的位置。这可以使您了解如何处理正则表达式的搜索结果，但与我们在此讨论的内容相比，您可以用它们处理更多的问题。如果您想了解更多信息，请查阅 Python 官方文档上的 MatchObjects[2]。

正则表达式在计算机科学中具有悠久的历史，并且在计算机编程语言中几乎无处不在。到目前为止，我们在本章中所看到的正则表达式模式仅仅涉及它们表面上的功能。实际上，我们可以用一整本书[3]来讨论正则表达式。但是，作为正则表达式的简介，如果您希望找到一个深入了解正则表达式的良好途径，则最好从官方的 Python 文档开始。这个 Python 正则表达式的"how-to"[4]是一个很好的起点。

6.4 Python 用于真正的基因组学时太慢了吗？

现在，你们中的某些人可能会说 Python 对于搜索我们在此处的示例中看到的那

---

[2] https://docs.python.org/3.0/lib/match-objects.html
[3] regex.info/book.html
[4] docs.python.org/3/howto/regex.html

种非常小的序列确实很好，但它可以用于研究基因组学和下一代测序的科研人员感兴趣的那种序列吗？用于那种长度通常可以达到数百万个碱基对的序列，可以吗？

答案是肯定的。

我们提出这个问题是因为可能有一天您会听到（或已经听说过）有人会说这样的话："Python 是一种解释型语言（interpreted language），因此对于高强度的计算工作来说太慢了。"尽管这一笼统的说法在很大程度上是很"火"的话题，但在某些情况下，它确实是有一些事实基础，这与解释性编程语言的某些缺陷和性能有关。

诸如 C 和 Fortran 之类的编译程序语言，在运行之前已将代码转换为一组机器可执行指令，当您单击"运行"时，硬件可以立即开始执行代码。因此，这些编译语言通常具有性能上的优势。相比之下，使用像 Python 这样的解释型语言，必须先解析程序并将其转换为可执行代码，然后才能由硬件实际运行该代码。这种对编译型语言与解释性语言的说明是过分简单化的。包括 Python 在内的多种语言也使用称为字节码（bytecode）的中间代码层，其中的原始编程语言已被转换成非常接近于计算机可执行指令集的指令。其结果是字节码可以非常高效地运行，因为将它们即时转换为机器可执行指令的开销很小。这意味着您可以在运行时解析和解释 Python 代码的某些部分，并且其某些部分的代码已被编译为字节码，以便更快、更有效地执行。

但请稍候（就像电视购物人士喜欢说的那样），还有更多的方法可供利用！

由于 Python 模块还可以用其他语言（如 C）编写，然后编译成机器可执行的指令并链接到 Python 解释器，这一事实使 Python 的情况更加复杂。这意味着您的 Python 代码可以作为解释代码、字节码或直接作为机器可执行的指令来运行，并且所有这些都可以在同一个应用程序中进行！

官方的 Python 解释器实际上是用 C 编写的，它是 Python 标准库（Python standard library）[5]中附带的许多模块。这意味着当您从 Python 解释器运行的代码中调用这些标准库模块时，只要在运行中不会遇到由于对解释代码的引用而要返回到解释代码中，这些模块所包含的函数和方法就可作为已编译的机器可执行指令直接运行（并且非常高效）。

也许您可以猜测我们将简短地偏离正轨以阐述计算机科学的问题。

我们通过模块 re 导入的 Python 的正则表达式库是用 C 编写并编译的，导入后已将其嵌入代码中。它们也是高度优化的代码（highly optimized code），并且效率极高，正如我们在本节稍后将向您展示的演示代码那样。

让我们看一个人类基因组学的例子。

---

[5] https://docs.python.org/3/library/index.html

人类基因组中最大的连续序列是具有 2.5 亿个碱基对的 1 号染色体。在示例 6-3 中，我们创建了一个随机合成的 1 号染色体，并运用 Python 的正则表达式探查其序列。

示例 6-3. 创建随机合成的染色体

```
import random
bases = ['a','t','c','g']
sequenceList = []
for n in range(0,250000000):
    sequenceList.append(random.choice(bases))
chromosome = ''.join(sequenceList)
```

首先，我们导入 Python 随机模块，该模块包含用于生成随机数和序列的代码。在这段代码中，我们将构建一个随机的 2.5 亿个碱基序列。正如我们在第 3 章了解到的那样，由于 Python 字符串是不可变的，因此将非常大的字符串作为列表构建然后将列表转换为字符串会更加有效。

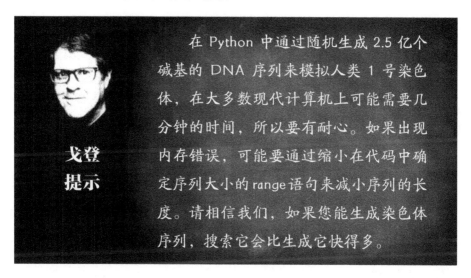

戈登
提示

在 Python 中通过随机生成 2.5 亿个碱基的 DNA 序列来模拟人类 1 号染色体，在大多数现代计算机上可能需要几分钟的时间，所以要有耐心。如果出现内存错误，可能要通过缩小在代码中确定序列大小的 range 语句来减小序列的长度。请相信我们，如果您能生成染色体序列，搜索它会比生成它快得多。

我们的随机序列将由 a、t、c 和 g 这 4 个 DNA 碱基组成，我们运用 random.choice 方法每次随机地把一个碱基添加到列表中，直到长度为 2.5 亿个碱基为止。然后，我们可以用 join 方法获取列表，并将其转换为用于合成染色体的字符串。请注意，空字符串''上的 join 方法取出其参数所指定的列表中的每个元素，并用空字符串作为分隔符将其添加到结果的字符串中。在这种情况下，我们用了空字符串，因为我们不希望在序列中的碱基之间有任何分隔符。

当您运行此代码块时，只需几分钟即可完成。这是一个很大的字符串。到目前为止，这个创建合成基因序列的代码将是本章中最慢的部分。

将合成染色体组装成字符串后，让我们在示例 6-3 中追加一些代码，以查看利用 Python 正则表达式进行搜索需要多长时间。为开始测试，让我们用前面看到的基因启动子示例来搜索由这 2.5 亿个碱基合成的染色体，寻找共有序列 'tataat'。完整的代码如示例 6-4 所示。

示例 6-4. 创建合成染色体并寻找正则表达式

```
import time
import random
bases = ['a','t','c','g']
sequenceList = []
for n in range(0,250000000):
    sequenceList.append(random.choice(bases))
chromosome = ''.join(sequenceList)
searchPattern = 'tataat'
t1 = time.time()
result = re.finditer(searchPattern,chromosome)
t2 = time.time()
print('Start time =',t1,'seconds. End time =',t2,' seconds.')
```

我们在此引入了另一个 Python 模块，即时间模块。顾名思义，该模块是用于处理时间的。time.time()方法返回自 Python 文档中称为纪元开始（start of the epoch）的任意固定日期和时间以来的秒数。这一切听起来很像史前和世界末日，但您可能会惊讶地发现，这一伟大曙光的历史实际上是从 1970 年 1 月 1 日开始的。

在计算机上计算时间的标准方法是由 Unix 的工程师定义的。Unix 是第一个真正的计算机操作系统之一。自从 20 世纪 70 年代早期第一个 Unix 系统出现以来，几乎所有其他计算机平台都继承了它，将它作为一种事实上的时间标准。Unix 工程师认为 Unix 文件系统最早的日期可能是 1970 年 1 月 1 日午夜，这成为几乎所有计算机系统的官方"时间的曙光"。

如果您想了解更多有关此类问题的信息，则可能要阅读一些关于即将到来的 2038 年的问题（Year 2038 Problem）。除非操作系统对时间值的存储和处理方式进行了一些更改，否则这将是 Unix 时间时代的结束。

好了，在我们简要讨论了 Unix 时间之后，回到我们的基因组学吧。

我们将利用 time()方法来查看正则表达式搜索代码需要多长时间才能在合成染色体的 2.5 亿个碱基中搜索到'tataat'共有序列。我们将以秒为单位记录开始之时的时间，并在代码运行后再立即记录一次，然后可以比较结果（由于您运行的时间要晚于本书出版的时间，因此数字看起来可能与这些数字有所不同）：

Start time = 1446646598.11 seconds. End time = 1446646598.11 seconds.

好的，它运行起来非常快（如果您查看开始时间和结束时间，它们至少在精确到两位小数时是相同的）。让我们进行多次搜索，然后对结果进行平均，以更好地了解搜索实际所需的时间，从而制订一个更合适的基准。我们还将用结束时间减去开始时间，然后对重复搜索的次数进行平均，这样就可以直接衡量搜索所花的时间。

我们将在示例 6-5 中重复搜索 100 万次，这一事实应该使您了解这种正则表达式搜索的速度有多快。

示例 6-5. 测定重复搜索 100 万次的时间（穿插着输出）

```
import time
import random
bases = ['a','t','c','g']
sequenceList = []
for n in range(0,250000000):
    sequenceList.append(random.choice(bases))
chromosome = ''.join(sequenceList)
searchPattern = 'tataat'
nsearch = 1000000
t1 = time.time()
for n in range(0,nsearch):
    result = re.finditer(searchPattern,chromosome)
t2 = time.time()
print('Average search time was ',(t2-t1)/float(nsearch),' seconds')
Average search time was 1.06230282784e-06 seconds
nmatches = 0
for match in result:
    nmatches += 1
```

```
print('Number of search hits = ',nmatches)
```
Number of search hits = 60951

您可以看到速度非常快！完整搜索一次大约只需 1 μs。等一下，这个搜索之所以快速是不是因为没有找到任何的匹配项？

让我们来看看。在示例 6-5 的最后部分，我们遍历搜索命中的匹配项（请记住，finditer 返回一个可迭代的对象），并对它们进行计数。根据我们的时间编号，finditer 搜索将在大约 1 μs 的时间内识别出 2.5 亿个碱基序列中的 60 000 多个匹配项。Python 正则表达式的搜索非常快！

让我们再对示例 6-6 进行一次时序测试，这次使用稍微复杂一些的正则表达式，该表达式允许第四位碱基是任意的。

示例 6-6. 第二次计时测试

```
import time
import random
bases = ['a','t','c','g']
sequenceList = []
for n in range(0,250000000):
    sequenceList.append(random.choice(bases))
chromosome = ''.join(sequenceList)
searchPattern = 'tat.at'
nsearch = 1000000
t1 = time.time()
for n in range(0,nsearch):
    result = re.finditer(searchPattern,chromosome)
t2 = time.time()
print('Average search time was ',(t2-t1)/float(nsearch),' seconds')
```
Average search time was 1.0852959156e-06 seconds
```
nmatches = 0
for match in result:
    nmatches += 1
print('Number of search hits = ',nmatches)
```
Number of search hits = 239051

如我们所见，命中的数量现已激增至将近 24 万个。这并不奇怪，因为我们用的是更宽松的搜索模式。但每次搜索的平均时间仍接近 1 μs。

因此，如果下次有人告诉您 Python 对于任何一种高强度计算来说都太慢了，您可以礼貌地向他们展示其正则表达式在搜索模式上令人印象深刻的性能。此外，您只需键入几行代码并点击"运行"即可执行该搜索，而不必像编译语言那样经过单独的步骤来编译和链接代码。我们是否还提到过，您的 Python 代码将在装有标准 Python 发行版的任何计算机上"照原样"运行？

　　像大多数 Python 标准库一样，处理正则表达式的 re 模块实际上也是用 C 编写的。因此，对搜索的初始函数调用是由 Python 解释器处理的，而随后的搜索实际上是在已编译的本机代码中运行的，这就解释了它性能高效的原因。确实，Python 语言的一大优势在于，它可以非常轻松地与本机的编译语言（如 C）进行交互，从而可以在 CPU 和内存的"裸机"上运行大量高强度计算的代码，而这些代码基本上无需用到任何 Python 解释器的开销。

　　甚至还有诸如 Cython 之类的模块，它允许您将所编写的 Python 代码转换为 C 并编译为机器可执行的模块，您可以像对待其他任何 Python 模块那样将其导入到应用程序中。还有一个名为 SWIG 的框架，该框架使您可以用 C 编写模块，将其编译并链接到 Python 解释器（有关这两个模块的更多信息，请参见本章末尾的参考资料）。如果您有兴趣使用这些方法之一为您的 Python 项目创建一些高性能代码，具有一定程度的其他技术知识将非常有用，因此我们将在此简要提及它们。但请注意，这些都是一些更高级的 Python 编程主题，对它们的完整叙述实际上超出了本入门书的范围。

　　下一章将通过进入神秘的面向对象编程（object-oriented programming，OOP）的世界，继续介绍 Python 语言的核心功能。我们将暂时停留在生物序列领域。当我们了解了面向对象编程对生物学的定量探索是多么有用时，它们将成为我们的指南。

6.5　参考资料和进一步阅读

- Cython[6]：用于将 Python 代码转换为 C 的模块。
- SWIG[7]：简化的包装程序和接口生成器。

---

[6] cython.org/
[7] www.swig.org/Doc1.3/Python.html

第 7 章 对象课程：生物序列作为 Python 的对象

疯帽子宣称："我不需要整理自己的东西。"他说："我拥有一套自己的系统，如果您不是我的话，看起来会很混乱。但请相信我，我确切地知道什么东西放在哪里。"

一位晚宴嘉宾问："度假后回来怎么办？您还记得所有东西在哪里吗？"

"如果有人移动某件物品怎么办？"另一位晚餐客人问。

"或者您自己移动某些东西而忘了将其放回原处呢？"又一客人问。

"或者！"疯帽子涨红了脸。"你们这帮忘恩负义的晚餐客人，你们明明就可以看到，但还是用你们的大鼻子嗅来嗅去，所有的一切都被移动了！"

随之而来的是令人尴尬的沉默，所有晚餐的客人都凝视着自己的茶杯。

编程索引：*面向对象编程；函数式编程；过程式编程；对象；类；实例；方法；继承；修饰器；Python Object；__ init __()；self；构造函数；类和实例变量；重写；__ str __()；print*

生物学索引：*DNA；RNA；蛋白质；序列；序列搜索；转录；翻译；遗传密码；密码子；分子量；核苷酸*

在本章中，我们将为您简要介绍一下面向对象编程（OOP），这是一个编程习语，如果您要用 Python 编写相对简单的脚本以外的内容，则可能要学习它。关于 OOP 的讨论很多，论点的正反两面都被大肆宣传和反对。就像我们在正则表达式中看到的那样，甚至可以用整本书来专门讨论该主题。一个简单的事实是：OOP

是正确组织代码的一种方法，通常可以使代码更干净、更易于理解、更易于维护和更可重用。基于我们对 OOP 的描述，如果您认为我们在 OOP 方面属于积极的阵营，那确实如此。需要强调的是，这是编写代码的一种方法，但不是唯一的方法。OOP 并非在所有情况下都是完美的。例如，对于小型脚本，OOP 感觉就像用大锤去砸一个螺母。

7.1　为什么要进行面向对象的编程？

在所有计算机编程语言的核心部分，有一个一直被激烈争论的问题，即如何管理在代码中创建的所有实体（变量、函数等）的状态，以便随着代码复杂性的增加还能保持其鲁棒性和一致性。简而言之，有一个很好的论点是，OOP 范式（paradigm）并不是管理代码的最佳方法，因为它将变得非常复杂，并且您也会有很多可移动的部分。OOP 的替代方法通常是函数编程（functional programming）。然而，这场辩论已经超出了本书的范围，但我们仍希望您对此有所了解，以免您认为我们将 OOP 视为解决所有问题的灵丹妙药。OOP 可能并不完美，但这是范式，且在编写本书时，全世界绝大多数程序员目前都在用其编写代码。

根据我们的经验，使用过 OOP 和非 OOP 编程习惯后，我们可以说 OOP 在帮助程序员更好地管理具有许多活动部件的大型编程项目的复杂性方面取得了很大的成功。如果您此时要问自己，"我应该学习 OOP 吗？"如果您想用 Python 或任何其他 OOP 编程语言（如 Java）完成任何大型项目的编程，我们都会说一个肯定的"是"。

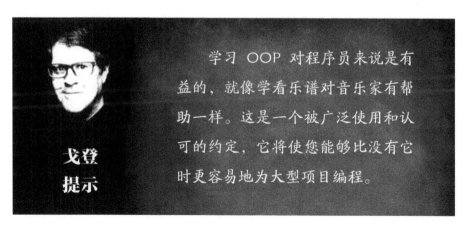

戈登
提示

学习 OOP 对程序员来说是有益的，就像学看乐谱对音乐家有帮助一样。这是一个被广泛使用和认可的约定，它将使您能够比没有它时更容易地为大型项目编程。

如果您要学习其他编程语言，那么熟悉 OOP 范例也将是有益的，因为大多数现代和流行的语言（Java、C++、Ruby、C#等）都是以 OOP 为中心的。

我们在本章中提供的是 OOP 领域的入门指南，以及如何在 Python 中实现 OOP。我们的目的是为您提供足够的信息，以使您能开始用 Python 进行 OOP 编程，而又不会由于详尽的（且令人精疲力竭的）评述给您带来负担。事实上对 OOP 领域的详述就可以填满整本书，甚至没有任何余地来叙述其他内容！

因此，为开始讨论"什么是 OOP"，让我们从它不是什么开始。换句话说，OOP 与本书到目前为止所见的大多数方法有什么不同？

7.2　程序的组织——OOP

到目前为止我们看到的许多代码都是以过程编程（procedural programming）的风格编写的，顾名思义，它实质上是由为计算机执行步骤而组织的代码块组成的。这些过程主要是 Python 中的函数和方法，但在其他编程语言中，它们可能被称为子程序（subroutine）或块（block）。它们具有的共同特征是将代码组织成较小的单位或任务。例如，从文件中读取 96 孔板的数据表或从其序列中计算出寡核苷酸的分子量。

需要明确的是，运行代码的硬件并没有真正组织代码。当一切正常运行时，硬件将简单地按照指定的顺序执行给定的指令，而不去理会代码的合理性、整洁性或组织性。程序员组织代码的方式在某些情况下可能会影响其执行效率（例如，是否有不必要的冗余），这是由于代码实际上可以正确无误地按照程序员的意图执行，只要它没有任何错误，无论它是否高效或组织良好，都将由硬件运行。

因此，作为一般原则，我们可以说组织代码主要为使程序员受益（也可能是使其他需要阅读、理解、使用、协作或修改该代码的人受益）。

无论程序员试图在其代码中实现什么，OOP 都只是一种概念模型，因此它都将对象用作其核心的构建块。

实际上，在较早的章节中，当我们用 object.method 语法［如 list.append() 方法］将项目附加到列表末尾时，就已经接触到了 Python 对象。list 对象已经在 Python 标准库中为您作了定义，但要真正地理解幕后知识并了解 Python 对象，让我们针对非常熟悉的应用领域（生物学）来设计一两个自己的对象吧。

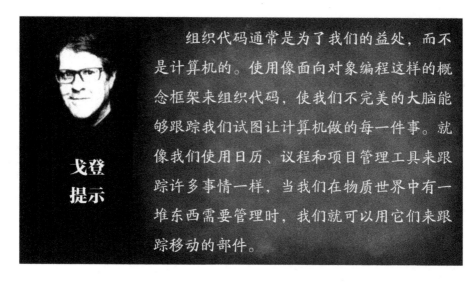

组织代码通常是为了我们的益处，而不是计算机的。使用像面向对象编程这样的概念框架来组织代码，使我们不完美的大脑能够跟踪我们试图让计算机做的每一件事。就像我们使用日历、议程和项目管理工具来跟踪许多事情一样，当我们在物质世界中有一堆东西需要管理时，我们就可以用它们来跟踪移动的部件。

7.3　生物序列处理的 OOP 实现

假设我们正在创建一个管理生物序列的应用程序，并且该应用程序必须处理 DNA、RNA 和蛋白质序列（这些似乎都是 Python 对象代码中的理想候选者，因此我们以它们为例）。

作为 OOP 的新手，下面是您需要了解的第一件大事。

当我们用 OOP 代码描述对象时，实际上是在描述该对象的模板，称为类（class）。如果您认真思考一下，这是非常合理的。我们的应用程序可能要处理数百甚至数千个序列对象，因此为所有这些对象编写一个主描述是有意义的。

类是对象的模板，定义了该对象的所有实例（instance）。我们将每个实际对象都引用为其所属类的实例。从这个意义上讲，当我们谈论 Python 对象时，所指的是特定类的实例（instance of a particular class）。

在创建实例（对象）之前，首先要根据以下两个方面对该类进行描述：①它存储哪些属性，这些属性通常被称为字段（field）、实例字段（instance field）或实例变量（instance variable）；②它可以做什么，即其方法。解释它们的最好办法是考查它们在序列类中的形式（当我们在这里开始用术语"类"描述对象和实例的模板时，实际上是在描述作为类实例的实际对象）。

对于 DNA 和 RNA 序列，每个序列对象都必须能够存储核苷酸碱基的实际序列；而对于蛋白质序列，每个序列对象都必须能够存储肽。但除此之外，序列对象还需要具有什么功能呢？它提取的也可能是数据库的名称或登录号。类中的字段还可以用于设置其所定义的对象的状态。例如，如果对象是蛋白质中的氨基酸，则可以想象有一个布尔值（Boolean）字段（True/False）定义它是否被磷酸化了。您可能会想到我们可以在序列示例中包含更多的字段，但就目前而言，假定我们的序列类只包含名称字段和序列字段。

7.4 命名空间和模块

我们需要在这里暂停一下，并简短地绕道去谈论命名空间和模块。我已经听到您在问那是什么？好的，我们在第 6 章中介绍 import 语句时曾简要提到了命名空间。如果您曾经"浏览"过互联网（嘿，还记得 20 世纪 90 年代吗？），并且遇到了一个名为 Google 的小型网站，那么您将经常遇到这些命名空间，但您根本不会这样称呼它们。google.com 本身是一个命名空间，而这些熟悉的网站：

```
news.google.com
images.google.com
```

实际上只是整个 google.com 命名空间中的元素。在命名空间内，所有内容都必须是唯一的。例如，google.com 的命名空间中不能有两个 image 名称，但另一个在 images.yahoo.com 中显然是可以的，因为它位于完全不同的命名空间中。命名空间在 Python 中以几种不同的方式使用，它们使您可以用简略表达式来引用元素，以及将类和函数分组为模块。

例如，我们在本章中创建的所有类都包含在文件 PFTLS_Chapter_07.py 中，该文件本身既包含模块又包含命名空间（有关模块和命名空间的更详细信息及示例，请参阅可信赖的《Python 语言手册》（*Python language manual*）中的 modules[1] 部分）。在第 11 章讨论从模块中导入单个类和函数的方法时，我们将回到模块和名称空间的问题。但就现在而言，每个 Python 类在该模块内必须具有唯一的名称（请参见 Python 教程[2]）。废话少说，还是让我们回到有关类的讨论。

7.5 类定义的结构

请注意，我们现在是讨论如何以 Python 编码风格编写类的名称。按照惯例，Python 程序员倾向于以大写字母开头来命名类名（这不是强制性的，而是 Python 程序员广泛同意的一种做法，使每个人的代码更易于阅读和理解）。

如果类名包含多个单词（如 ProteinSequence），则 Python 的通用约定是利

---

1 https://docs.python.org/3/tutorial/modules.html
2 https://docs.python.org/3.7/tutorial/classes.html

用所谓的 CamelCase（驼峰命名法），即其中每个单词的首字母都大写。

相比之下，为了便于阅读，对字段的约定是，它们通常以小写字母开头，并且仅用大写字母标记新单词的开头。因此，例如，Sequence 类可能包含字段 sequence 和 sequenceName。现在您已经可以看到它是如何帮助提高代码的可读性的，因为您现在可以区分 Sequence 类和它包含的 sequence 字段了。

现在不要太担心这些约定，但最好在代码中尽早使用它们。忘记或混淆它们可能会使您的代码更难以阅读，但并不会破坏代码的执行。

图 7-1 显示了到目前为止 Sequence 类的外观，并以小图的形式描绘了出来。

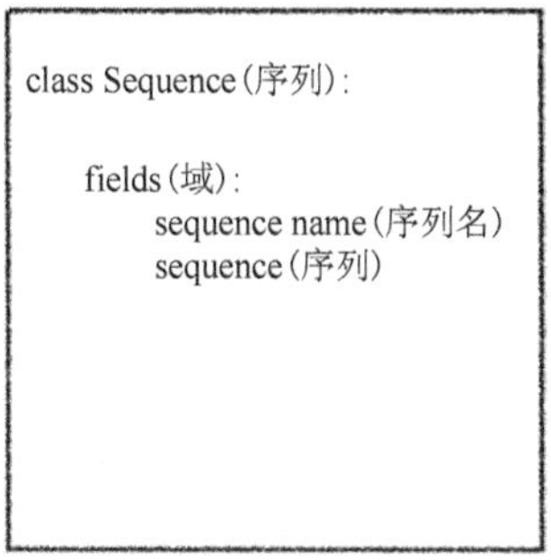

```
class Sequence（序列）：

    fields（域）：
        sequence name（序列名）
        sequence（序列）
```

图 7-1　Sequence 类的整体结构

该类中有两个字段，但还没有方法。正如我们在第 3 章的 string.find() 示例中看到的那样，方法是用于特定类的函数。方法定义了类所能进行的操作，并且它们通常作用于该类的对象或与该对象一起作用。例如，我们像下面的例子那样使用 string.find() 方法：mySequence.find('ttt') 在字符串 mySequence 中定位模式 'ttt'。

那么我们希望 Sequence 类能进行什么样的操作呢？

我们可能需要实现一种搜索方法来按顺序查找感兴趣的模式，但现在我们好像有点困惑了……

我们要对这三种类型的序列都使用 Sequence 类吗？

我们这样问的原因是有些方法可能不适用于所有这三种类型。例如，如果一开始就是一个蛋白质序列，则将 DNA 序列翻译成蛋白质序列的函数对于这种序列就毫无意义。也许我们需要在应用程序中编写三个单独的类，为每种类型的序列都分别编写一个。但请稍等，这是否意味着对于所有序列类型都适用的搜索方法，我们也必须为每种序列分别编码？

好的，请稍等，我们将在表 7-1 中显示我们希望每种序列类型都具有哪些方法。

表 7-1　每种类型的 Sequence 子类别所需的功能

	DNA	RNA	蛋白质
搜索	√	√	√
翻译	√	√	
转录	√		

7.6　类的继承

确保满足此表要求的一种方法是将每个序列类型编码为一个单独的类，但需要告诫的是，我们必须创建一些冗余代码。幸好 OOP 有一项旨在帮助程序员解决此类问题的功能，称为继承（inheritance）。

就像父母有继承其属性的孩子一样，OOP 类也可以拥有从其父类继承字段和方法的子类。作为 OOP 程序员，我们甚至可以选择子类继承或不继承哪些属性。同样，我们也可以自由地将其父类所没有的新属性赋予子类。在实践中，这意味着对所有子类都希望拥有的每个属性，我们都可以将其放到它所继承的父类中。在我们的示例中，这意味着在 DNA、RNA 和蛋白质类中拥有的搜索方法只需在父类中编写一次，即可在每种序列类型中作为一种方法来继承。

稍后将更详细地了解其工作原理，现在先让我们了解如何通过为 DNA、RNA 和蛋白质序列的父类进行编码而在 Python 中创建类。我们将其称为"父类序列"，因为它不是一种特定的序列类型，而是一种通用类。它甚至不必是实际上打算使用的类，而可以只是一种通用的占位符类，实际上要用的特定类可以继承它们的某些字段和方法。在某些编程语言中，这些泛型类甚至可以指定为抽象类，这意味着它们不能被直接实例化［即不能被用于创建该类的实例（对象）］，而只能通过其后代或子类来调用。实际上，Python 确实有一种指定抽象类的方法，这是利用被称为装饰器(decorator)[3]的 Python 语言功能来实现的。我们将不在此处讨论这些语言功能，因为它们是更高级的 Python 主题，不在本入门指南的讨论范围之内。

因此图 7-2 所示的是我们用于生物学序列的顶级或父类的设计。请记住，它的两个字段和一个方法将被我们用于创建的所有子类继承。

---

[3] https://wiki.python.org/moin/PythonDecorators

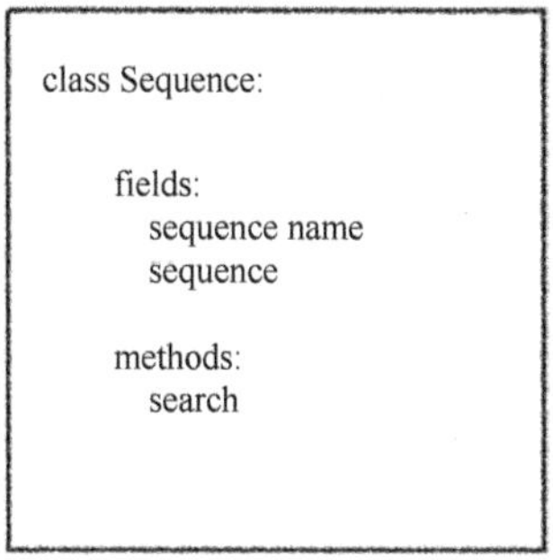

图 7-2　父类序列的设计

示例 7-1 是为生物序列创建父类的代码。

示例 7-1. 生物学序列的父类

```
# A Python class for handling biological sequences
class Sequence:
    def __init__(self,name,sequence):
        self.name = name
        self.sequence = sequence
    def search(self,pattern):
        return self.sequence.find(pattern)
```

重要的是要记住，该代码仅定义 Sequence 类，在实例化之前它不会创建任何实例（对象）。Python 类定义以 class 关键字开头，后跟名称和冒号。稍后我们将看到，如果要创建的是从父类继承的子类，则必须在当前类名之后的括号中包含父类的名称。由于 Sequence 是顶级类，因此本例中不需要这种附加语法。

我们刚才说的并不是严格意义上的事实。Python 中最顶层的类是 pyObject，所有其他类都从 pyObject 继承。当您在 Python 中创建顶级类时，它会自动并无形地从 pyObject 继承，pyObject 是所有 Python 对象固有的一堆有用的属性，例如，用于创建类实例的 __init__ 方法（一个类的定义中如果不含有实例化类的方法是没有用的，对吗？）。

因此 __init__ 方法几乎总是您所定义的新类中的第一个方法，因为它包含指导类如何创建其自身实例的指令。您还将注意到，名称很奇怪的 self 始终是传递给 __init__ 的第一个参数。这只是对正在创建的对象的引用。您可以将其视为存储对象的一种地址。您不需要知道实际的地址是什么，因为 Python 会在后台为您处理所有这些地址。

亚历山大
提示

Python 中的 __init__ 类方法是所有 Python 类实例的起点。在 OOP 术语中，__init__ 被称为构造函数，它始终是在实例化 Python 类时要执行的第一个类方法。

您可以在 __init__ 的后两行中看到所有这些工作方式。您会注意到，对于 Sequence 类，__init__ 方法要求从外部传递给它两个参数 name 和 sequence。Sequence 类在创建新实例时要做的第一件事是用这两个外部变量来定义其自己的 name 和 sequence 字段。这是对象本身唯一的 name 和 sequence 版本，不再需要与那些外部变量的值，或者实际上与 Sequence 类中其他任何实例的 name 和 sequence 变量相对应。这确实是 self 这个词的意思。每当您在对象的作用范围内引用 self 时，它始终表示该字段所在对象的版本。这样，您就可以区分字段的对象版本（如 self.name）和外部变量（如 name）是否具有相同的名称，或者实际上是来自另一个对象的相同字段。

为了更全面地说明 self 的含义，请假想一下，假设您有一个类，该类的方法允许该对象将自己与同一类的另一个对象进行比较（例如，在编程中非常常见的情况：确定两个字符串或数字是否相等）。外部对象作为参数传递给当前对象的方法，在这种情况下，Python 程序员之间的（非强制性的）约定是将外部对象称为 other，以非常清晰地区别于 self。现在，当前对象的方法可以在其自己的字段版本与另一个对象的字段版本之间进行比较，类似于示例 7-2 中的代码。

示例 7-2. 比较两个对象名称的函数

```
def compareNames(self,other):
    if self.name == other.name:
        return True
    else:
        return False
```

因此，当您用 __init__ 方法初始化新对象时，总是使用参数 self 在本质上建立对该对象的引用，这将使您能够明确地在代码中引用其字段和方法。在某些 OOP 语言中，self 作为隐藏变量传递给构造函数，但在 Python 中，我们必须显式传递它。

您可以看到，在这个非常简单的示例中，__init__ 方法对 Sequence 类所做的全部工作就是定义 name 和 sequence 字段。在__init__ 方法之后，还包含了由 Sequence 的所有子类继承的 search 方法。请注意，像所有实例方法一样，它以 self 作为第一个参数。该 search 方法还有第二个参数 pattern，正如其名称所暗示的那样，它将是在对象的 self.sequence 中被搜索的模式。

由于 Sequence 是真实的类，因此即使我们打算将其更像抽象类一样使用，我们还是继续创建它的实例以测试父类代码，并确保其有效（请确保您先执行了示例 7-1 中的代码以便定义类）：

```
mySequence = Sequence('Some made up sequence','cgtatgcgct')
print(mySequence.name)
Some made up sequence
print(mySequence.sequence)
cgtatgcgct
print(mySequence.search('gcg'))
5
```

到目前为止，一切都很好。我们的父类 Sequence 可以按预期工作。我们能够创建该类实例 mySequence，然后可以用 object.property 语法访问其字段和方法。

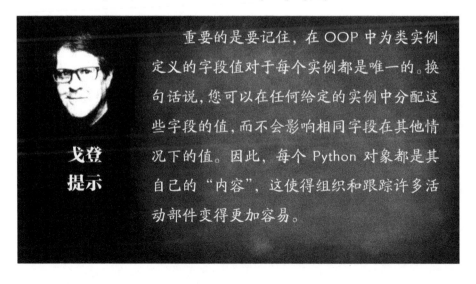

重要的是要记住，在 OOP 中为类实例定义的字段值对于每个实例都是唯一的。换句话说，您可以在任何给定的实例中分配这些字段的值，而不会影响相同字段在其他情况下的值。因此，每个 Python 对象都是其自己的"内容"，这使得组织和跟踪许多活动部件变得更加容易。

戈登提示

现在将执行示例 7-3，并创建我们的第一个子类 Sequence，它将专门设计来用于处理 DNA 序列（请注意，您要先执行示例 7-1 中的代码）。

示例 7-3. 定义序列的子类：DNASequence

```
class DNASequence(Sequence):
    def __init__(self,name,sequence):
        Sequence.__init__(self,name,sequence)
    def transcribe(self):
        return self.sequence.replace('t','u')
```

首先请注意，我们如何在当前类名之后的括号中包含父类，以指示该新类 DNASequence 是 Sequence 的子类。您也许还会注意到，__init__方法中的代码已替换为单行，该行仅将 name 和 sequence 参数传递回我们已经为 Sequence 父类编写的__init__方法。重要的是要注意，我们还可以在 DNASequence 子类的 __init__方法中包含更多的代码，以便为父类中不存在的对象的初始化添加其他步骤。但就目前而言，我们只满足于仅将父类的__init__方法中已经存在的步骤用于初始化子类的实例。

您也许还会注意到子类定义中没有 search 方法，因为我们要从 Sequence 父类中继承它，并且还有一个不在父类中新的方法 transcribe。这是有道理的，因为 transcribe 方法是特定于 DNA 序列的，并且我们不希望它被其他序列类型所继承（如果将其放在父类中便会成为继承）。

和以前一样（在执行示例 7-1 和示例 7-3 中的代码之后），让我们创建新的 DNASequence 子类的实例并对其进行测试：

```
myDNASequence = DNASequence('My first DNA sequence','gctgatatc')
print(myDNASequence.name)
My first DNA sequence
print(myDNASequence.sequence)
gctgatatc
print(myDNASequence.search('gat'))
3
print(myDNASequence.transcribe())
gcugauauc
```

太棒了！即使我们没有在 DNASequence 子类中明确地包含 search 方法，但正如我们期望的那样，也可以看到它成功地继承了 Sequence 父类。我们还有一个特定于 DNASequence 子类的新方法 transcribe。子类继承自父类，而不是父类继承子类，因此 transcribe 方法不会被继承回父类 Sequence 或父类的其他任何子类。如果您是经验型的，只根据经验来检验知识，则可以尝试在父类中使用 transcribe 来验证最后一条陈述。

```
print(mySequence.transcribe())
AttributeError: Sequence instance has no attribute 'transcribe'
```

让我们继续创建一个 RNASequence 类，其中包含一种将其核苷酸序列翻译成肽序列的 translate 方法。为了提高长序列处理时的效率，translate 方法首先创建一个肽列表，并在空字符串上使用 join 方法将其转换为单个字符串。为了翻译 RNA 密码子，我们还将创建一个 Python 库，其中包含标准的遗传代码（genetic code），该代码将用作翻译时的查值表。

示例 7-4 是 RNASequence 类的代码（您还需要执行示例 7-1 中的代码才能起作用）。

示例 7-4. 定义一个包含类变量的子类

```
import string
rnaToProtein = {'uuu':'F','uuc':'F','uua':'L','uug':'L',
                'ucu':'S','ucc':'S','uca':'S','ucg':'S',
                'uau':'Y','uac':'Y','uaa':'STOP','uag':'STOP',
                'ugu':'C','ugc':'C','uga':'STOP','ugg':'W',
                'cuu':'L','cuc':'L','cua':'L','cug':'L',
                'ccu':'P','ccc':'P','cca':'P','ccg':'P',
                'cau':'H','cac':'H','caa':'Q','cag':'Q',
                'cgu':'R','cgc':'R','cga':'R','cgg':'R',
                'auu':'I','auc':'I','aua':'I','aug':'M',
                'acu':'T','acc':'T','aca':'T','acg':'T',
                'aau':'N','aac':'N','aaa':'K','aag':'K',
                'agu':'S','agc':'S','aga':'R','agg':'R',
                'guu':'V','guc':'V','gua':'V','gug':'V',
                'gcu':'A','gcc':'A','gca':'A','gcg':'A',
                'gau':'D','gac':'D','gaa':'E','gag':'E',
                'ggu':'G','ggc':'G','gga':'G','ggg':'G'}
class RNASequence(Sequence):
    def __init__(self,name,sequence):
        Sequence.__init__(self,name,sequence)
    def translate(self):
        peptide = []
        for n in range(0,len(self.sequence),3):
            codon = self.sequence[n:n+3]
            peptide.append(rnaToProtein[codon])
        peptideSequence = ''.join(peptide)
```

```
    return peptideSequence
```

translate 方法的代码稍微复杂一些。但如果仔细看，您会发现它只是一次遍历 RNA 序列三个碱基，并使用 rnaToProtein 字典将每三个碱基的密码子翻译成一个肽。

让我们测试新的子类（请确保先执行示例 7-1 和示例 7-4 中的代码），以了解其工作原理：

```
myRNASequence = RNASequence('My first RNA sequence','gcugauauc')
print(myRNASequence.name)
```
My first RNA sequence
```
print(myRNASequence.sequence)
```
gcugauauc
```
print(myRNASequence.search('gau'))
```
3
```
print(myRNASequence.translate())
```
ADI

最后，为完整起见，我们在示例 7-5 中将 ProteinSequence 类与生物序列子类结合在一起（需要先执行示例 7-1 中的代码）。

示例 7-5. ProteinSequence 子类

```
class ProteinSequence(Sequence):
    def __init__(self,name,sequence):
        Sequence.__init__(self,name,sequence)
myProteinSequence = ProteinSequence('My first protein sequence',
'MDVTLFSLQY')
print(myProteinSequence.name)
```
My first protein sequence
```
print(myProteinSequence.sequence)
```
MDVTLFSLQY
```
print(myProteinSequence.search('LFS'))
```
4

我们当然可以直接输出适当的类，而不仅仅是让类方法进行 transcribe 和 translate 以产生转录或翻译后的序列字符串。在示例 7-6 中，我们显示了一个更新后的 DNASequence 类，它提供了 transcribe 方法的替代方法，该方法输出一个新的 RNASequence 而不是仅将 RNA 序列作为字符串输出（请注意，必须先执行示例 7-1 和示例 7-4 中的代码来定义 Sequence 和 RNASequence 类）。

示例 7-6. 更新后的 DNASequence 返回一个 RNASequence 对象

```
class DNASequence(Sequence):
    def __init__(self,name,sequence):
        Sequence.__init__(self,name,sequence)
        self.residues = {'a':313.2,'c':289.2,'t':304.2,'g':329.2}
    def transcribe(self):
        return self.sequence.replace('t','u')
    def transcribeToRNA(self):
        rnaSequence = self.sequence.replace('t','u')
        rnaName = 'Transcribed from ' + self.name
        return RNASequence(rnaName,rnaSequence)
newRNASequence = myDNASequence.transcribeToRNA()
print(newRNASequence.name)
```
Transcribed from My first DNA sequence
```
print(newRNASequence.sequence)
```
gcugauauc

在新的 `transcribeToRNA` 方法中，我们可以看到它实际上是返回 RNASequence 类的实例，而不仅仅是返回一个由字符串编码的 RNA 序列。这只是为了说明从 Python 的角度来看，用户定义类的实例确实没有什么特别的。一个类的实例可以从函数和方法中返回，也可以作为参数传递给函数和方法，并且类甚至可以作为字段出现在其他类中。

为了向您展示类和对象是如何使您的生活变得更加轻松的，在示例 7-7 中，我们通过几个额外的方法和新字段来扩展父类。

示例 7-7. 父类的扩展

```
class Sequence:
    def __init__(self,name,sequence):
        self.name = name
        self.sequence = sequence
        self.residues = {}
    def search(self,pattern):
        return self.sequence.find(pattern)
    def molecularWeight(self):
        mwt = 0.0
        for residue in self.sequence:
            mwt += self.residues[residue]
        return mwt
    def validSequence(self):
```

```
    for residue in self.sequence:
        if not residue in self.residues:
            return False
    return True
```

大部分代码与以前的相同，但您可以看到我们在 __init__ 方法中添加了另一行以定义一个称为 residues 的字段。我们将用该字段来定义子类序列中残基的单字母码和分子量，但您可能知道在父类中这实际上是我们不打算直接使用的通用序列类，residues 只是一个空字典。严格来说，我们根本不需要在父类中添加 residues，但即使实际上不打算将父类实例化，我们也希望将此类占位符字段放入父类中，它提醒我们需要将该字段包括在子类中。

另一个重大变化是，两种方法 MolecularWeight 和 validSequence 分别使用 residues 字典计算分子量及验证序列。在这种情况下，验证序列意味着验证序列中的所有残基均对该特定序列类型有效。我们可以看看如果按照示例 7-8 所示的那样将 residues 字段修改为 DNASequence 类的 __init__ 方法，会意味着什么（您需要先运行示例 7-7 中的代码，然后再运行示例 7-4 中的代码来加载 Sequence 和 RNASequence 类）。

示例 7-8. 将 residues 添加到 DNASequence 子类

```
class DNASequence(Sequence):
    def __init__(self,name,sequence):
        Sequence.__init__(self,name,sequence)
        self.residues = {'a':313.2,'c':289.2,'t':304.2,'g':329.2}
    def transcribe(self):
        return self.sequence.replace('t','u')
    def transcribeToRNA(self):
        rnaSequence = self.sequence.replace('t','u')
        rnaName = 'Transcribed from ' + self.name
        return RNASequence(rnaName,rnaSequence)
```

residues 字典的键只是 4 个 DNA 核苷酸，它们的对应值是分子量（在这个简单的示例中，我们没有包括末端残基或修饰残基的分子量）。现在，我们可以让一个 DNASequence 对象计算其自身的分子量并验证其序列，如下所示：

```
print(myDNASequence.molecularWeight())
2775.8
print(myDNASequence.validSequence())
True
```

7.7　类变量、实例变量和其他作为变量的类

好的，在这里必须坦白地承认我们可能做了一些蠢事，至少从 OOP 的角度看来是如此的。我们在 __init__ 方法中含有 residues 字典的方式意味着，DNASequence 类的每个实例将具有其自身残基属性的副本。从原理上说，这是很危险的。因为我们可以在 DNASequence 类的任何特定实例中意外地重新分配这些属性的值，从而创建一个不再与其他 DNASequence 实例共享公共属性的 DNASequence 对象（在某些情况下，我们实际上可能会想要这样做，这时我们就不那么愚蠢了）。这样用的效率也很低，因为我们必须在每个 DNASequence 实例中存储同一字典的重复副本。对于数十乃至数百个序列来说，这并不是什么大不了的事，但对于数百万个序列而言，这可能就是一个很大的问题了。

如果有一种方法可以为整个类一次性就创建一个字段，让该类的所有实例都可以访问，而不必自己携带该字段的单个副本，那不是很好吗？事实证明，可以在 Python 中使用一种称为类变量构造的方法来精确地做到这一点，我们将在稍后了解有关这方面的更多内容，请继续关注。

请注意，一旦将两个额外的方法添加到父类 Sequence 中，我们要做的就是在 DNASequence 子类中添加一行以定义该序列类型的残基，然后就可以使用额外的功能。为了将此功能扩展到 RNASequence 和 ProteinSequence 子类，我们所要做的就是将 residues 字典也类似地添加到它们各自的 __init__ 方法中，这显然也包括适用于每种序列类型的残基定义。

这些更改显示了对象不仅可以很好地帮助组织代码，而且还可以使代码更一致、更易于使用。我们所有的序列类在搜索、分子量计算和序列验证方面都具有相同的语法和功能。每个子类还具有与其特定序列类型一致的其他功能，例如，无法在无意间让您的应用程序尝试转录蛋白质序列，这样做是没有意义的，并且如果这种转录未经检查而被允许继续执行，可能在应用程序的后续部分中导致错误和不一致的行为，且可能很难进行跟踪和调试。还记得我们之前用[from:to]语法对 Python 字符串和列表对象的通用及一致功能和语法的评论吗？您现在已经看到了如何使用类将这种整洁的组织和一致性带入到自己的代码中。

重要的是要认识到，在 Python 中您自己创建的类与 Python 库中提供的核心类（如字符串、整数和浮点数）之间没有本质上的不同。您创建的类甚至可以用作另一个类中的字段。例如，让我们以 DNASequence 类中的 residues 字段为例，使其成为具有自身功能的类。

示例 7-9 是新类 DNANucleotide 的定义。

示例 7-9. 处理核苷酸的类

```
class DNANucleotide:
    nucleotides = {'a': 313.2, 'c': 289.2, 't': 304.2, 'g': 329.2}
    def __init__(self,nuc):
        self.name = nuc
        self.weight = DNANucleotide.nucleotides[nuc]
```

通过说明类可以被嵌套使用的方式（一个类在其他类中作为字段出现），我们将使此示例变得非常简单，但还将使用该示例巧妙地介绍 Python 的类变量[4]。您可以看到下面这行中类变量的定义嵌套在类的定义之内：

```
nucleotides = {'a': 313.2, 'c': 289.2, 't': 304.2, 'g': 329.2}
```

但是请注意，它没有出现在用于实际实例化该类的代码中。这使它成为一个由 DNANucleotide 类的所有实例共享的变量，而不是在这些实例中的字段。

我们为什么要有这个类变量？这需要更进一步地解释。

如果 DNANucleotide 类能够以某种方式包含其自己的 DNA 核苷酸定义，且该定义可以与代码中的任何其他定义分开，则将非常方便。这意味着 DNANucleotide 类将始终使用相同的、始终如一的数据集，并且还防止了程序员未能在代码中的任何地方提供所需核苷酸定义的情况下，就使用 DNANucleotide 类的潜在危险。

实现此目的的一种方法是在 __init__ 例程中为 DNANucleotide 类的每个实例赋予它们自己的核苷酸定义的副本。这可以很好地工作，但也可能有点浪费。例如，如果我们要构建人类 1 号染色体的 DNA 序列，可能会有大约 2.5 亿个核苷酸，那每个核苷酸都需要存储其自身 nucleotides 数据定义的副本。此外，我们将这些数据嵌入到 DNANucleotide 类中的目的是使利用该类进行编码更安全、更可靠和更一致。因此，我们确实不希望每个 DNANucleotide 实例都有其自己的数据定义，相反，我们希望它们都共享同一个版本的数据。

为此我们要引入类变量（class variable）。这实际上是该类的所有实例共享的一个定义，而不是每个实例都必须携带自己的副本。

稍后我们将看到如何引用类变量。但稍加思考后就会发现，由于定义不是在类实例中进行的，因此我们无法使用 self.field 语法，因为这是用于处理类实例中的字段的。

如果我们看一下 __init__ 例程，就可以看到它使用单个核苷酸，然后用 nucleotides 类变量中包含的字典来添加分子量特性，像下面这样：

---

[4] https://docs.python.org/3/tutorial/classes.html#class-and-instance-variables

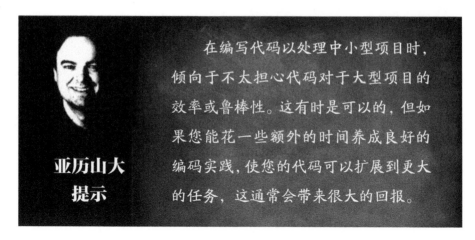

```
def __init__(self,nuc):
    self.name = nuc
    self.weight = DNANucleotide.nucleotides[nuc]
```

因此，现在您可以看到如何引用 nucleotides 类变量。

```
self.weight = DNANucleotide.nucleotides[nuc]
```

像所有的类变量一样，它只是类名之后跟着变量名。

让我们进行快速测试，以确保新类能正常工作。

```
nucleotide = DNANucleotide('g')
print(nucleotide.name, nucleotide.weight)
g 329.2
```

太棒了！为简单起见，我们仅向 DNANucleotide 添加了几个字段，使其成为具有最低功能的类。实际上，当您费尽千辛万苦用 Python 创建了新的类时，您可能会想到比这个简单示例中所展示的更强的数据封装（data encapsulation）和功能。

现在，我们将在一个用于 DNA 序列的类中使用新的 DNANucleotide 类，并且为了继续简化，将在示例 7-10 中临时创建一个自身的新的 DNA 序列类，它并不继承前述 Sequence 类的所有内容。

示例 7-10. 新的父类

```
class NewDNASequence():
    def __init__(self,name,sequence):
        self.name = name
        self.sequence = []
```

```
        for s in sequence:
            d = DNANucleotide(s)
            self.sequence.append(d)
    def molecularWeight(self):
        mwt = 0.0
        for s in self.sequence:
            mwt += s.weight
        return mwt
    def __str__(self):
        nucs = []
        for s in self.sequence:
            nucs.append(s.name)
        return ''.join(nucs)
```

如果您查看一下 __init__ 例程，将会看到我们像以前一样读取序列字符串，但现在我们实际上是通过一次读取一个字母来遍历该序列，并用每个字母创建 DNANucleotide 类的一个新实例。然后，我们将该类的新实例附加到实例化该类时建立的列表中。因此，此新类中的 sequence 字段已不再只是字符串，而是类实例的列表。

在继续讨论该新类的其他细节之前，让我们先花点时间研究一下为什么实际上这里有很多类的嵌入。我们不仅将 DNANucleotide 类作为字段嵌入到 NewDNASequence 类中，而且还使用 Python 的 list 类来存储 DNANucleotide 类的序列！

让我们创建一个 NewDNASequence 类的实例，并对其进行详细检查（请先执行示例 7-10 中的代码）。

```
myDNASequence = NewDNASequence('My new DNA sequence','gctgatatc')
print(myDNASequence.sequence[0])
<__main__.DNANucleotide instance at 0x10cd7cf38>
```

有意思！当我们尝试在类的 sequence 字段中打印第一个元素时，我们得到的不是一个字母，而实际上是 Python 用于显示您引用了一个类的打印表示形式。在本例中，它是一个 ID 为 0x10cd7cf38 的 DNANucleotide 实例。您现在不必太纠结于 ID，本质上，它只是 Python 在后台使用的指针，以供您的代码在需要引用特定类的实例时使用。换句话说，当遇到诸如 s.name 之类的引用时，它告诉代码在哪里去查看，其中 s 是例如 ID 为 0x10cd7cf38 的 DNANucleotide 的实例。

为了确认 myDNASequence 的序列字段是 DNANucleotide 实例的列表，我们可以通过简单地打印出列表中一个元素的实例字段来加以证实，如下所示：

```
print(myDNASequence.sequence[0].name)
g
print(myDNASequence.sequence[0].weight)
329.2
```

您将看到，我们还在新类中添加了 MolecularWeight 方法，以表明如果您愿意的话，可以在 DNANucleotide 类中嵌入或包含用于计算分子量的函数，并且为访问此函数，我们不必要在代码中提供任何其他核苷酸分子量的表格。请注意，我们实际上无法在 DNANucleotide 类中编写 MolecularWeight 方法，因为它仅在一系列 DNANucleotide 实例的背景下才有意义。但是，封闭的 NewDNASequence 类创建此方法所需的基本核心已被 DNANucleotide 类所替代。

```
print(myDNASequence.molecularWeight())
2775.8
```

这是良好编码实践的重要方面，因为程序员将其称为可移植实现。例如，另一位程序员可以采用您的 DNANucleotide 类并将其放入代码中，然后使用它，而不必担心依赖项。需要具有命名法和格式的核苷酸分子量表，以便使其与您编写的类代码兼容。

7.8　有关继承和覆盖继承方法的进一步讨论

在完成本章有关 OOP 的内容之前，我们希望您回想起本章前面的内容，之前我们讲述过在程序的后台，所有 Python 对象都会自动且无形地继承 Python 的主类 pyObject。

事实证明，这在许多方面都非常有用，其中之一是 Python 的创建者可以用 pyObject 定义所有 Python 对象通用的占位符字段。这里有一个具体的例子。

当您使用 Python 的 print 命令时，它似乎能够自动地识别从简单的整数到字符串再到列表甚至到不同类型的类等各种对象，并将它们呈现到控制台的输出流。

尝试运行以下代码，您就会明白我们的意思：

```
a = 10
b = 10.0
c = 'DNA'
d = [1,2,3,4,5]
print(a, b, c, d)
10  10.0  DNA [1, 2, 3, 4, 5]
```

Python 在这里使用的技巧是，在每个称为 __str__()的对象中都有一个特殊的方法，该方法在运行时返回该类的字符串表示。当您编写自己的类时，会出现此方法，但是它将默认为__str__()方法，该方法从 pyObject 或超类（即其类为直接或间接的子类）中继承。例如，如果您创建了自己的 Python 类，Python 将不知道如何最好地用 print 函数以有意义的形式将其实例呈现为文本形式，因此它默认了一个安全的选择，也就是说："这是类 x 的实例，其 ID 为 y"。

这里的诀窍是 print 函数运行对象的__str__()方法，以便获取它所需的适当的字符串表示形式，并写入到 Python 控制台的输出流中。

甚至更有趣的技巧是，作为程序员，如果在打印类时希望用不同的字符串表示形式，您可以覆盖类中的__str__()方法。重写此（或任何）继承的方法所需要做的只是在类的定义中提供您自己的版本。如果回顾一下我们为 NewDNASequence 编写的类的定义，您就会发现我们确实做到了。

当我们为 DNANucleotide 类编写类定义时，不必费心地重写__str__()。因此，当我们尝试将其打印出来时，就得到了默认的"这是类 x 的实例"这一信息以及该类实例的 ID，如下所示：

<__main__.DNANucleotide instance at 0x10cd7cf38>

由于我们确实在 NewDNASequence 类中花时间提供了自己的__str__()版本，有效地覆盖了它从 pyObject 继承的通用类型的类版本，因此我们将看到，如果尝试打印 NewDNASequence 类的实例，我们将获得在重写的__str__()方法中指定的字符串表示形式。在这种情况下，它是表示序列的字符串，如下所示：

print(myDNASequence)
gctgatatc

现在将结束我们对利用 Python 进行面向对象编程的介绍。在本书的后续章节中，我们将在这些想法的基础上进一步拓展。与往常一样，官方 Python 文档[5]中关于类的介绍是非常值得学习的。甚至在 Python 编程语言之外，如果您真的想加深对面向对象编程的理解，也值得读一读诸多深入讨论 OOP 范例的优秀书籍中的一本（请参阅下一节）。

在下一章中，我们将更深入地研究基因组数据，研究如何利用 Python 分析包含数十亿个"短序列"[有时也称为下一代序列（NGS）]的大规模数据。

7.9　参考资料和进一步阅读

- Gamma、Helm、Johnson 和 Vlissides 著 *Design Patterns：Elements of Reusable*

---

[5] https://docs.python.org/3.7/tutorial/classes.html

Object-Oriented Software[6]（Addison-Wesley，1994 年）。这是有关不同形式的面向对象模式的经典著作（由于本书是由四位作者写的，此后通常被称为"四人小组"）。

- Harold Abelson、Gerald Jay Sussman 和 Julie Sussman 著 *Structure and Interpretation of Computer Programs*[7]（MIT Press，1996 年）。这是一本计算机科学方面的圣经。作者讨论了在计算机程序的概念模型家族中使用的计算机编程工具，如抽象和模块化，OOP 是其中的一员。

[6]　www.amazon.com/Design-Patterns-Elements-Reusable-Object-Oriented-ebook/dp/B000SEIBB8/ref=mt_kindle
[7]　www.amazon.com/Structure-Interpretation-Computer-Programs-Second/dp/0070004846

第 8 章　基因组数据的切片和分块：下一代测序流程

"一只毛毛虫坐在蘑菇上，抽着水烟，"爱丽丝说，"但那不是您每天都能看到的东西！"

"您想知道为什么我坐在这个蘑菇上吗？"毛毛虫说，"因为我是一个有趣的人！"

爱丽丝低声说道："真的吗？"

"不完全是"毛毛虫说，"这仅仅是因为这本书的作者真的很喜欢我们的这张照片并想用它。但他们太懒惰且缺乏想象力，无法在抽烟的毛毛虫和下一代测序之间找到一种巧妙的关系，只好取而代之地开了一些蹩脚的蘑菇玩笑。顺便说一下，下一代测序也是本章的主题。"

"哇！这真的是一种元洞察力。"爱丽丝印象深刻。"什么是下一代测序？"

"哦，不，您不要问！"毛毛虫叫道。"现在，您只是启用它们。我们可能是虚构的人物，但要迎合那些行人的攻击仍然有损我们的尊严。"

编程索引：*with 语句*；*subprocess*；*argparse*；*pysam 库*

生物学索引：*短读测序*；*映射*；*比对*；*BWA，VCF，BAM 和 SAM 格式*

本章我们将带您进入深度测序（deep sequencing）领域，有时称为下一代测序（NGS）或短读测序（Short-read sequencing）。它听起来甚至很有未来感，因为它有一个来自《星际迷航》（*Star Trek*）[1]系列的副标题！大多数从事实际工作的生物学家可能都听说过这项技术，因此您可能渴望获得此类数据并提出自己的问题。但是您可能也会被那些令人生畏的术语、工具及包括 BWA、NGS、VCF 等首字母的缩略词所吓倒，同时还会遇到同样令人生畏的技术示例，如 Illumina[2]、焦磷

---

[1] www.startrek.com/
[2] 译注：Illumina 是总部位于美国加利福尼亚圣地亚哥，在遗传变异和生物学功能分析领域的产品、技术和服务供应商。

酸测序、SOLiD 等。但不用担心，我们将为您提供帮助。

本质上，深度测序的基本过程在概念上非常简单。

1. 提取一些生物序列：染色体的 DNA、mRNA 等。

2. 寻找一种将序列转化为 DNA 的方法（例如，可以将 mRNA 转化为 cDNA）。

3. 将 DNA 断裂或片段化为随机碎片（取决于原始样品的大小）。

4. 大量扩增 DNA 的拷贝，产生数百万或数十亿的片段。

5. 对这些片段的一部分进行测序，产生数十亿个短读，每个短读的长度范围通常为 40~200 个碱基对。

关键点是读段以大规模并行（massively parallel）的方式产生。这是什么意思？这意味着原始序列的相同区域通常由许多不同的读段所测序（或覆盖），而不仅仅是一个读段。这些读段也不只是在同一点开始或停止，而是重叠的（overlap）。

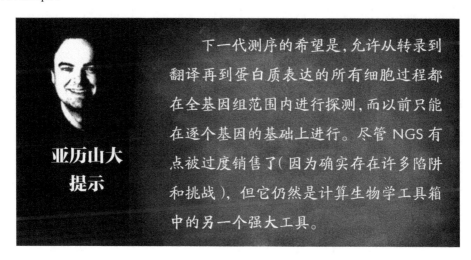

下一代测序的希望是，允许从转录到翻译再到蛋白质表达的所有细胞过程都在全基因组范围内进行探测，而以前只能在逐个基因的基础上进行。尽管 NGS 有点被过度销售了（因为确实存在许多陷阱和挑战），但它仍然是计算生物学工具箱中的另一个强大工具。

亚历山大提示

这一点很重要，因为任何单个读段都可能含有测序错误，即使它只是一个碱基也是如此。具有数十个重叠的读段可以使我们减少识别错误碱基（假阳性）的概率。这也强化了我们在整本书中都会提到的另一个主题，那就是生物学是一门带有很多噪声的学科！无论是在细胞、生态系统中，还是在您正在研究的种群中，或者是在您用来研究它们的实验过程中，都始终存在着噪声。对噪声的适应是计算生物学工作的重要组成部分。

这一切都很有趣，但是 Python 可以如何帮助我们？这是一个很好的问题。用于 NGS 分析的许多工具都是基于命令行的。但是，Python 可以用来驱动许多这样的过程，实际上确实有很多优秀的软件包和框架可以大规模地执行此操作（请参阅本章末的列表）。按照我们的总体理念，我们不打算向您介绍所有最先进的库（无论如何它们都会很快过时），但我们的目标是双重的：①举一个简单的示例来激发您进一步探索的兴趣；②引入新的 Python 功能来帮助您实现该目标。本章将分为 4 个部分。

- 引入用于原始序列的基本格式：FASTQ、BAM 和 SAM。
- 如何使用 Python 子进程（subprocess）来驱动外部命令行程序通过比对读段来获得基因组。
- 对基因组进行切片和切块：使用 Python 库从比对中提取读段。
- 显示如何将所有上述功能包装成一个可执行程序，该程序使用 Python 的 argparse[3]来解析命令行参数。

8.1 下一代基因测序：从 FASTA 到 FASTQ

让我们深入研究序列数据文件，即 FASTQ 文件，该文件包含所有原始序列（通常称为读段，read）。这基本上是我们在本书第 5 章中首次遇到的 FASTA 文件的增强版本。在大多数 NGS 技术中，每个读段的长度都相同：

```
@r0
GAACGATACCCACCCAACTATCGCCATTCCAGCAT
+
EDCCCBAAAA@@@@?>===<;;9:99987776554
```

每个读取均由一个 4 行组成的段来表示。

1. 第一行以符号@开头，并唯一标识读段的内容。它通常包含有关生成该读段的机器的信息，以及在"流动槽"上的位置（这是进行原始序列识别的片段）等其他信息。除非读段是成对出现的，否则由于多种原因，我们并不需要了解这些信息。这实际上与 FASTA 格式文件 ">" 行中的信息具有相同的用途。

2. 第二行包含由机器识别出的 GAACGATA 的实际序列。

3. 第三行以符号+开头，并将序列信息与含有序列质量得分的下一行分开。

4. 最后一行是序列质量得分：这是原始机器用来评估第二行中序列质量的得分。这些很重要，因为当将所有序列放在一起时，它们会被下游算法所使用。

从理论上讲，我们可以编写一个直接读取 FASTQ 文件的 Python 程序，但实际上，FASTQ 文件很少被直接用来分析，而是将它们用作其他工具的输入。比对是分析 NGS 数据最常见的任务之一。比对包括在 FASTQ 文件中获取所有的单个读段，并找到它们在给定基因组中的位置。该基因组称为参考基因组。有许多工具可以执行此任务，以至于有人曾经在 Twitter 上打趣地说，最终每个实验室都将

---

[3] https://docs.python.org/3.7/library/argparse.html

拥有自己的比对算法。最常见的两个是 bowtie 和 bwa（用于 Burrows-Wheeler 变换）。出于我们的目的，我们仅想演示该过程，因此将随意地选用 bwa 比对器。

比对器会生成一个比对文件，而 bwa 会生成一个 SAM 文件（代表序列比对/映射）。这是一个未压缩的文本文件，每个读段都占有一行，其中包含比对器对序列所在的基因组上原始位置的"最佳猜测"。SAM 文件还包括那些完全没有被比对的读段（未比对的读段）。图 8-1 以图形方式给出了这些步骤。

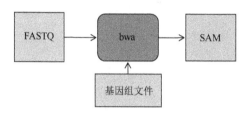

图 8-1　NGS 流程中 bwa 的输入和输出

BAM 文件：查看（view）、排序（sort）和索引（index）

由于 NGS 是大规模并行进行的，因此 SAM 文件在实践中的用途有限，每个比对可能包含数十亿次的读取，因此，SAM 文件通常非常庞大。这将我们带入了管理 NGS 的另一个主力军：BAM 文件（用于二进制比对/映射），它基本上只是 SAM 文件的压缩版本。但即使在转换为 BAM 之后，为了以后高效地处理 BAM 文件，还需要另外两个步骤：排序和索引。所有这三个步骤都是通过称为 samtools[4] 的工具套件来完成的。让我们来分解一下。

1. 查看：用 samtools 的 view 命令完成从 SAM 到 BAM 的转换。

2. 排序：排序将所有靠近染色体末端的读段都放在文件的开头，这样可以更快地在特定区域中找到所有读段，因为它们在文件中彼此相邻。这可以通过使用 samtools 的 sort 命令来实现。

3. 索引：索引必须始终在排序之后进行，它会创建一个额外的 BAI 文件。该文件基本上是一个查找表，以便可以通过染色体名称轻松地检索读段，而无需从头到尾搜索整个文件。在这里，samtools 命令中的 index 是您的朋友。

让我们以扩展图的形式表示（图 8-2）。

好的，从概念上讲这很棒。您实际上如何运行这些工具？在这里，我们需要绕道到命令行工具。

有关 samtools 和 bwa 的完整的分步安装指南超出了本章的范围，但每种工具在其网站上针对每个受支持的平台均有相当完整的安装说明（有关 samtools，

4　http://samtools.sourceforge.net/

请访问 samtools.sourceforge.net；对于 bwa，请访问 bio-bwa.sourceforge.net）。例如，如果您在 Linux 平台上运行，它可能就像运行 `sudo dnf install samtools bwa`（在 Fedora 上）或 `sudo apt install samtools bwa`（在基于 Debian/Ubuntu 的系统上）一样简单。

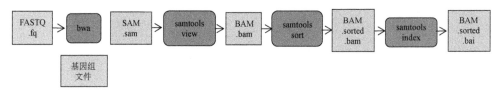

图 8-2　用于生成排序 BAM 文件的完整的 NGS 流程

我们在下面的示例中使用了相关代码库中的两个输入文件（有关这方面的详细信息，请参见第 1 章）。

1. 输入的 FASTQ 文件中含有最初从大肠杆菌的基因组测序中获取的 10 000 个读段。

2. 参考基因组：我们使用文件 NC_008253.fna 中编码的大肠杆菌的完整基因组（该文件最初是从 NCBI[5] 下载的，并已预建了相关的索引）。

所有这些文件都位于代码库的基因组子目录中。以下是您要从终端运行的一系列命令：

```
bwa mem NC_008253.fna e_coli_10000snp.fq > e_coli_10000snp.sam
samtools view -b -S e_coli_10000snp.sam > e_coli_10000snp.bam
samtools sort e_coli_10000snp.bam > e_coli_10000snp.sorted.bam
samtools index e_coli_10000snp.sorted.bam > e_coli_10000snp.sorted.
bai
```

您应该能够继续运行这些命令并生成两个最终输出文件：输出的 BAM 文件 e_coli_10000snp.sorted.bam 和索引文件 e_coli_10000snp.sorted.bam. bai。

哇！让我们停下来盘点一下。您可能已经注意到，为了基本完成一个实际且有趣的生物学分析步骤，即比对，您需要运行许多不同的工具和步骤。您可能会认为将所有这些内容都内置到 bwa 中会更好，这样可以节省所有这些额外的"簿记"步骤。也许您是对的，但是就像许多科学软件一样，NGS 工具已经发展出了一种拼盘的方式。从某种意义上说，它仍然是一个手工作坊，需要用手动的方式完成整个分析过程。

这就是 Python 的用处（到目前为止，精明的读者会注意到 Python 的缺失！）。

---

[5] www.ncbi.nlm.nih.gov/nuccore/NC_008253

我们可以利用 Python 的功能来调用命令行工具，以"包装"（wrap）〔或者用另一种艺术的术语来说是"封装"（encapsulate）〕其中许多复杂的部件以便更易于重用流程。

8.2　调用子流程

subprocess[6]模块是 Python 进行命令行交互的主要工具。我们不会在这里概述该界面，但我们将深入研究第一步的实现，如示例 8-1 所示。

示例 8-1. 用 with 语句将文件发送到子进程

```
import subprocess
with open('e_coli_10000snp.sam', "w") as output_sam:
    # do the alignment
    subprocess.check_call(['bwa', 'mem', 'NC_008253.fna',
        'e_coli_10000snp.fq'], stdout=output_sam)
```

您会注意到的第一件事是，打开输出文件的方式与第 5 章中向您展示的如何创建文件的方式有所不同。with 语句声明的变量基本上仅在其下面的代码块内有效（有关更详细的信息，请参见 Python 文档上的 with[7]部分）。这是一种使读取文件的代码更美观且紧凑的便捷方法，因为在子进程调用运行时，我们只需文件句柄即可。这样避免了必须具有单独的 open() 和 close() 语句。传统方法将需要三行，如示例 8-2 所示。

示例 8-2. 不用 with 语句将输入文件发送到子流程

```
output_sam = open('e_coli_10000snp.sam', "w")
subprocess.check_call(['bwa', 'mem', 'NC_008253.fna', 'e_coli_
10000snp.fq'],stdout=output_sam)
output_sam.close()
```

哪一种方法本质上都没有更好，但是用 with 的好处是您不会忘记关闭文件，因为 with 可以帮您关闭！除了使用文件以外，它还有许多其他用途，如允许重复使用代码块。但我们在这里不做介绍，您可以参阅前面提到的 Python 文档以获取更详细的信息。

现在回到子流程调用本身。在 with 子句中，我们将上一部分中描述的每个命令行参数作为一个列表传递，然后把标准输出 stdout 分配给该文件句柄（否

---

[6] https://docs.python.org/3/library/subprocess.html
[7] https://docs.python.org/3/reference/compound_stmts.html#the-with-statement

则将输出到控制台）。如果在含有测试 FASTQ 和基因组文件的基因组目录中运行
该代码，则应看到 bwa 工具的输出，该输出应类似于以下内容：

```
[M::main_mem] read 10000 sequences (350000 bp)...
[M::mem_process_seqs] Processed 10000 reads in 0.244 CPU sec, 0.245
real sec
[main] Version: 0.7.9a-r786
[main] CMD: bwa mem NC_008253.fna e_coli_10000snp.fq
[main] Real time: 0.638 sec; CPU: 0.276 sec
0
```

好的，我们已经通过 Python 成功运行了外部工具以执行比对功能。恭喜我们！
现在，我们可以使用示例 8-3 中的代码，通过包装 samtools 命令以便将 SAM 文件
转换为 BAM 文件来扩展该流程（请注意，假定您已经预先运行了示例 8-1 中的
代码）。

示例 8-3. 通过子过程调用 samtools

```
# convert back to the binary (compressed) BAM format using samtools
with open("e_coli_10000snp.bam", "w") as output_bam:
    subprocess.check_call(['samtools', 'view', '-b','-S',"e_coli_
10000snp.sam"],stdout=output_bam)
```

同样，请注意用 with 命令创建 BAM 文件的情况，该命令通常是通过标准输
出(stdout)的方向创建的。让我们稍停一下去进行简短的重新分组。我们已经成
功地用 Python 处理了原始的 FASTQ 文件 e_coli_10000snp.fq，并生成了与基
因组比对的两个未压缩的和压缩的文件：e_coli_10000snp.sam 和 e_coli_
10000snp.bam。

但是，正如前面提到的，在对它们进行分类和索引之前，我们实际上无法
用这些文件进行进一步的基因组分析。原则上，我们可以使用与前面相同的方
案"包装"samtools 调用，但我们可以用一个外部库来实现此目的，它叫做
pySam。

8.3　pySam：用 Python 读取比对文件

通过使用 pySam，我们暂时摆脱了仅用 Python 标准库对许多示例进行编码的
常规做法。但我们认为熟悉外部库的使用对您也很有用，因为如果您最终专注于
基因组分析，则您会遇到很多可以使用的更高级的工具。还必须注意的是，我们
已经向您展示了如何在 Python 中用手动的方法使用和创建包装器，因此，如果这

些库过时了，您应该能够轻松地进行代码的替换。另外，使用 pySam 具有使我们的示例更加紧凑的优点。为从命令行安装 pySam，首先应确保您已经安装了 Python 的 pip（请参阅第 1 章），然后运行：

```
$ pip3 install --user pysam==0.15.2
```

（请注意，我们特别需要使用 pysam 的 0.15.2 版本，该版本用于我们的测试！）对于系统的不同设置，您有时候可能要运行以下命令：

```
$ python3-pip install --user pysam==0.15.2
```

有了这个前奏，我们就可以添加一个函数 sort_and_index，其唯一目的是对 BAM 文件进行排序和索引。如示例 8-4 所示，将它设置为一个函数很有用，因为这是我们需要反复执行的任务，它还隐藏了 samtools 的某些复杂性和特质，使您可以更轻松地专注于实际分析步骤的流程。

示例 8-4. BAM 文件的排序和索引函数

```
import os.path
import pysam
def sort_and_index(bam_filename):
    prefix, suffix = os.path.splitext(bam_filename)
    # generated sorted bam filename
    sorted_bamfilename = prefix + ".sorted.bam"
    # sort output using pysam's output
    print("generated resorted BAM:", sorted_bamfilename)
    pysam.sort("-o", sorted_bamfilename, bam_filename)
    # index output using pysam's index
    print("index BAM:",sorted_bamfilename)
    pysam.index(sorted_bamfilename)
    return sorted_bamfilename
```

作为输入，我们为函数提供在上一步中生成的 BAM 文件的名称。让我们看一下该功能。

1. 我们首先使用 os.path 标准库中的 splitext 命令来提取文件名的前缀（e_coli_10000snp 部分）以及后缀（bam 部分）。

2. 然后，通过将前缀与后缀.sorted.bam 连接起来，用它来生成排序输出的文件名。

3. 接着就可以用 pysam.sort()函数了，该函数非常简单：只需给其输出文件名加上"-o"前缀，然后输入 bam_filename。

4. 接下来用 `pysam.index()`索引在上一步中生成的文件，该文件输出一个 `.bam.bai` 文件。

5. 最后，将新创建的 BAM 文件的名称返回给调用函数：稍后将使用该名称，并且还允许将代码集中起来只生成一次该名称。

请注意，我们现在已经成功地封装了一些可以重复使用的例程函数。

如果您正在构建自己的流程，则可能会发现您自己一遍又一遍地使用某些代码，甚至您可能还会逐字地剪切和粘贴它们。如果发现您自己经常这样做，请停止。成熟的程序员都是把这些程序段从光秃秃的代码藤蔓中提取出来，植入到能产生良好结果的函数中，使这些函数具有被重复使用的好处。因此，可以将前面的示例视为您熟悉此过程的一种方式。实际上，这在编程中是如此普遍，以至于它有自己的名字：重构（refactoring）。

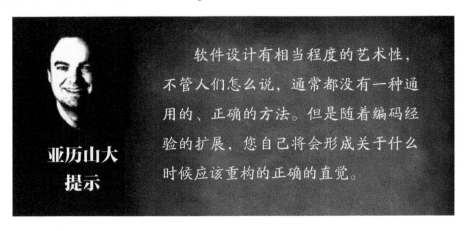

软件设计有相当程度的艺术性，不管人们怎么说，通常都没有一种通用的、正确的方法。但是随着编码经验的扩展，您自己将会形成关于什么时候应该重构的正确的直觉。

当然，您可能会对此过程感到疯狂，并过早地开始重构不需要的代码，或者发现自己编写了许多实际上没有用的函数。

让我们看看到目前为止已经创建的函数，所有这些函数都在示例 8-5 中付诸实践。

示例 8-5. Python 版本的 NGS 流程：比对、排序和索引

```python
import os.path
import pysam
import subprocess
def sort_and_index(bam_filename):
    prefix, suffix = os.path.splitext(bam_filename)
    # generated sorted bam filename
    sorted_bamfilename = prefix + ".sorted.bam"
```

```
    # sort output using pysam's output
    print("generated resorted BAM:", sorted_bamfilename)
    pysam.sort("-o", sorted_bamfilename, bam_filename)
    # index output using pysam's index
    print "index BAM:",sorted_bamfilename
    pysam.index(sorted_bamfilename)
    return sorted_bamfilename
# alignment
with open('e_coli_10000snp.sam', "w") as output_sam:
    subprocess.check_call(['bwa', 'mem', 'NC_008253.fna','e_coli_
10000snp.fq'],stdout=output_sam)
# convert to BAM
with open("e_coli_10000snp.bam", "w") as output_bam:
    subprocess.check_call(['samtools', 'view', '-b','-S',"e_coli_
10000snp.sam"],stdout=output_bam)
# sort and index
output_sorted_bamfilename = sort_and_index("e_coli_10000snp.bam")
```

如果运行此代码，您将生成与使用命令行工具所得到的相同的输出。现在这似乎有点过头了，因为我们原来在 shell 中只使用了 4 行代码，但现在我们有了用于进行更有趣分析的构建块。

请继续。

8.4 测序读段的可视化

如果要实际显示 BAM 文件中所包含的读段，则有用的工具是整合基因组学查看器（Integrative Genomics Viewer[8]，IGV）。安装和使用此工具的循序渐进指南超出了本章的范围，但我们提供了以下有关 IGV 的操作指南[9]。您需要先按照 IGV 加载基因组的指令[10]创建您自己的.genome 文件，上传我们在 FASTA 文件 NC_008253.fna 中提供的基因组。然后按照查看比对的说明[11]将 e_coli_10000snp.sorted.bam 作为输入（您会注意到，我们的流程已经按照说明进行了排序和索引的创建）。

---

[8] www.broadinstitute.org/igv/
[9] www.broadinstitute.org/software/igv/UserGuide
[10] www.broadinstitute.org/software/igv/LoadGenome
[11] http://software.broadinstitute.org/software/igv/AlignmentData

8.5 测序读段的计数

让我们回顾一下促成这些基因组分析的原始生物学。现在我们已完成了读段与原始基因组的比对。在这种特殊情况下，读段是从大肠杆菌基因组的 DNA 中提取的，因此，如果原始测序 DNA 的所有区域均被均匀扩增，我们将在每个位点或多或少地看到读段的均匀分布。我们甚至可以通过以下方法来测试这种想法，即通过提取一些随机坐标之间的读段并计算每个位置读段的个数，然后将这些读段放到一个新的 BAM 文件中以供后续的可视化。

我们刚刚介绍的 pySam 库可以通过 fetch( )函数非常完美地实现此目的，如示例 8-6 所示：

示例 8-6. 用 pysam 计算读段的个数

```
import pysam
chrom = "gi|110640213|ref|NC_008253.1|"; start = 20; end = 200
output_final_bamfilename = "e_coli_subset.bam"
read_count = 0
all_reads   =   pysam.AlignmentFile("e_coli_10000snp.sorted.bam",
'rb')
# create final output file
output_final_bam = pysam.AlignmentFile(output_final_bamfilename,
'wb', template=all_reads)
# use pysam to extract the reads from the given coordinates
output_reads=all_reads.fetch(chrom, start, end)
for read in output_reads:
    read_count += 1
    output_final_bam.write(read)
all_reads.close()
output_bam.close()
print("saving new BAM:",output_final_bamfilename, " with", read_
count, "reads aligning in %s:%d-%d" % (chrom, start, end))
sort_and_index("e_coli_subset.bam")
```

如果执行此操作，我们应该看到在 20~200 之间的染色体区域中，有 216 个读段：

saving new BAM: e_coli_subset.bam with 216 reads aligning in gi|110640213| ref|NC_008253.1|:20-200

让我们分解一下。

1. 我们首先设置了坐标并初始化读段的计数。

2. 接下来用 pySam 的 `AlignmentFile()`函数通过'rb'读入比对，以表明输入的是只读二进制文件。这将返回一个 Python 的对象 `all_reads`，该对象允许将读段的内容作为 Python 列表进行访问（有关更多详细信息，请参见 pySam 文档[12]）。

3. 接着再次使用 pySam 的 `AlignmentFile()`函数通过'wb'生成一个输出 BAM 文件，以表明这是可写的二进制文件。请注意，我们还将从上一步 `AlignmentFile` 的调用中获得模板的关键字提供新初始化的 `all_reads`。这样可以确保将原始的 BAM 文件中有关染色体等原始标头的元数据信息转移到新的 BAM 输出中。

4. 现在传递染色体名称以及开始和结束的坐标，并用 `fetch()`函数来完成实际获取给定区域中的读段的工作。

5. 下一步遍历每个读段，增加 read_count 的值并将读段写入新的 BAM 文件中。

6. 然后关闭原始输入和新输出的两个 BAM 文件。

7. 最后调用 `sort_and_index()`函数。看起来我们原来的重构正在奏效！

现在，我们有了读段的计数和原始的 BAM 文件，其格式可以再次用 IGV 可视化（请参见 8.4 节中的说明）。

8.6　建立命令行工具

现在想象一下，您发现自己需要定期进行这种基因组的"切片和切割"。出于某种原因，您只想显示基因组中特定片段的读段。如果有一个方便的命令行工具，您可以用它对着一个 BAM 文件一指，然后说："精灵，请给我这个区域的读段"，这该有多惬意！好吧，Python 仍然是您的朋友（这不仅仅是一个人造玩具的例子，在某些情况下，所提取的读段基因组的子集可以作为其他工具的非常有效的输入。尤其是如果整个 BAM 的文件很大，或者其他分析或可视化工具无法处理这么大的文件，显示基因组中特定片段的读段就显得特别有用）。在接下来的示例中，我们将向您展示如何利用到目前为止开发的功能，以及如何构建可通过外壳或终端运行的命令行工具。

我们需要引入的第一个新的 Python 工具是 argparse 库，它是 Python 标准库的一部分（有关更多细节的信息，请参见 argparse 的官方教程[13]）。其基本思想是

---

[12] pysam.readthedocs.org/en/latest/usage.html
[13] https://docs.python.org/3/howto/argparse.html

创建一个 ArgumentParser 对象，该对象被一个命令行程序的描述所初始化，该命令行程序将在运行时呈现给用户，即：

```
parser = argparse.ArgumentParser(description="""
Given an input FASTQ file, align to genome,
extract reads for specified region: CHROM:START-END
and write to sorted indexed bam to OUTPUT""")
```

由于该行很长，因此我们可以用 Python 内置的用于长字符串的三重引号（您可以从在线教程[14]中获得更详细的信息）。创建该对象后，就可以开始添加单个命令选项了。它们有两种形式：位置参数（即程序的主要输入参数，通常是输入文件）和可选样式的参数（以命令行中的"开关"形式提供的参数，如"--chromosome"的形式）。我们的第一个参数是与位置有关的：

```
parser.add_argument('input_fastq', help='input FASTQ file name')
```

这是一个必须输入的 FASTQ 文件名，是一个"主"参数。我们还提供了一些帮助功能，可以很好地提示用户。接下来，我们添加选项：

```
parser.add_argument('-o',    '--output',    dest="output_final_bam_
filename",help='output BAM file name', default="final.bam")
parser.add_argument('-c',    '--chrom',    help='chromosome    name',
required=True)
parser.add_argument('-s', '--start', type=int, help='start position
on chromosome',required=True)
parser.add_argument('-e', '--end', type=int, help='end position on
chromosome',required=True)
```

首先要注意的是，除第一个"选项"外，所有命令行选项实际上都是通过设置 required=True 来表明它们是必需的。这意味着除非用户提供这些选项和输入参数，否则程序将无法运行，让我们一一讲解它们。

1. 第一个选项--output 是最终输出的 BAM 文件名，由于我们提供了 default=final.bam，所以这不是必需的。此选项和每个后续选项均具有短格式和长格式，在本例中分别为-o 和--output。

2. 第二个选项--chrom 是染色体的名称，这是必需的。--chrom 的使用会在参数解析器对象中自动创建一个关联变量，稍后我们将返回该变量。其缩写形式是-c。

3. 第三个选项--start 是染色体上的起始位置,也是必需的。因为这是整数,

---

[14] https://docs.python.org/3/tutorial/introduction.html#strings

所以我们指定 type=int，它将自动转换类型（对于以前的选项，这不是必需的，因为它们是默认的字符串类型）。

　　4. 最后一个选项--end 是染色体上的末端位置，并遵循与--start 选项相同的逻辑。

　　现在，我们已经设置了参数，剩下的就是实际进行解析并将它们分配给程序其余部分中使用的变量：

```
# next get and parse args and assign to our local files
args = parser.parse_args()
input_fastq = args.input_fastq
output_final_bam_filename = args.output_final_bam_filename
chrom = args.chrom
start = args.start
end = args.end
```

　　这应该是不言而喻的。我们首先通过在解析器对象上调用 parse_args 来获取参数。一旦有了该对象，就可以在程序的其余部分中将每个输入参数分配给它们相应的名称（请注意，变量无需与参数具有相同的名称，但为清楚起见，我们将其保持相同）。示例 8-7 中是完整的参数解析器。

示例 8-7. 用 argparse 创建命令行工具

```
import argparse
parser = argparse.ArgumentParser(description="""Given an input
FASTQ file, align to genome, extract reads for specified region:
CHROM:START- END and write to sorted indexed bam to OUTPUT""")
parser.add_argument('input_fastq', help='input FASTQ file name')
parser.add_argument('-o', '--output', dest="output_final_bam_
filename", help='output BAM file name', default="final.bam")
parser.add_argument('-c', '--chrom', help='chromosome name',
required=True)
parser.add_argument('-s', '--start', type=int, help='start position
on chromosome', required=True)
parser.add_argument('-e', '--end', type=int, help='end position on
chromosome', required=True)
# next get and parse args and assign to our local files
args = parser.parse_args()
input_fastq = args.input_fastq
output_final_bam_filename = args.output_final_bam_filename
chrom = args.chrom
```

```
start = args.start
end = args.end
```

如果将示例 8-7 中的程序放入以当前章节命名的可执行文件中，并用-h 或 --help 激活内置的"help"函数运行该程序，则应看到以下显示：

```
$ ./PFTLS_Chapter_08.py -h
```
用法：PFTLS_Chapter_08.py [-h] [-o OUTPUT_FINAL_BAM_FILENAME] -c CHROM -s START -e END input_fastq

```
    Given an input FASTQ file, align to genome, extract reads
for specified region: CHROM:START-END and write to sorted
indexed bam to OUTPUT
```
（给定一个输入的 FASTQ 文件，与基因组比对，提取指定区域 CHROM：START-END 的读段，并将已排序的索引 bam 写入 OUTPUT 文件）

位置参数：

```
input_fastq                     输入 FASTQ 文件名
```

可选参数：

```
-h, --help                      显示该帮助消息并退出
-o OUTPUT_FINAL_BAM_FILENAME, --output OUTPUT_FINAL_BAM_FILENAME
                                输出 BAM 文件名
-c CHROM, --chrom CHROM         染色体名
-s START, --start START         染色体起始位
-e END, --end END               染色体终止位
```

好的，我们现在有一个正常运行的脚本了。如果您没有提供任何输入，它也给您一个输出：

```
$ ./PFTLS_Chapter_08.py
```
用法：PFTLS_Chapter_08.py [-h] [-o OUTPUT_FINAL_BAM_FILENAME] -c CHROM -s START -e END input_fastq
```
PFTLS_Chapter_08.py: error: the following arguments are required:
input_fastq, -c/--chrom, -s/--start, -e/--end
```

或者如果您漏掉了一个参数

```
$  PFTLS_Chapter_08.py  -o  final.bam  -c  'gi|110640213|ref|NC_
008253.1|' -s 20 e_coli_10000snp.fq
```

用法: NGS_Genome_Slicing.py [-h] [-o OUTPUT_FINAL_BAM_FILENAME] -c
CHROM -s START -e END input_fastq
test.py: error: argument -e/--end is required

8.7 最终流程：将所有内容放在一起

我们已经说很多了，让我们再次暂停并重新分组。现在我们已经具备了完整流程的所有内容：命令行解析器、用 bwa 进行比对调用、排序和索引功能，以及用 pySam 提取读段。现在我们将在示例 8-8 中给出完整的程序。

示例 8-8. 完整的 NGS Python 流程

```python
#!/usr/bin/env python3
import sys
import os.path
import pysam
import argparse
import subprocess
def sort_and_index(bam_filename):
    prefix, suffix = os.path.splitext(bam_filename)
    sorted_bamfilename = prefix + ".sorted.bam"
    print("generate sorted BAM:", sorted_bamfilename)
    pysam.sort("-o", sorted_bamfilename, bam_filename)
    print("index BAM:", sorted_bamfilename)
    pysam.index(sorted_bamfilename)
    return sorted_bamfilename
parser = argparse.ArgumentParser(description="""Given an input
FASTQ file, align to genome, extract reads for specified region:
CHROM:START-END and write to sorted indexed bam to OUTPUT""")
parser.add_argument('input_fastq', help='input FASTQ file name')
parser.add_argument('-o', '--output', dest="output_final_bam_
filename", help='output BAM file name', default="final.bam")
parser.add_argument('-c', '--chrom', help='chromosome name', re-
quired=True)
parser.add_argument('-s', '--start', type=int, help='start position
on chromosome',required=True)
parser.add_argument('-e', '--end', type=int, help='end position on
chromosome',required=True)
# next get and parse args and assign to our local files
```

```
args = parser.parse_args()
input_fastq = args.input_fastq
output_final_bam_filename = args.output_final_bam_filename
chrom = args.chrom
start = args.start
end = args.end
# get prefix and extension from FASTQ file
prefix, suffix = os.path.splitext(input_fastq)
output_sam_filename = prefix + '.sam'
output_bam_filename = prefix + '.bam'
# using subprocess need to generate the standard output *first*
with open(output_sam_filename, "w") as output_sam:
    # do the alignment, hardcode the genome to the bacterial genome
    print("generated SAM output from:", input_fastq)
    subprocess.check_call(['bwa', 'mem', 'NC_008253.fna', input_
fastq],stdout=output_sam)
# convert back to the binary (compressed) BAM format using samtools
with open(output_bam_filename, "wb") as output_bam:
    subprocess.check_call(['samtools', 'view', '-b', '-S', output_
sam_filename], stdout=output_bam)
output_sorted_bamfilename = sort_and_index(output_bam_filename)
# get ready to extract reads
read_count = 0
print("now extract reads from:", output_sorted_bamfilename)
all_reads = pysam.AlignmentFile(output_sorted_bamfilename, 'rb')
# create final output file
output_final_bam = pysam.AlignmentFile(output_final_bam_filename,
'wb', template=all_reads)
# use pysam to extract the reads from the given coordinates
print("extract reads from chromosome:" + chrom + "at coordinates:",
start, end)
output_reads= all_reads.fetch(chrom, start, end)
for read in output_reads:
    read_count += 1
    output_final_bam.write(read)
all_reads.close()
print("saving new BAM:", output_final_bam_filename, " with",
read_count, "reads aligning in %s:%d-%d" % (chrom, start, end))
output_bam.close()        # finally close the output bam file
sort_and_index(output_final_bam_filename) # sort and index
```

现在所有内容都已经有了，最终程序将用早期代码片段中进行硬编码的文件名，并在命令行中输入文件。现在已经准备好了，这是用与之前相同的基因组坐标运行最终命令行的示例：

```
$ cd genomes
$ ../PFTLS_Chapter_08.py -o final.bam -c 'gi|110640213|ref|NC_
008253.1|' -s 20 -e 200 e_coli_10000snp.fq
generated SAM output from: e_coli_10000snp.fq
[M::main_mem] read 10000 sequences (350000 bp)...
[M::mem_process_seqs] Processed 10000 reads in 0.247 CPU sec, 0.247
real sec
[main] Version: 0.7.9a-r786
[main] CMD: bwa mem NC_008253.fna e_coli_10000snp.fq
[main] Real time: 0.347 sec; CPU: 0.270 sec
[samopen] SAM header is present: 1 sequences.
generate sorted BAM: e_coli_10000snp.sorted.bam
index BAM: e_coli_10000snp.sorted.bam
now extract reads from: e_coli_10000snp.sorted.bam
extract reads from chromosome:gi|110640213|ref|NC_008253.1|at
coordinates:
20 200
saving new BAM: final.bam with 216 reads aligning in gi|110640213
|ref|
NC_008253.1|:20-200
generate sorted BAM: final.sorted.bam
index BAM: final.sorted.bam
```

在此过程的最后，您应该有一个排好序的 BAM，其中仅包含来自文件 **final.sorted.bam** 中感兴趣的那些坐标范围内的读段。现在应该可以将这些读段重新加载到 IGV 中以进行可视化。

8.8　下一步的工作

在本章中，我们只是简单介绍了使用这些数据可以实现的目标。比对只是大规模并行测序技术中可以进行的众多研究之一。值得注意的其他两个方面如下。

- 变体调用（variant calling）[15]：这是基于我们已经完成的比对而建立的，读段的"堆积"可以用来推断 SNP 和插入缺失的存在。其基本的直觉是，如果您在许多读段中看到一个相对于参考的 SNP，那么它很可能是一个真正的 SNP 的候选者。基因组分析工具包[16]（GATK）是该领域的一个常用工具。
- 组装（assembly）：原始读段用于构建参考基因组（在 DNA 的情况下）或转录组（在给定时间细胞内表达的所有 mRNA 转录物的集合），称为组装过程。这两种情况都像是在没有包装盒上原始图片的情况下试图重新组装拼图：您必须依靠部件本身的形状进行判断。有时，如果有一个紧密相关的生物作为参考基因组，就可以通过与其比对来部分指导组装过程。最难办的是在根本没有图像的情况下从头组装（de novo assembly）。您可以研究的工具包括 Trinity 组装器[17]、Velvet/Oases[18]、ALL-Paths LG[19]等，每种工具都有其优点和缺点。SEQanswers[20]和 BioStar[21]论坛是寻找资源和讨论的理想起点。

重要的是要意识到"下一代"测序空间是技术发展非常迅速的领域，几乎每隔一个月就会有新的公司被组建，并有新的工具被发布。PacBio[22]、Dovetail Genomics[23]和 10×Technologies[24]等公司提供的新型测序技术使读段的长度越来越长，并且最终可能会变得更加准确。这种短读测序开发的工具很可能会过时，因为我们将能够在一次扫描中读取整条染色体或 mRNA 分子。

但我们敢打赌，这种一次性读取整条染色体的技术不会很快就实现，因而 NGS 的基本概念和格式很可能会持续一段时间。人们不是多次预测过黑胶唱片的消亡了吗？谁知道，也许您那位大胡子的咖啡师将在 2030 年左右重新发现用手工制作的 NGS 流程更有乐趣。因此，使用这些数据格式和您用本章提供的技术所开发的各种精巧的 Python 工具将在未来对您有很大的益处，因为即使技术和工具发生了变化，它也使您可以从最基本的视角对过程进行最底层的了解。

在接下来的几章中，谈到精髓和实干的时候，我们将向您展示如何使用 Python 可视化和操纵来自真正的生物实验室主力—— 96 孔板的数据。

---

[15] www.bioconductor.org/help/course-materials/2014/CSAMA2014/3_Wednesday/lectures/VariantCallingLecture.pdf
[16] www.broadinstitute.org/gatk/
[17] https://trinityrnaseq.github.io/
[18] www.ebi.ac.uk/~zerbino/oases/
[19] www.broadinstitute.org/software/allpaths-lg/blog/
[20] http://seqanswers.com/
[21] www.biostars.org/
[22] www.pacb.com/
[23] http://dovetailgenomics.com/
[24] www.10xtechnology.com/

8.9 参考资料和进一步阅读

教程与讨论

- Titus Brown 的 NGS 教程[25]。
- Brad Chapman 的蓝领生物信息学博客（Blue Collar Bioinformatics Blog）[26]（bcbio）。
- BioStar：一般生物信息学论坛。
- SEQanswers：主要关注 NGS 技术的论坛。

工具

- Bowtie[27]：包括其网页内指向 tophat、cufflinks 及其他网址的链接。

流程/框架

- 基于 Python 的流程 bcbio-nextgen，与先前提到的 Brad Chapman 的蓝领生物信息学博客相关：包括代码库[28]和文档[29]。
- 基于 Python 的工作流系统（COSMOS[30]）及其相关的基因组变异调用流程（GenomeKey[31]）。

---

[25] http://ged.msu.edu/angus/tutorials-2013/
[26] https://bcbio.wordpress.com/
[27] http://bowtie-bio.sourceforge.net/index.shtml
[28] https://github.com/chapmanb/bcbio-nextgen
[29] https://bcbio-nextgen.readthedocs.org/
[30] http://cosmos.hms.harvard.edu/
[31] https://github.com/LPM-HMS/GenomeKey

第 9 章　孔板：微量滴定板分析 I：数据结构

当爱丽丝进入小商店时，门上方的小铃响了。这个小商店也恰好是当地的邮局。

"您能查一下是否有给我的邮件吗？"爱丽丝问老店主。

"那亲爱的你姓什么？"店主问。

"为什么要姓？每个人都叫我爱丽丝。"爱丽丝困惑地问道。

"我的邮箱放在一个按姓氏排序的网格中，"店主显然感到自豪，"从左上方的 A 到右下方的 Z。"

"我想您应该先在 A 的条目下查找 Alice。"爱丽丝说。

店主在左上角的盒子里取出了那捆邮件，然后开始查找。"好吧，看！"他说，"这是给你的。它在信封上说，你可能已经是他们大奖的赢家！"

"以'可能'为有效词，"爱丽丝讽刺地说，"就像'我可能'在离开您的商店时被陨石撞击一样。"

编程索引：*csv 模块*；*逗号分隔值*；*OOP*；*类*；*构造函数*；***import***；***matplotlib***；*类和实例变量*；*Python 类型*；***type( )***；*元组*；***range( )***；*高级字符串格式*；*异常*；*有序集合*；*条件*；***math 模块***；*None*；*迭代器*

生物学索引：*孔板分析*；*96 孔板*；*机器人*；*实验室自动化*；*Arduino*[1]；*网格坐标系*

没有一本针对现代生命科学家的书可以避免提及遍布生物实验室的那种值得

---

[1] 译注：Arduino 是一款便捷灵活、方便上手的开源电子原型平台，包含硬件（各种型号的 Arduino 板）和软件（ArduinoIDE），由一个欧洲开发团队于 2005 年冬季开发。

信赖的主力军——96 孔板（也称为微量滴定板），也几乎看不到任何一个实验室里是没有这些小家伙的。近年来，使用 96 孔板（及其他配置）高科技仪器的数量激增，在实验室中也被迅速普及。此外，这些仪器通常能在相对较短的时间内扫描这些孔板并从中读取大量数据。因此，我们认为值得用两章来描述这些不起眼的 96 孔板，这只是为了演示一些我们可以用 Python 来处理和可视化板数据的方法，还说明了如何用它来创建可与实验室自动化系统对接的软件。

需要明确的是，96 孔格式可能是目前最常用的板，但也有很多具有其他网格布局的板，如果我们想要编写良好的可重用代码，则应该确保它能够用于处理具有更少或更多孔的板，或具有不同行与列比率的板。不用担心，我们会这样做的。

上一段很好地介绍了我们想在代码中捕获的这些检测板的第一个基本属性，即二维网格上数据点的组织。板上的每个孔实际上可以包括多个数据点，这些数据点均通过此二维网格上的公共坐标进行分组和关联。例如，您可以将孔的体积、光密度或其任何内容物的浓度想象为单独的数据点。该二维网格坐标可以表示为一个简单的一维参数，如第 15 孔。坐标的读取顺序与我们阅读中英文的方式相同，即从左到右，然后从上到下读取。另外，也可以使用用于行和列的通用 letter:number（字母+数字）的格式来读取它，如 A6、B12 等。如果我们要编写灵活而通用的代码来处理孔板，可能会希望能够在这些不同的二维坐标系之间切换，以浏览孔板的数据。但还有另外一个要这样做的充分理由。

9.1　机器人

生物学实验室到处都是各种仪器和酶标仪，它们具有可以逐个移动、扫描、取样，甚至逐孔地装载孔板的机器人部件。这给处理孔板数据的软件带来了全新的挑战。是的，数据将在此二维网格上组织，但软件可能还需要物理地处理板本身、扫描仪和用于读取/采样或加载孔的移液器头。在下一章的孔板检测中，我们不会向您展示如何编写用于驱动 Arduino 或其他非常低级的代码，它们是用于其他种类机器人应用的物理设备的。我们将编写自己的代码，以便生成驱动机器人所需的高级指令，并期望在某些需要的时候将其连接到那些能够驱动机器人的控制软件上，或者至少能从一个机器人中接收和解释位置数据。

9.2　96 孔板简介

现在让我们快速回顾一下 96 孔板，以提醒自己我们正在处理的内容。
在图 9-1 中，您可以从板的左侧从上到下的 A~H 的压纹字母以及顶部从左到右的 1~12 的压纹数字中看到，该板遵循我们已经描述的使用惯例的行字母标签和列数字标签。该板还显示了典型板的 8 行乘 12 列的矩形格式。值得注意的是，这种矩形格式几乎是通用的，但有些板也以其他格式存在，例如，正方形，其行数和列数相同。

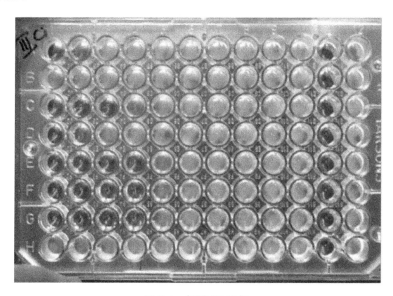

图 9-1 标准 96 孔板

我们将在以下假设条件下编写代码：孔板可以具有与不同的行数和列数相对应的任何行列比，但我们假设平板始终具有固定的 x、y 轴方向，其中 x 轴对应于板在列上的数字并用数字标记，y 轴对应于板在的行上的字母并用字母标记。因此，例如，坐标为 D10 的孔可能与 y 轴上的行 D 和 x 轴上的列 10 相对应。

如果您一直在关注我们的讨论，您会发现我们始终以行：列的格式（即 y：x 的格式）引用板上的位置。这与我们倾向于组织表格数据的方式保持一致，而表格数据的排列方式可能又源于几千年前人们对书面文本的布局所做出的选择。

由于孔板聚集了许多属性和参数，它也是对象的一个很好的例子，因此孔板的概念非常适合于表示为 Python 对象。类似地，板上的每个孔本身都可以被视为属性的集合，其中至少有一点是其在板上的坐标。基于这些考虑，我们将在孔板管理代码中使用面向对象编程（OOP）的方法。

9.3 用 Python 类实现多孔板

坐标系统的讨论很好地说明了我们希望多孔板类所应具有的基本特性之一。

由于板的孔排列在网格上，因此我们要能够标出板上的位置，换句话说，就是我们所关注的是哪个孔。我们还需要知道孔的顺序以及如何从一个孔移到下一个孔。例如，如果我们要从逗号分隔值（comma-separated values，CSV）文件中读取孔板分析的数据以将每个数据点分配给相应的孔，则我们要能够在板中进行虚拟移动，将文件中的数据正确地映射到 Python 孔板的对象。此外，如果我们希望代码能够驱动机器人从板上读取数据（如使用分光光度传感器）或将液体移入孔中，就必须知道如何水平和垂直地移动孔板。例如，在具有 12 列的 96 孔板上，当机器人水平行地移到一行 12 孔的末端时，它必须知道下一个孔位于其当前位置的下一行和向后 12 列的位置，以便能移动到那里。

对于多孔板，至少可以使用三种有用的坐标系：①对于板的二维布局，二维坐标系似乎是最直观的。我们可以用行：列表示法来实现此目的；②或者以数字方式，以简单的数字表示行和列；③或者以字母数字方式，以字母标签表示行和列。第一种系统的坐标如下所示：

(1,1), (2,3), (6,10)

第二种系统的坐标如下所示：

A01, B03, F10

这很大程度上是不言自明的，但为什么列整数前面要有个零呢？

这只是使所有孔标签具有相同长度的一个小技巧，其原因现在似乎并不明显，但先忍受一会儿，我们将予以解释！

如果我们对像平板这样的二维物体使用一维坐标系，其原因可能并不那么明显。但我们很快就会看到，这种更简单的坐标系也有其用途。一维坐标系从第一个到最后一个简单地以线性方式反映板上孔的顺序。根据我们的读写方式，从左到右、从上到下的系统似乎很自然。对于 96 孔板，该系统将左侧最顶部的孔标为数字 1，并将右侧最底部的孔标为数字 96，即从左到右读取每个整行，然后向下并向左移动到下一行的最左边。

从处理的角度来看，一维坐标系非常有用。因为在通常情况下，如果要物理地（如使用机器人）或虚拟地（如从输入流中读取板的分析数据）处理多孔板，我们需要知道序列中的下一个孔是什么，以便可以遍历板上所有的孔。

最后，我们要能够将这些坐标系进行互相映射，以便可以在不同的应用程序间始终如一地切换它们。所有这些都可以归结为，在我们用于处理多孔板的 Python 类的代码中，许多类构造的方法将专用于设置板的布局及其坐标系，以便使我们的程序可以在该坐标系中移动。

接下来，在示例 9-1 中我们将为处理多孔板的 Python 类编写 __init__ 构造函数方法。

示例 9-1. 孔板类的构造

```python
import math, os, string, csv
import matplotlib.pyplot as plt
class Plate:
    rowLabels = "ABCDEFGHIJKLMNOPQRSTUVWXYZ"
    mapPositions = {'position1D':0,'position2D':1,'wellID':2}
    def __init__(self,id,rows,columns):
        self.id = id
        self.rows = rows
        self.columns = columns
        self.size = self.rows * self.columns
        self.validate = {}
        self.data = {}
        for key in Plate.mapPositions:
            self.validate[key] = []
        for n in range(1,self.size+1):
            self.data[n] = {}
            m = self.map(n,check=False)
            for key in Plate.mapPositions:
                self.validate[key].append(m[Plate.mapPositions[key]])
```

您将注意到的第一个问题是，我们导入了一些稍后要用到的其他 Python 模块（如 matplotlib），这些模块会在需要时用到它们。

在 Plate 类的代码中，您将看到我们正在使用类变量，这是我们在第 7 章的 OOP 中介绍的概念。您会记得，这些类变量不是类的每个实例所独有的，而是在该类的所有实例间共享的。对于 Plate 类，我们有两个类变量 rowLabels 和 mapPositions。rowLabels 变量定义了可用于板的行标签，因此您已经可以看到，尽管理论上我们的类所代表的板可以具有任意数量的行和列，但通过引入这一被允许的行标签列表，我们默认一块板永远不会超过 26 行。我们可以根据需要对它进行扩展，但这可能将不必要地使事情复杂化。例如，我们可能需要扩展代码以处理两个或更多字母的行标签。但是，出于本章的目的，我们将大写字母 A~Z 用作行标签，并假设所有孔板最多只有 26 行。

mapPositions 类变量需要一些解释。如果您考虑到我们希望在类中支持三种不同的坐标系这一事实，并且希望能够将其中的任何一种映射到其他任何另一种，那么实现这些目标的一种简单明了的方法就是编写一组六映射函数，如图 9-2 所示。

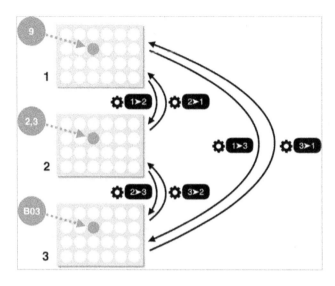

图 9-2　96 孔板的映射关系（彩图请扫封底二维码）

　　首先，这将要编写和维护大量的代码，并且在我们可能要为一个孔提供多种映射的情况下，这还将迫使我们分别存储、跟踪和使用这些函数的输出坐标。此外，我们还要跟踪输入坐标并正确地使用它们，因为每个函数都只期望用一种坐标类型作为输入。

　　解决这种多功能、多输入和多输出重复的一种简洁明了的方案是编写一个主映射函数，该函数将接受三种坐标类型中的任何一种作为输入，并且还将这三种映射都输出到单个结构化的变量中，如一个元组。我们的一些更有远见的读者可能已经意识到，这需要少量的冗余，因为该函数的计算输出之一将与其输入相同，但这是为方便使用以任何坐标类型为输入而付出的一点小代价，并一次性给出所有可能映射的函数。

　　最后，mapPositions 类变量存在的理由是在坐标映射函数的输出中全局定义映射坐标类型的顺序。如果您还不确定它将如何工作，请不用担心，因为当我们看到映射函数的实际代码时，一切都会变得清楚。

　　为透明起见，我们还应该承认选择这种方法的部分原因是为了有机会介绍 Python 的 type[2]并演示如何将其用于创建可以处理不同类型输入的 Python 函数。当我们看到进行实际坐标映射的代码时，您将很快可以知道它的工作原理。但现在让我们继续剖析类构造函数。

---

[2] https://docs.python.org/3/library/stdtypes.html

如果我们看一下 __init__ 构造函数方法的函数签名，就会发现它带有三个参数（除了总是传递给实例方法的 self 之外）：id、rows 和 columns。

```
def __init__(self,id,rows,columns):
```

id 参数使我们可以输入一个唯一的 ID 来标识孔板。对于任何类型的实验室自动化过程（例如使用机器人），这几乎肯定是非常重要的。在该过程中，实际的物理板可能会具有某种用于跟踪的 ID，我们要记录它并将它附加到相应孔板的数据上。请注意，此 ID 与类实例 ID 或任何其他类型的内部 Python 引用都无关。

rows 和 columns 参数很容易解释，将用于定义板的布局以及坐标映射。

声明为空字典的 validate 字段将用于检查我们所支持的三种坐标系中的任何一种坐标输入的格式对于当前孔板是否有效（我们将在稍后看到其工作原理）。data 字段（也是 Python 字典）将用于保存每个孔的实际数据。例如，它们可能是光密度或 pH 的实验室测量值，或描述孔中设置的条件参数，如化学浓度或该孔是否为对照样品。

接下来我们将设置 validate 字典。它包括有效输入坐标的三个列表，每个列表针对我们希望支持的三个孔板坐标系中的一个。该字典"键-值"（key-value）对中的键就是类变量 mapPositions 中的键。对于每个键，我们将初始值定义为一个空列表，如下所示：

```
for key in Plate.mapPositions:
    self.validate[key] = []
```

__init__ 构造函数方法中的其余代码只是简单地从 1 到 n 遍历板上的每个位置（其中 n 是孔的数量），并用映射函数生成代表每个位置的三个等效坐标的集合。

9.4　孔板的遍历

我们将在稍后看到映射方法的工作方式。但在探讨该方法的机制之前，让我们先在示例 9-2 中看看其代码及返回的内容。

示例 9-2. Plate 类中的 map 方法

```
def map(self,loc,check=True):
    if type(loc) == type(15):
        if check:
            if not loc in self.validate['position1D']:
                raise Exception('Invalid 1D Plate Position: %s'
            %str(loc))
```

```
    row = int(math.ceil(float(loc)/float(self.columns))) - 1
    col = loc - (row * self.columns) - 1
elif type(loc) == type((3,2)):
    if check:
        if not loc in self.validate['position2D']:
            raise Exception('Invalid 2D Plate Position: %s'
        %str(loc))
    row = loc[0] - 1
    col = loc[1] - 1
elif type(loc) == type('A07'):
    if check:
        if not loc in self.validate['wellID']:
            raise Exception('Invalid Well ID: %s' %str(loc))
    row = Plate.rowLabels.index(loc[0])
    col = int(loc[1:]) - 1
else:
    raise Exception('Unrecognized Plate Location Type: %s'
%str(loc))
pos = self.columns * row + col + 1
id = "%s%02d" % (Plate.rowLabels[row],col+1)
return (pos,(row+1,col+1),id)
```

map 函数的代码中有很多很棒的 Python 学习内容，我们稍后将详细介绍。然而，首先要看的是函数最后的 return 语句。

```
return (pos,(row+1,col+1),id)
```

我们可以看到 map 返回一个包含三个值的元组，每个值表示一个坐标系。这就是我们避免必须编写 6 个单独函数的方式，否则将会如图 9-2 所示，每个函数都要 6 个单独的输入和输出。我们的 map 函数将三种坐标类型中的任何一种作为输入，而输出则含有所有三种映射的元组。我们还可以使用 mapPositions 类变量来跟踪元组中哪个位置对应于哪个坐标系。

亲爱的读者，下面为您提一个小问题。

您也许会注意到我们已经对 mapPositions 方法的输出进行了硬编码。换句话说，我们只是将每个坐标类型直接插入到输出元组中，而无需直接使用 mapPositions 类变量。该解决方案可以快速进行编码，但缺乏一定的鲁棒性。例如，如果我们决定更改 mapPositions 的顺序，并将 wellID 坐标系放在首位，那该怎么办？这将破坏我们的大多数代码，因为在组装 map 输出元组时，我们不会直接使用 mapPositions 类变量，因此所返回的元组中坐标系的顺序是被硬编码（hard-coded）且静态的（Static）。也就是说，即使我们更改 mapPositions 中的顺序，它也不会改变。

通过使用 mapPositions 类变量来配置 map 方法的返回值，如何使代码更具有鲁棒性？

我们还可以返回一个字典，例如 mapPositions，它具有与 mapPositions 相同的三个键（position1D、position2D、wellID），但其具有对应于每个坐标系映射位置的实际值，如下所示：

```
{'position1D':9,'position2D':(2,3),'wellID':'B03'}
```

或者以真正的 OOP 风格，我们甚至可以创建一个映射坐标的类，其三个坐标系中的每一个对应于对象中的一个字段。此外，我们可以将整个 map 方法嵌入到新的类中，并允许 __init__ 构造函数方法接受三种坐标类型中的任何一种作为参数。这种方法的唯一问题是，您现在对孔板和坐标拥有单独的类，但它们又彼此依赖。不过这是一个很容易解决的问题。

下面是另一个为读者提供的 Gedanken experiment（思维实验）。

在鲁棒的 OOP 方法中如何使用独立但又相互依赖的孔板和坐标的类来编码此问题？为了获得启发，您可以在第 7 章中回顾 OOP 的介绍。

现在回到我们常规的计划编程方法。

我们已经添加了 map 函数的代码，因此，我们将创建一个经典的 96 孔板（8 行 12 列）并对 map 进行一些测试。

```
p = Plate('Assay 42',8,12)
print(p.map(1))
(1, (1, 1), 'A01')
print(p.map((1,1)))
(1, (1, 1), 'A01')
print(p.map('A01'))
(1, (1, 1), 'A01')
print(p.map(96))
(96, (8, 12), 'H12')
print(p.map((8,12)))
(96, (8, 12), 'H12')
print(p.map('H12'))
(96, (8, 12), 'H12')
result = p.map('B01')
print(result[Plate.mapPositions['wellID']])
B01
```

最后一小段代码显示了如何用类变量 mapPositions 来"记住"每个坐标映射在输出元组中所占的位置，因此不必为了引用我们想要的坐标类型而在元组中显式地输入位置。

在深入了解 map 函数的代码之前，我们先将其作为一个在输入和输出级别上工作的"黑匣子"示例来看待。现在我们可以了解 __init__ 构造函数方法如何构建 validate 字典，该字典用于证实的（或拒绝）作为输入提供给任何孔板类方法的坐标。validate 字典具有三个键，它们是直接从作为类变量而创建的 mapPositions 字典中获取的，每个键用于一个坐标系。每个键的值只是该孔板所有有效坐标的列表，并以该坐标系表示。

因此，对于具有 8 行 12 列的 96 孔板，每个坐标系的有效值如下：

坐标系位置 1D：1,2,3,…94,95,96

坐标系位置 2D：(1,1)，(1,2)，(1,3)，…(8,10)，(8,11)，(8,12)

坐标系统 wellID："A01"，"A02"，"A03",..."H10"，"H11"，"H12"

如果看一下示例 9-1 中构造函数的下述代码段，该代码段实际上是用于填充 validate 字典的：

```python
for n in range(1,self.size+1):
    self.data[n] = {}
    m = self.map(n,check=False)
    for key in Plate.mapPositions:
        self.validate[key].append(m[Plate.mapPositions[key]])
```

我们可以看到它遍历了孔板的所有 position1D 坐标，这只是从 1 到 n 的整数序列，其中 n 是孔的数量，并且对于每个位置，生成一个包含三个坐标映射的元组。然后，将这些映射值中的每一个都添加到 validate 字典中对应坐标类型的有效坐标列表中。

关于这段程序的一些注意事项：首先，您将看到完成循环的范围从 1 到孔板的 size 字段+1。

```python
for n in range(1,self.size+1):
```

为什么会这样？

请务必记住，所有 Python 序列（如字符串）和列表均从零开始索引。因此，为了遵守此约定，Python 的 range() 方法[3]生成的值始终是直到但不包括第二个 range 参数。例如，range（0,100）将生成 0 到 99 的值。换句话说，这 100 个值将是 Python 序列或包含 100 个元素的列表的正确索引。

---

[3] https://docs.python.org/3/library/functions.html#range

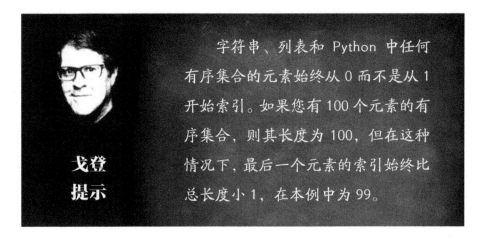

不必太担心现在的原因和理由，只需记住以下这些非常重要的 Python 事实。

- 所有有序 Python 序列和列表的元素均从 0 开始索引。
- 有序 Python 序列或长度为 *n* 的列表的最高索引为 *n*–1。
- Python 的 range(*m*,*n*)调用会生成从 *m* 到 *n*–1 的所有整数值。

对于多孔板，通常将孔从 1 到 *n* 编号，而不是从零开始编号。因此，如果从 1 开始，则要将 range( )方法调整为 *n*+1（即代码中的 self.size+1）。

其次，在调用 map 方法时神秘的 check=False 是什么？

```
m = self.map(n,check=False)
```

原因是 map 方法具有双重功能。它不仅提供输入坐标的坐标映射集，还检查输入坐标对当前的 Plate 实例是否有效。现在，我们第一次运行 map 方法来生成有效坐标列表时，必须禁用此辅助坐标检查功能，因为实际上我们正在生成将用于进行检查的坐标列表。换句话说，在生成有效坐标列表之前，我们无法对照有效坐标列表检查所输入的坐标！

这是更仔细地查看 map 方法代码的一个不错的选择。

现在，我们知道 map 方法签名中的 check=False 语句用于什么，让我们来看看 map 的工作原理。

如果查看 map 方法，可以看到它被 if-elif-else 类型的条件语句分为 4 部分，该条件语句测试 loc 方法参数中传递给该方法的输入坐标的类型。

```
if type(loc) == type(15):
    ... do this
elif type(loc) == type((3,2)):
    ... do that
elif type(loc) == type('A07'):
```

```
... do the other
else:
... do something else altogether
```

顾名思义，Python 类型方法[4]返回传递给它的对象类型。例如，如果您在 Python 控制台中输入

```
a = 9
print type(a)
```

您将看到以下输出：

```
<type 'int'>
```

甚至更简单，您可以输入以下内容：

```
print type(9)
<type 'int'>
```

因此，在第一个测试中我们的语句是

```
if type(loc) == type(15):
```

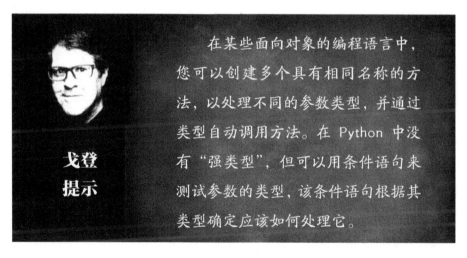

戈登
提示

在某些面向对象的编程语言中，您可以创建多个具有相同名称的方法，以处理不同的参数类型，并通过类型自动调用方法。在 Python 中没有"强类型"，但可以用条件语句来测试参数的类型，该条件语句根据其类型确定应该如何处理它。

上面那个语句是测试 loc 是否为 position1D 坐标，但由于测试的是整数，因此也可以用下面的方法编写测试：

```
if type(loc) == int:
```

实际上，对于所有三个坐标类型的测试，我们都可以写成：

4　https://docs.python.org/3/library/functions.html#type

```
if type(loc) == int:
elif type(loc) == tuple:
elif type(loc) == str:
```

其中 int、tuple 和 str 是对应于该孔板的三个受支持坐标系中每个坐标的 Python 类型，这和我们选择的执行类型测试的方式一样有效。但随后我们还必须记住，在查看代码时，不仅是哪种类型对应于哪种坐标系，而且还必须每种格式与预期的一致。例如，wellID 坐标系必须为 str 类型这一事实并没有告诉我们，或者也许更重要的是，它并没有告诉正在阅读这些代码的其他人，它要包含一个字母表示行、后跟一个两位数字表示列这一事实。

写一句如下所示的测试输入 wellID 坐标的语句：

```
elif type(loc) == type('A07'):
```

它将提供更多的信息，并使代码更易于理解。

因此，map 方法由条件语句块划分，每个条件语句用于处理一种特定的坐标类型。如果查看一下每种情况的代码，我们可以看到第一个语句用 check 方法参数来查看是否在输入坐标上运行验证测试。

```
if check:
    if not loc in self.validate['position1D']:
        raise Exception('Invalid 1D Plate Position: %s' %str(loc))
```

您可能会对初始检查语句感到有些惊讶。我们不需要说 if check == True 吗？

确实不需要这么说。这显示了 Python 中便捷的快捷方式，并要做些解释。重要的并给人以启示的是认识到该方法会评估其后的内容，以便确定它是 True 还是 False。这通常是用某种比较语句来完成的。例如：

```
if a > b:
```

或更复杂的语句：

```
if (gene.length > 1000 and gene.hasBRE()):
```

无论哪种方式，一旦评估了语句，您都可以想象将 if 替换为 True 或 False 之后的整个语句，如语句 if True 是否执行后续代码块，具体取决于该判断的结果。

在上述的例子中，我们将变量检查设置为 True 或 False，因此只需评估变量就足够了，而不需要添加==True 进行比较。

在继续之前，下面的一段代码说明了该 if 快捷方式的其他用法。

```
def testA(a):
```

```
    if a:
        return "a seems to be True"
    else:
        return "a seems to be False"
print(testA(1))
```
a seems to be True
```
print(testA(0))
```
a seems to be False
```
print(testA(-1))
```
a seems to be True
```
print(testA(0.0))
```
a seems to be False
```
print(testA(0.00001))
```
a seems to be True
```
print(testA([]))
```
a seems to be False
```
print(testA([1,2,3]))
```
a seems to be True
```
print(testA(""))
```
a seems to be False
```
print(testA("a"))
```
a seems to be True

很有趣！Python 为您提供了一个方便的快捷方式，用于测试数字变量是否具有非零值，或者有序集合（如字符串和列表）是否为空（换句话说，它们的长度是否为零）。现在回到多孔板代码中的下面这句：

```
if check:
    if not loc in self.validate['position1D']:
        raise Exception('Invalid 1D Plate Position: %s' %str(loc))
```

如果 check 被设置为 True，则在 Plate 类构造函数中所创建的 validate 字典的相应列表中搜索输入坐标 loc，如果该坐标不存在，则会 raise（触发）一个 Exception（例外），并以适当的错误信息终止程序。

假设 loc 检出有效，看看在这种情况下会发生什么。在接下来的两行代码中，我们计算与输入坐标对应的行索引和列索引。

```
row = int(math.ceil(float(loc)/float(self.columns))) - 1
col = loc - (row * self.columns) - 1
```

这看起来有点复杂，但实际上非常简单。让我们以一个 8 行 12 列的 96 孔板为例。假设我们要映射第 15 个孔的坐标。loc1D 格式的 loc 输入值只是整数 15。

要计算该孔所在的行，我们将该数除以列数。但 15.0/12.0 是 1.25。实际上没有 1.25 行，但我们知道 1.25 有点像是说"第一行加下一行的 0.25"。这时我们要用到导入的 Python 数学模块[5]。math.ceil 方法将值 1.25 舍入为下一个较大的整数（浮点数），即 2.0，这就是我们要查找的行号。由于我们必须在浮点数中执行此算法，但又希望行号为整数，因此要将整个结果转换回 int。这给了我们整数的行号，就像我们在孔板上标记的那样。但请记住，Python 集合是从 0 而不是 1 开始索引的，所以在 Plate 类的内部，孔板的第 1 行在内部被索引为第 0 行。因此，我们现在必须通过减去 1 来完成计算，以便能够与该板的内部表示形式保持一致。

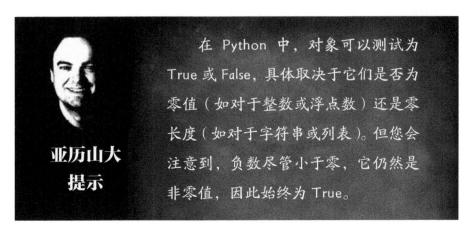

稍后，当我们准备输出映射的坐标时，我们将从索引为 0 的内部孔板表示形式过渡到现实世界中用于孔板的外部坐标系，行和列的索引都从 1 开始。请注意，这就是为什么这两行代码计算行索引和列索引，而不是将它们转换后的实际行号和列号。

这似乎是对处理 loc 输入坐标代码块的详细解释，但是如果您看看 map 方法，将会发现三种输入坐标类型中的每一种都是基本相同的。输入的坐标将根据 validate 字典进行检查，然后转换为行索引和列索引，因为正如我们稍后将看到的，从这里出发就非常容易计算出三种坐标格式中的任何一种。

在用三个映射对返回的元组进行最终计算之前，应该提到的是，我们还有一个 else 子句，可以捕获任何不符合三种坐标类型之一的输入，例如，如果有人以 Python 字典作为坐标，else 子句仅处理可能传递给 map 方法的"其他任何操作"，这些操作不能被识别为三种坐标类型之一。

---

[5] https://docs.python.org/3/library/math.html

现在，我们准备完成 map 方法并输出如下所示的坐标映射：

```
pos = self.columns * row + col + 1
id = "%s%02d" % (Plate.rowLabels[row],col+1)
return (pos,(row+1,col+1),id)
```

我们计算 position1D 坐标 pos 并将结果加 1，以便可以用外部孔板的坐标表示它。因为已经计算了行和列的索引，所以也有了 position2D 的坐标。因此现在要做的就是在每个索引上加 1 以便在孔板坐标中表示它们，这在 return 语句中用 (row+1,col+1) 句段来实现。最后，我们要以带有行字母和列号的孔标签的形式计算 wellID 坐标。

现在以 96 孔板为例进行计算，就可以清楚地看到内部（从零开始索引）坐标与外部（从 1 开始索引）坐标之间的差异。

假设输入坐标为 5。这对应于第 1 行第 5 列，并且所计算出的行索引和列索引分别为 0 和 4。为了转换为 wellID 坐标，我们使用了一些更高级的 Python 字符串格式[6]（我们在第 4 章中首次介绍了字符串格式）：

```
id = "%s%02d" % (Plate.rowLabels[row],col+1)
```

您应该已经熟悉 %s 格式了，它将转换为简单的字符串，这是我们想要的行标签。%02d 格式将转换为长度为 2 的整数字符串表示形式，并根据需要在数字之前用零填充。换句话说，12 这样的整数将被格式化为 "12"，而 5 这样的整数将被格式化为 "05"。

现在我们要做的就是将行索引 0 与 rowLabels 类变量一起使用来获取行标签（rowLabels[0] 的值为 "A"），而实际（孔板）的列号就是列索引加 1，因此其值为 5。

因此，我们的输入坐标 5 映射到 wellID 坐标系中的字符串是 "A05"。剩下的问题是用 map 方法在元组中将三个坐标映射组装在一起并返回它，如下所示：

```
return (pos,(row+1,col+1),id)
```

哇！仅仅描述一个类方法就涉及这么多的基础知识。但围绕这一 Plate 类创建一章的好处是，除了为读者提供使用 Python 处理多孔板的有用的基础知识外，还为作者提供了一个机会来证明 Python 的功能和 Python 的处事方式，这是除生物学之外本书所要介绍的内容。

在我们最终继续分析 map 方法之前，善于观察的您可能已经注意到，我们一旦生成了带有每个坐标系的有效坐标列表的 validate 字典，随后就可以用这些

---

[6] https://docs.python.org/3/library/string.html#format-string-syntax

列表为 map 方法输入的任何坐标提供映射，而不需要每次都重新计算映射。为了计算 validate 字典中的那些初始列表，我们仍然需要 map 方法中的代码。是的，我们可以肯定地从一开始就使用这些列表，而不必每次都重新计算映射。

如果您发现自己想知道这些是如何实现的，为什么不花一点时间来弄清楚它，甚至亲自去实现一下呢。本着鼓励读者超越本书内容并继续探索那些跟教科书有关的主题的精神，我们将使用在 validate 字典中生成的坐标列表来实施更有效的 map 方法，以作为读者的练习。

9.5 分配和检索孔板的数据

我们已经建立了定义孔板上位置（孔）所必需的坐标系，现在让我们来编写一些代码以将数据添加到孔中并进行检索。为此，我们将创建几个新的 Plate 方法，并将它们非常恰当地命名为 set 和 get。示例 9-3 显示了 Plate 类的第一个 set 方法。

示例 9-3. Plate 类的 set 方法

```
def set(self,loc,propertyName,value):
    m = self.map(loc)
    pos = m[Plate.mapPositions['position1D']]
    self.data[pos][propertyName] = value
```

在经过了 map 方法的代码之后，set 方法的代码在这一点上似乎是不言自明的。该方法以我们所支持的三种坐标格式之一提取板位置、属性名和值，然后提供所生成位置的映射，并用 position1D 坐标将属性及其值作为键-值对添加到在类构造函数中创建的板的数据字典中。

您也许会记得，在 Plate 的 __init__ 方法中，我们创建了一个用于保存数据的空字典，然后遍历该板上所有的 position1D 位置，创建一个如 5:{} 所示的键-值对，它由 position1D 坐标和一个用于存储孔数据的空字典组成。如果我们以下例所示使用 set 方法：

```
myPlate.set(5,'concentration',27.4)
```

然后像下面这样检查数据字典：

```
print(myPlate.data[5])
```

我们将得到如下输出：

```
{'concentration': 27.4}
```

仅通过查看此示例，就很清楚 get 方法应如何按孔及其属性来检索数据。有效的孔坐标和属性将传递给该方法，然后返回指定孔的属性值，如示例 9-4 所示。

示例 9-4. Plate 类的 get 方法

```
def get(self,loc,propertyName):
    m = self.map(loc)
    pos = m[Plate.mapPositions['position1D']]
    if propertyName in self.data[pos]:
        return self.data[pos][propertyName]
    else:
        return
```

在这里我们增加了一些难度，不只是直接返回指定孔的属性值，而是先检查指定孔是否确实具有所引用的属性。如果我们不这样做，并且孔字典不包含指定属性的键，那么我们的代码将崩溃并出现错误。相反，如果该属性在孔字典中不存在，我们可以通过该方法中的 return 来优雅地处理此问题。

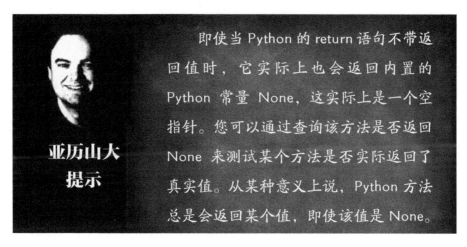

即使当 Python 的 return 语句不带返回值时，它实际上也会返回内置的 Python 常量 None，这实际上是一个空指针。您可以通过查询该方法是否返回 None 来测试某个方法是否实际返回了真实值。从某种意义上说，Python 方法总是会返回某个值，即使该值是 None。

让我们检查一下 set 和 get 方法，以确保在继续之前它们可以正常工作。

```
p = Plate('myPlate',8,12)
p.set('B01', 'conc', 0.87)
print(p.get(13, 'conc'))
0.87
print(p.get((2,1), 'conc'))
0.87
print(p.get('B01', 'conc'))
0.87
```

9.6 读取和写入 CSV 文件

很好，很花哨。但您可能不想在实验室中手动输入来自孔板测定实验的所有数据点。无论如何，近年来许多孔板所测定的数据很可能是由仪器或机器人自动生成的，这些仪器或机器人将每个孔的数据写入某种结构化文件，其结构大致反映了孔板本身的结构。您也很有可能会将大量的孔板检测数据存储在 Excel 电子表格中。无论哪种方式，我们都会在 Plate 类中添加一些代码，以从最常见和通用的文件格式之一，即逗号分隔的数据格式 CSV，读取孔板分析数据，并存储表格数据。这些数据被实验室仪器、机器人和人类广泛使用。

CSV 是纯文本格式，可以简单地排列成表格数据，以便表的每一行都由文件中的一行表示（以回车符<CR>结尾），每一行的列均以逗号分隔，如下所示：

```
3.2, 4.8, 4.1, 2.0, 0.9, 3.5, ...
1.1, 2.4, 3.7, 3.1, 1.1, 4.6, ...
...
```

顺便说一句，您也许已经知道可以通过某些应用程序（如 Microsoft 的 Excel）导出 CSV 格式的表格数据。如果您要使表格数据更易于人类的理解，或者将其输入到另一个无法处理 Excel 自身内部数据格式的应用程序中，CSV 格式就特别有用。

在继续讨论之前，我们将暂停一下，以便查看 CSV 这种如此通用且常用的格式，以至于 Python 标准库中甚至包含有一个 csv 模块[7]，特别用于处理以这种方式格式化的数据。而且，由于我们已经在第 5 章中向您展示了如何编写自己的代码来处理输入文件数据，因此我们将在这里使用 Python 的 csv 模块，主要是因为它是 Python 标准库的一部分。

让我们以绝对最简单的情况为例，假设我们有一个实验室仪器，该仪器以简单的 CSV 格式写入多孔数据，该 CSV 格式仅包含数据的行和列。有时您会遇到更复杂的 CSV 文件，还包含其他数据，如表的行和列的坐标轴标签。这些通常在实际行和列数据之前作为文件的附加字段表示出来，如下所示：

```
Concentration, Incubation Time (Hrs)
3.2, 4.8, 4.1, 2.0, 0.9, 3.5, ...
1.1, 2.4, 3.7, 3.1, 1.1, 4.6, ...
...
```

甚至是嵌入在表格数据中作为单个行和列的标签等等。如下所示：

---

[7] https://docs.python.org/3/library/csv.html

```
1, 2, 3, 4, 5, 6, ...
A, 3.2, 4.8, 4.1, 2.0, 0.9, 3.5, ...
B, 1.1, 2.4, 3.7, 3.1, 1.1, 4.6, ...
C, ...
```

　　Python 的 csv 模块可以非常优雅地处理这些更复杂的 CSV 格式，但现在我们假定创建文件的仪器只是从板上写出最简单的孔数据行和列的格式。

　　让我们在 Plate 类中创建一个方法，以从简单的 CSV 文件中读取孔板的数据，如示例 9-5 所示。

示例 9-5. Plate 类的 readCSV 方法

```python
def readCSV(self,filePath,propertyName):
    try:
        nWell = 1
        with open(filePath, mode="r") as csvFile:
            csvReader = csv.reader(csvFile)
            for row in csvReader:
                for wellData in row:
                    self.set(nWell, propertyName,float(wellData))
                    nWell += 1
    except:
        print("CSV data could not be correctly read from: %s"
%filePath)
        return
    return
```

　　首先要注意的是，我们将文件处理、数据读取和数据转换的所有代码都包含在第 5 章中引入的 try⋯except 子句中，以捕获在打开或读取 CSV 文件数据时可能会发生的任何错误并正常退出。我们还捕获了将以字符串形式读取的数据转换为浮点数时可能发生的任何错误。例如，在文件中的某个位置，由于某种原因，实验室仪器无法读取该孔的有效值并跳过该位置，从而在 CSV 文件中用一个字符串值将其标记为未读，但该字符串无法被转换为浮点值时，则可能会发生此类错误。

　　在 try⋯except 子句中，我们定义了打开文件句柄 csvFile，其范围限于使用 with 语句创建的新代码块。然后我们实例化一个名为 reader 的类，该类用以下语句在 csv 模块中定义：

```python
csvReader = csv.reader(csvFile)
```

　　这个 reader 类是我们之前以各种形式（如字符串和列表）遇到的非常有用

的 Python 迭代器之一[8]。迭代器基本上是支持 for <element> in <collection>语法的任何 Python 对象类型。对于 reader 类，它存储的元素是 CSV 文件中的数据行，每行本身都是一个列表，可以在其上执行附加的迭代层。考虑到这一点，现在可以看到我们的方法在顶层遍历了所有的行：

for row in csvReader:

接着，它对于每一行遍历组成其值的列表：

for wellData in row:

然后将遇到的每个值转换为浮点数，并使用先前编写的 set 方法分配给相应的孔。您还将注意到，每次遍历当前行中的值时，我们都会将变量 nWell 的值递增 1，以便在写入每个孔的值时更新板中的位置。

如果在此文件读取和数据转换过程中发生任何错误，则该方法将跳转到 except 子句中的代码，并引发带有错误消息的 Python 异常。在这里，我们用了一种"一刀切"的方法，该方法可能由于以下任何一种原因而导致错误。

- 打开 CSV 文件
- 从 CSV 文件读取数据
- 从 CSV 文件转换数据

这些都将触发 except 子句。您会注意到，采用这种方法的结果是，无论前面发生了哪种错误，都会得到相同的通用错误消息。对于简单的情况，这样可能就够了。在当前情况下，要弄清在读取小型 CSV 文件时实际发生错误的位置可能不需要做太多的工作，但在涉及大量数据或更复杂的工作流程来处理该错误的情况下，几乎可以肯定在该过程的每个阶段都必须使用单独的 try⋯except 子句，并对每个过程给出更具体和更有意义的错误消息。

因此，让我们用实际的 CSV 文件测试一下这里的 readCSV 方法，就像在那些烹饪节目中经常会说的那样，"这是我们之前制作的"。下表显示了一组 8 行 12 列的 96 孔板的数据，格式为逗号分隔的值（顺便说一句，如果您想知道的话，该数据完全是出于测试目的而组成的 Plate 类）。我们还在较短的数字前面添加了一些额外的空格（whitespace），以便所有数字在垂直方向对齐并更易于阅读。

重要的是要注意，如果我们将逗号指定为一行数据值中数据点之间的分隔符，则在一行数据值中还存在其他空格字符（如空格和制表符）通常是没有关系的，因为解析 CSV 文件的软件在默认情况下通常会忽略这些字符，并在解析过程中将其删除（尽管在需要时也可以覆盖此默认操作）。同样重要的是要记住，尽管此表似乎包含 96 个浮点值，但从文件中读取时它们将被读取为字符串，因为 CSV 格

---

[8] https://docs.python.org/3.7/library/stdtypes.html#iterator-types

式并不特指包含数字数据的文件。

　　例如，您可能有一份关于个人通讯录详细信息的文件，其中诸如姓名、地址、电话号码等字段是代表一个联系人行上的逗号分隔值。请务必记住，CSV 格式仅用于分隔文件或表中的各个数据值，而不针对如何解释或使用每个数据值提供任何规则。而这部分将取决于您——数据的最终用户。

　　为了测试新的 CSV 功能，我们将以下数据存储在名为 96plateCSV.txt 的文本文件中：

```
0.32, 1.13,  2.72,  4.85,  5.79,  6.51,  7.43,  7.65,  8.06,  8.11, v8.28,  9.49
1.37, 0.86,  8.02,  9.47, 10.03, 12.13, 13.97, 13.78, 14.53, 15.22, 18.50, 19.88
1.01, 0.22, 19.32, 20.64, 24.93, 25.41, 26.15, 26.33, 30.40, 34.48, 35.93, 37.22
0.29, 0.65, 31.35, 31.75, 40.04, 41.18, 42.21, 44.90, 46.16, 46.49, 48.41, 53.10
1.10, 1.36, 54.68, 55.09, 57.47, 57.62, 57.42, 61.82, 64.15, 65.97, 70.95, 72.55
0.78, 0.33, 74.53, 78.97, 79.34, 80.01, 80.94, 81.55, 83.88, 83.49, 84.37, 86.49
0.12, 0.72, 86.40, 86.42, 87.13, 87.57, 88.02, 88.47, 89.25, 89.05, 89.61, 90.76
0.24, 0.21, 90.29, 93.49, 93.53, 95.18, 95.34, 95.96, 96.77, 97.73, 98.08, 98.72
```

　　然后，我们实例化一个新的 96 孔板，并用 readCSV 方法以如下方式读取：

```
p = Plate('My 96-Well Plate',8,12)
p.readCSV('96plateCSV.txt','concentration')
```

　　您可以从上述代码中看到我们将从 CSV 表中读取数据，并将其分配给孔属性 concentration。由于 readCSV 方法用 set 方法将每个数据值分配给各个孔，因此 CSV 数据被连续放置到 Plate 类定义的用于保存孔板数据的 data 字典中。我们可以用 get 方法查看给每个孔分配了哪些值。

```
print(p.get(1,'concentration'))
0.32
print(p.get(12,'concentration'))
9.49
print(p.get(96,'concentration'))
98.72
```

　　到目前为止，一切都很好。我们可以用三个坐标系中的任何一个在多孔板上进行搜索；读取广泛使用 CSV 格式的多孔板数据；将命名数据值分配给各个孔；通过指定孔和属性名称来检索它们。这已经是多孔板类的坚实的基础，但让我们再考虑一些可能想要添加的其他功能。

　　如果我们要编码一个真正的 Plate 类以供工作中使用，那么您可能还想要添加很多功能。例如，我们甚至可以使每个孔成为 Well 类的实例，并提供大量字段和方法，以各种复杂的方式处理孔数据。因此，在完成多孔板之前，让我们通过一些我们希望它所能进行的操作的基本例子来进一步扩展 Plate 类的功能。正如我们在本章开始时所承诺的那样，这应该包括一些基本功能，以处理那种在板数据处理中越来越普遍的实验室自动化。

编写用于实验室自动化的代码本身可以（并且）是整本书的主题。因此，尽管详细介绍如何编写用于机器人和自动化仪器的驱动程序超出了本书的范围，但我们将向您展示如何编写高级代码，使您能够将 Python 软件与用于机器控制的低级驱动程序软件（通常用 C 之类的编程语言编写）进行接口。

9.7 孔板中的数学

多孔板的网格布局很自然地适合使用板的行和列进行孔板测定实验的组织。例如，将每个样品及其对照放置在同一行上，或在同一水平行上分析给定样品的连续稀释液，或垂直方向上进行上述操作。由于这个原因，来自多孔板的数据通常可以按行和列进行有用的组织或分析。考虑到这一点，让我们在 Plate 类中添加一些其他功能，以便能够快速方便地按孔板上的行和列检索数据。

我们将在 Plate 类中添加两个方法：getRow 和 getColumn，它们可以在三个受支持坐标系中的任何一个定位单个孔的位置，并返回该位置所在的行或列的位置列表。因为我们将使用已经实现的漂亮的 map 方法来完成大多数繁重的工作，所以这将相对快速且容易。首先，示例 9-6 中显示了 getRow 方法。

示例 9-6. Plate 类的 getRow 方法

```
def getRow(self,loc):
    here = self.map(loc)
    row = []
    for n in range(0,self.size):
        there = self.map(n+1)
        if there[1][0] == here[1][0]:
            row.append(there)
    return row
```

这种方法很容易理解。首先，我们用 map 方法检查所提供的位置，该方法还提供了元组，其中包含从该位置到三个支持坐标系的映射。

```
here = self.map(loc)
```

一旦创建了一个名为 row 的空列表来保存该方法将要返回的行位置，就可以遍历板上的所有位置，为每个位置生成坐标，并使用 position2D(row, column)

坐标来测试每个位置的行索引是否与输入位置的行索引相匹配。这种方法的一个很好的副产品是，与输入位于同一行的位置将按其出现在板上的顺序添加到 row 的列表中。

与往常一样，让我们测试一下新代码：

```
p = Plate('My 96-Well Plate',8,12)
p.readCSV('96plateCSV.txt','concentration')
print(p.getRow('B01'))
[(13, (2, 1), 'B01'), (14, (2, 2), 'B02'), (15, (2, 3), 'B03'), (16,
(2, 4), 'B04'), ...
print(p.getRow(27))
[(25, (3, 1), 'C01'), (26, (3, 2), 'C02'), (27, (3, 3), 'C03'), (28,
(3, 4), 'C04'), ...
print(p.getRow((4,7)))
[(37, (4, 1), 'D01'), (38, (4, 2), 'D02'), (39, (4, 3), 'D03'), (40,
(4, 4), 'D04'), ...
```

虽然我们截断了打印语句的输出，但您已经了解了它的输出，即 getRow 方法返回与输入板位置位于同一行的所有板位置的映射坐标。让我们在示例 9-7 中创建一个类似的 getColumn 方法。

示例 9-7. Plate 类的 getColumn 方法

```
def getColumn(self,loc):
    here = self.map(loc)
    col = []
    for n in range(0,self.size):
        there = self.map(n+1)
        if there[1][1] == here[1][1]:
            col.append(there)
    return col
```

除了使用 position2D 坐标的列索引来匹配位置之外，它的工作方式与 getRow 方法几乎相同。

实际上，这两种方法是如此相似，以至于我们可以轻松地将它们组合为单个 getRowAndColumn 方法，该方法在遍历板位置并将它们作为两个列表返回时，将同时填充 row 和 col 列表。我们将其留给读者练习。

分析来自多孔板的数据通常涉及计算整个板上各个孔的行列坐标。这包括数学运算，例如，从一行的孔数据中减去参考孔的值或计算某行或某列孔数据的平均值。可以想象要对多孔板数据进行大量计算，但如果结合我们编写的用于识别

板上行和列位置，以及从特定孔中检索数据的方法，就很容易实现此类方法。举
例来说，让我们看一下在多个孔上计算平均值的这个简单而普遍的问题。我们将
直接建立在 get、getRow 和 getColumn 方法的基础上，以演示如何利用 Plate
类的基本基础结构来扩展其功能。

我们在示例 9-8 中显示了一种方法的代码，该方法接受属性名称和（可选）
单个位置作为输入，并计算孔的一行或一列甚至整个板上该属性的平均值。

示例 9-8. 计算 Plate 类中某个特征的平均值

```python
def average(self,propertyName,loc=None):
    if loc == None:
        total = 0.0
        for pos in range(0,self.size):
            total += self.get(pos+1, propertyName)
        return total/self.size
    row = self.getRow(loc)
    col = self.getColumn(loc)
    rowTotal = 0.0
    colTotal = 0.0
    for pos in row:
        rowTotal += self.get(pos[1],propertyName)
    rowMean = rowTotal / self.columns
    for pos in col:
        colTotal += self.get(pos[1],propertyName)
    colMean = colTotal / self.rows
    return (rowMean,colMean)
```

在这里我们可以看到该方法的 loc 参数是可选的，因为提供了默认值
loc=None，如果没有将 loc 的值传递给 average 方法，将使用该默认值。不传
递特定位置是用户使用方法有效地计算整个板上平均值的一种技巧，在 if
loc==None:语句之后的代码块中可以看到该方法。所有孔的总数初始化为零，然
后遍历板上的每个位置，将指定属性的值相加，最后将它们除以位置总数。

如果为 loc 参数提供了一个值，那么 average 方法将利用 getRow 和
getColumn 方法分别生成行和列位置的列表，然后遍历这些列表中的位置以计算
行和列的平均值，在元组(rowMean,colMean)中返回两个值。

让我们用 96 孔板进行测试，该板使用先前介绍的测试数据表，从 CSV 文件
中读取并用 concentration 标记其属性名称：

```python
p = Plate('My 96-Well Plate',8,12)
```

```
p.readCSV('96plateCSV.txt','concentration')
```

首先，测试指定孔位置的行和列的平均值：

```
print(p.average('concentration','B03'))
(11.479999999999999, 45.91375)
```

接下来，通过不指定孔位置来对整个板进行平均值测试：

```
print(p.average('concentration'))
43.6519791667
```

如果您是那种需要自己确认一下的人，请务必与所提供的数据表一起使用。不过这里给您一个剧透，如果您愿意相信我们的话，我们已经检查过了！

下一步我们将在第 10 章中给出一个虚拟孔板的代码，并逐步介绍它在自动化和可视化的实际（物理）世界中的应用。

9.8 参考资料和进一步阅读

- 您可以在这里的脚注中了解您想知道的有关微量滴定板（microtiter plate）[9]的所有信息。

---

[9] https://en.wikipedia.org/wiki/Microtiter_plate

第10章　孔板的进一步探讨：微量滴定板分析 II：自动化和可视化

"您二位来自哪里？"爱丽丝问。

"那边。"双胞胎中的一位指着约10英尺外地面上的一个位置说。

"不，我的意思是在那之前。"爱丽丝说。

"那边。"双胞胎中的另一位指着地面上比第一个地点更远10英尺[1]的另一个地点说。

"我可以看到你们对事物只提供了字面意义上的解释。"爱丽丝觉得好笑地说道。

"哦，是的。"其中一个双胞胎说，"我哥哥曾经用过一种洗发水。因为瓶子上写着'出泡沫、冲洗，然后重复'，他就在淋浴室中待了好几天，直到全部用完才出来。"

编程索引：*类*；*matplotlib*；*pyplot*；*颜色图*；*RGB 颜色模型*；*图分辨率*；*图大小*；*迭代器*；*SWIG*；*round( )*

生物学索引：*微量滴定板布局和物理尺寸*；*2D 坐标系*；*步进电机*；*机器人*；*热图*；*光密度*

我们已经将孔板作为虚拟对象进行了处理，接下来将其作为物理（和视觉）对象进行处理。对于希望使用实验室自动化和机器人技术创建高通量（high-throughput）流程的任何人来说，实验室孔板检测都是受欢迎的对象，并且已经有大量的实验室

---

[1] 1 英尺=0.3048 米。

仪器和机器人可以自动在多孔板中进行实验、监控，并从中读取数据。为了进行以上任何一种操作，所用的计算机驱动机械都要有某种形式的孔板物理图。

10.1 孔板的物理映射

图 10-1 显示了用于物理映射的多孔板的简单方案，并进行了以下假设。我们在三个坐标系中将第一个孔称为 1、(1,1) 或 "A01"，它是板左上方的那个孔。我们将选择板的左上角作为二维物理坐标系的原点，并用它在板上浏览。板上从左向右的 x 轴定义了从其边缘开始的宽度，从上向下的 y 轴定义了从其边缘开始的高度。您会注意到，由于我们已将物理坐标系的原点定义为板的左上角，行号向前递增，而列号 y 将向下递减。最左列孔相对于板的左边缘的位置可以通过一个 x 的偏移量 xb 定义。类似地，最上排孔相对于板的顶部边缘的位置可以由一个 y 的偏移量 yb 定义。每个孔的内径由参数 d 定义。假设孔的间距在水平和垂直方向上均等，并由单个参数 p 表示。

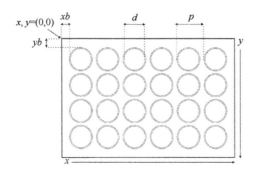

图 10-1 96 孔板的物理布局

上面的某些假设不一定适用于真实的孔板，但出于演示孔板物理映射的目的，这种非常简单的方案就足够了。如果实际板的物理布局更复杂，例如，如果孔的水平和垂直间距不相等，则需要更多的参数来描述它。在板上进行物理导航所需的计算也将更加复杂。

不过从本质上讲，这些原理与我们为简单架构所描述的原理相同。我们在板上确定一个或多个参考点，并相对于此（或这些）参考点描述孔的布局。

在继续进行之前，可能值得花一些时间检查一下图 10-1 中所示的简单物理板模式图，因为它解释了本节中将用到的许多代码。

让我们在 Plate 类中添加方法 definePhysicalMap，该方法定义了以自动化和可视化为目的所需的板的物理布局。您可以通过查看此架构来猜测，我们将接受架构中的每个参数作为该方法的参数。definePhysicalMap 方法将用这些参数来计算和存储板上所有孔的物理位置，以备后用。我们还将通过在板上生成一个与机器人手臂或仪器读取头的默认初始化位置相对应的起始位置，并用该方法来初始化自动化代码。我们将这个初始化位置（随意地）设置在与板的左上角相对应的坐标（0,0）上，机器人或仪器的所有后续移动都将参考该起始位置进行。

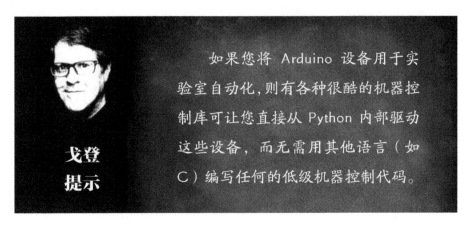

如果您将 Arduino 设备用于实验室自动化,则有各种很酷的机器控制库可让您直接从 Python 内部驱动这些设备，而无需用其他语言（如 C）编写任何的低级机器控制代码。

戈登
提示

但是物理坐标系的单位是什么呢？

我们编写代码的方式实际上不需要在 definePhysicalMap 中指定一组距离单位。这是因为无论机器人或仪器在其移动的过程中所用的单位是什么，我们都仅让它们在这一系统中工作。对于这些机器人或仪器上可移动的传感器，我们一般都用计算机控制的步进电机来驱动，而且这种电机的步长精度相当高，一步的旋转角通常仅为几分之一度。

一旦这种旋转通过仪器的连杆机构和齿轮进行了传递，该部分旋转将导致相应的微小的线性运动。换句话说，取决于电动机的精度以及仪器或机器人的齿轮，电动机的单个旋转步长可以映射为线性运动，其移动量通常以毫米或微米为单位进行测量。因此，对于 definePhysicalMap 方法，我们要做的就是确保以相同单位（如毫米）输入所有物理板参数，并以相同单位指定仪器的步长。

出于演示的目的并为简化起见，我们将假设仪器的运动在 x 和 y 方向上的步长相等。如果情况不是这样，我们就必须添加其他参数并针对不同尺寸的运动进行单独的计算。

因此，示例 10-1 给出了 Plate 类中 definePhysicalMap 方法的代码（请记住，用于定义 Plate 类的这些代码的示例是累积的，并计划在本章的代码示例中介绍所有其他方法之后再添加）。

示例 10-1. 定义 Plate 类的物理图

```
def definePhysicalMap(self,width,height,xBorder,yBorder,
                      diameter,pitch,stepsize):
    self.width = width
    self.height = height
    self.xBorder = xBorder
    self.yBorder = yBorder
    self.diameter = diameter
    self.pitch = pitch
    self.stepSize = stepsize
    self.xwells = []
    self.ywells = []
    xpos = self.xBorder + self.diameter/2.0
    for nx in range(0,self.columns):
        self.xwells.append(xpos)
        xpos += self.pitch
    ypos = -self.yBorder - self.diameter/2.0
    for ny in range(0,self.rows):
        self.ywells.append(ypos)
        ypos -= self.pitch
    self.initializePlateHead()
    self.setPlotCurrentPosition()
```

如果再看看图 10-1 中所示的物理板模式，您将发现我们用于定义物理板的每个参数都传递给了 definePhysicalMap 方法。参数 width 和 height 对应于模式中板在 x 和 y 方向的尺寸。xBorder 和 yBorder 对应于 xb 和 yb，diameter 对应于 d，pitch 对应于 p。您将注意到，我们还有一个 stepSize 参数，该参数定义了板在 x 和 y 方向上线性运动的单个步长的大小。stepSize 参数必须与其他参数使用相同的单位，并且通常只是这些单位的一小部分。例如，如果板的尺寸以毫米为单位，则 stepSize 可能为 0.01，这相当于一步长为百分之一毫米。因此，对于这种配置，为在我们选择的方向上实现 1mm 的线性运动，机器控制系统必须向机器人或仪器驱动电机发送 100 步。

在将所提供的参数存储为实例变量之后，definePhysicalMap 方法将创建两个实例变量 xwell 和 ywell，它们分别是包含板的列和行的水平位置的列表。以下是生成 xwell 列表的代码：

```
xpos = self.xBorder + self.diameter/2.0
for nx in range(0,self.columns):
```

```
self.xwells.append(xpos)
xpos += self.pitch
```

水平孔位置 xpos 初始化为实例变量 xBorder 加孔直径的一半，因此我们实际上将最左列的 *x* 位置定义为最左边孔的中心。然后，我们遍历板上的列数，每次将当前列位置附加到 xwell 列表中，然后再将孔间距 pitch 添加到当前位置以计算下一个位置。因此，从最左边的孔中心开始，这意味着所有后续孔的位置也将对应于其各自孔的中心。这对于自动化代码非常重要，因为我们可能希望机器人和仪器从孔的中心而不是边缘进行移液或采样。

我们执行类似的操作来生成垂直行位置的 ywell 列表，但由于板的 *y* 轴与行号相反，因此在迭代垂直行位置时必须使用 *y* 的减量。换句话说，我们从 *y* 等于 0 开始，然后以 *y* 的负增量沿平板下移。如果您参考板的模式，则其原因显而易见。

```
ypos = -self.yBorder - self.diameter/2.0
for ny in range(0,self.rows):
    self.ywells.append(ypos)
    ypos -= self.pitch
```

现在我们有了平板上每一行和每一列的水平和垂直位置，就可以轻松地计算出孔板上任何孔的物理位置，这只需用其在孔板网格布局中的位置即可查找出其在板上的水平和垂直位置。

扩展了 Plate 类以使其能够进行物理映射之后，剩下要做的就是为 Plate 实例提供一个 initializePlatePosition 方法，该方法处理几个新的实例变量 *x* 和 *y*，它们将被用来存储孔板上当前的物理位置。一旦创建了这些变量，initializePlatePosition 方法的主要工作就是将其初始化为坐标系的原点 (0,0)。但这有点随意。其实我们也可以从第一个或最后一个孔，甚至其他可能更适合于机器人或仪器的物理位置开始，如板的中心位置。

在 definePhysicalMap 方法的结尾，您还可以看到它对我们将要介绍的另一个方法 setPlotCurrentPlatePosition 的调用。这只是设置标志 True 或 False 以确定在可视化孔板时是否在视觉上表示当前孔板位置的方法。我们还没有讨论过板的可视化，但这将是本章的最后一个主题。在本章中，我们还将介绍功能强大但易于使用的 matplotlib 库。在可视化板的方法中，我们希望可以选择显示当前板的位置（例如，对应于自动移液设备或仪器读数头的位置）。这对测试将非常有用，因为当我们用物理映射代码在板上移动时，它将显示当前位置相对于板的布局。如示例 10-2 所示，我们需要做的这个简单的 setPlotCurrent-PlatePosition 方法就是标记在可视化中是否包含板的当前位置，并提供为其分配颜色的选项。当我们进入可视化主题并了解用色图来可视化板的数据时，希望能够选择颜色的原因将变得更加明显。

示例 10-2. Plate 类的初始化方法

```
def initializePlatePosition(self):
    self.x = 0
    self.y = 0
def setPlotCurrentPosition(self,status=False,color='yellow'):
    self.plotCurrentPosition = status
    self.currentPositionColor = color
```

您可能已经注意到，由 x 和 y 变量表示的孔板当前位置均为整数单位。当我们开始用机器人和仪器在平板上进行物理导航时，假设这些设备的运动将由步进电机驱动，因此运动单位必须以整数步表示。

您还将注意到，plotCurrentPlatePosition 的默认状态为 False，但稍后当我们要完整地测试用于在孔板上进行物理导航的代码时，会将其状态设置为 True。我们后续将会讨论更多这方面的功能。

我们在孔板上主要关注的是孔的物理位置，所以现在让我们使用所生成的孔板的行与列位置 xwell 和 ywell 的列表，并在 Plate 类中添加一个方法，以便在示例 10-3 中物理地映射任何一个孔的位置。

示例 10-3. Plate 类的 mapWell 方法

```
def mapWell(self,loc):
    m = self.map(loc)[Plate.mapPositions['position2D']]
    xpos = self.xwells[m[1]-1]
    ypos = self.ywells[m[0]-1]
    return (xpos,ypos)
```

在 mapWell 方法中用了 map 方法，以便为输入孔的位置生成坐标元组，但不是将三个值的整个元组都分配给 m，而是仅从元组中提取 position2D 坐标。

```
m = self.map(loc)[Plate.mapPositions['position2D']]
```

从语法上看起来这有点奇怪，因为我们在方法调用上用了字典键查找，但这在 Python 中是完全合法的。考虑这一问题的一种有用的方法是，每当看到一个方法调用返回了一个对象（可能是整数、列表、字典、用户定义的用于模拟霸王龙繁殖习性的类等）时，您可以想象用该方法调用来替代对象，且无论您用何种语法来访问该对象的元素或字段都是完全合法的。从某种意义上说，这只是节省一些额外代码的一种简写。在我们的示例中，可以从 map 返回的元组分配给 m，然后从中提取 position2D 坐标。

```
m = self.map(loc)
m = m[Plate.mapPositions['position2D']]
```

结果应该是一样的，但代码会更长一些。

现在我们有了（行，列）形式的坐标，就可以用行和列位置的 xwell 和 ywell 列表来查找孔在板上的物理位置。您会注意到，为与 Python 列表从零开始编号索引这一事实保持一致，我们要从行和列中都减去 1，因为平板坐标系都是从 1 开始索引的。

```
xpos = self.xwells[m[1]-1]
ypos = self.ywells[m[0]-1]
```

在继续之前，让我们创建一个 96 孔板，对其进行物理映射，然后快速测试这一新的 mapWell 方法。

```
p = Plate('My 96-well plate',8,12)
p.definePhysicalMap(127.71,85.43,14.36,10.0,3.47,9.0,0.1)
print(p.mapWell(1))
(16.095, -11.735)
print(p.mapWell(2))
(25.095, -11.735)
print(p.mapWell(12))
(115.095, -11.735)
print(p.mapWell(85))
(16.095, -74.735)
print(p.mapWell(96))
(115.095, -74.735)
```

我们所映射的 96 孔板宽 85.43mm，高 127.71mm。从平板的左上角开始测量，第一列的水平偏移为 14.36mm，第一行的垂直偏移为 10.0mm。孔的直径为 3.47mm，间距为 9.0mm。最后，我们所用的自动化设备的步长为 0.1mm。

基于这些参数并再次参考孔板结构图，第一孔的 x 位置应为

```
xb + d/2 = 14.36 + 3.47/2 = 16.095
```

同样，第一孔的 y 位置应为

```
yb + d/2 = 10.0 + 3.47/2 = 11.735
```

因此，第一孔的 mapWell 的计算是正确的。对于板上的第二个孔，孔的 y 位置应保持不变，因为它在同一行中，并且 x 位置应前进一个孔间距 p，即

16.095+9.00=25.095。您还将注意到，当我们沿行向下移动时，孔的 y 坐标值越来越负，与我们在板左上方的坐标原点保持一致。跟以前一样，如果您想查看其余的计算，请自己试试。

10.2 在孔板上移动的编程

现在我们可以定义板上任何孔的物理位置，这是定义要发送到仪器或机器人的 x 和 y 轴上运动的一小步，以便使移液机器人或传感器在物理孔板上移动。 我们要知道的就是现在的位置以及下一步要去的位置，然后就可以用 stepSize 参数来计算到达目的地所需的 x 和 y 的步数。

示例 10-4. Plate 类的 moveTo 方法

```
def moveTo(self,loc):
    pos = self.mapWell(loc)
    stepsPerUnit = 1.0 / self.stepSize
    newx = int(round(pos[0] * stepsPerUnit))
    newy = int(round(pos[1] * stepsPerUnit))
    xshift = newx - self.x
    yshift = newy - self.y
    self.x += xshift
    self.y += yshift
    return (xshift,yshift)
```

示例 10-4 中的 moveTo 方法完全做到了这一点。它将一个孔位作为一个目标 destination，计算出从板的当前位置(self.x, self.y)到达目标 destination 所需的 x 和 y 的步数，并在此过程中将该位置更新为孔板的当前位置。由于我们用的是物理坐标，您会注意到，我们必须始终用整数值来表示孔板上的当前位置 x 和 y，以及从当前位置到新位置的位移。由于 x 参数是用来定义板上物理布局的单位的一部分，它不一定会产生整数单位的步数，因此在计算新位置时，我们要舍入到最接近的整数。这就是 Python 的内置函数 round[2]的作用。例如：

```
print(round(5.4))
5.0
print(round(5.6))
6.0
```

即使 round 返回最接近的整数，它仍然是浮点数。如果您要的是整数，则必

---

[2] https://docs.python.org/3/library/functions.html#round

须将其转换为 Python 的整数（int），如下所示：

```
print(int(round(5.6)))
6
```

重要的是要记住，孔板上的所有物理坐标都必须用整数值表示，因为我们是以整数步长定义整个板上的二维物理运动。

现在应该测试 moveTo 方法了。我们将从移动到孔 1 开始，然后沿着第一行前进一个位置到孔 2，接着向下一行返回到孔 13 所在的第 1 列，最后跳过其他孔一直到板上编号为 96 的最后一个孔。对于每次移动，我们将打印出所需的 *x* 和 *y* 位移、新的物理位置，以及作为比较的移动前的物理位置。您将立即看到，由于我们以整数步长进行物理移动，因此 mapWell 方法确定的当前物理位置和确切位置并不完全相同。只要我们使用步进电机，步长相对于板的物理尺寸较小，因而差异始终都很小，对于机器人或自动化仪器而言永远不会成为问题。在本案例中，我们提供了以毫米为单位的孔板尺寸，并将 stepSize 定义为 0.1 或 1/10 毫米。与板的尺寸相比，此线性单元确实很小，因此几乎没有由于自动化机械而无法准确定位孔位置的危险。因此，我们做如下测试：

```
print(p.moveTo(1))
(161, -117)
print(p.x, p.y)
161 -117
print(p.mapWell(1))
(16.095, -11.735)
print(p.moveTo(2))
(90, 0)
print(p.x, p.y)
251 -117
print(p.mapWell(2))
(25.095, -11.735)
print(p.moveTo(13))
(-90, -90)
print(p.x, p.y)
161 -207
print(p.mapWell(13))
(16.095, -20.735)
print(p.moveTo(96))
(990, -540)
print(p.x, p.y)
```

```
1151 -747
print(p.mapWell(96))
(115.095, -74.735)
```

太好了！从测试结果中可以看出，在每种情况下通过 `moveTo` 方法输出的位移所产生的最终位置 (`p.x`, `p.y`)都最接近于用 `mapWell` 方法计算的实际浮点孔位置的整数值。

在作者为客户服务的真实实验室自动化项目中，这种高级 Python 代码以我们在这里展示的方式生成二维运动，然后将它们传递给用 C 编写的低级机器控制库，该库实际上驱动了实验室机器人上的步进电机。这需要在之前提到的 SWIG（简化的包装程序和接口生成器）平台的帮助下进行一些代码竞争，该平台使得以 C 语言等编写的代码库能够以某种方式与 Python 代码交互，从而允许 Python 调用其子程序和函数，就好像它们是 Python 方法一样。大多数实验室自动化硬件都附有这类低级机器控制库，用户可以直接或通过使用诸如 SWIG 的界面软件将其合并到自己的应用程序中。

深入了解如何设置、编程和使用这种自动化硬件的所有细节超出了本书的范围和目的，但我们在本章末尾的确为您提供了一些涵盖更深入的实验室自动化主题的优秀资源。

10.3　用 matplotlib 可视化多孔板

现在我们终于进入了多孔板漫长的旅程中的最后一个主题——可视化板的测定数据。我们花了很长时间用 Python 来处理孔板的测定数据，部分原因是因为孔板检测已成为生命科学研究中的通用特征，而且还因为该主题为我们提供了许多出色的学习 Python 的机会。

matplotlib 库[3]是 Python 的强大但易于使用的扩展库，提供了很酷的图形和绘图功能。如果您查看 matplotlib 文档，您会看到 pyplot[4]在 matplotlib 中是一种类似于 MATLAB[5]的绘图框架，本章将对此进行广泛的讨论。如果您曾经使用过 MATLAB[6]，则通常会对 matplotlib 的环境和设置特别是 pyplot 比较熟悉。在 Windows 或 macOS 上可用的大多数 Python 发行版中通常可以找到 matplotlib，在大多数 Linux 发行版中也可以附加软件包的形式找到（例如，在 Ubuntu 和 Fedora 中，该软件包称为 `python-matplotlib`）。如果您的主要 Python 安装中尚未包含

---

[3] http://matplotlib.org/
[4] http://matplotlib.org/api/pyplot_api.html
[5] www.mathworks.com/products/matlab.html
[6] MATLAB 是 MathWorks Inc.的注册商标。

matplotlib，请参阅第 1 章以获取更多有关通过 pip 安装 matplotlib 的详细信息。

在进行了简要介绍之后，让我们从运行该库的简单示例开始。我们将开发一些用于绘制孔板布局的代码，并使用某些选定的属性对孔进行颜色编码。我们还将利用 currentPlatePosition 标志和在 setPlotCurrentPlatePosition 方法中实现的绘图颜色来绘制孔板上的当前位置。

10.4 用 matplotlib 制作色图

首先让我们思考如何通过特定的属性对孔进行颜色编码。假设我们要表示在较早的示例中从 CSV 文件读取的 concentration 数据。板上的每个孔都有一个与 concentration 特性相关的值，我们希望能够用色图表示板上的浓度值范围。您以前可能已经看过在许多其他应用程序中使用的色图。在生物学中，浮现在脑海中的一个显而易见的例子是用彩色热图（heat map）来代表细胞中不同水平的基因表达，如图 10-2 所示。

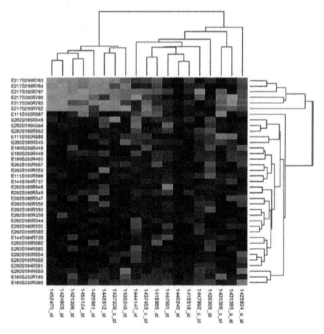

图 10-2　代表差异基因表达的热图（彩图请扫封底二维码）

我们将开发一些 Python 代码以在板上创建孔的热图，并用一些指定的属性进行着色，为此我们为每个孔分配了一个值。根据"一图胜过千言"这一古老的格言，我们将利用可视化的功能以直观的方式表示板的测试数据，并一眼就能看出数据中蕴含的趋势（如果有的话）。

为此，我们将利用一种方法，通过该方法可以在计算机上用 RGB 颜色模型表示颜色。在 Python 的 matplotlib 库中，颜色中的红色、绿色和蓝色成分可以用三个值的元组表示，每个值分别对应于颜色中的红色、绿色和蓝色成分。在 matplotlib 中，这些分量的浮点值介于 0.0（对应于零强度）和 1.0（对应于全强度）之间。在许多用固定位数表示屏幕颜色的计算机上，您经常会看到整数值，该值反映了用于定义每种颜色的位数所限制的数字（例如，8 位颜色值从 0 到 255）。

Python 的 matplotlib 用浮点数表示颜色范围可以有效地使 RGB 颜色模型与任何特定的固定位颜色模型脱钩，因为它总是可以被转换为适合用于可视化的显示器或打印机的最接近的位值。但是，自然地，具有每种颜色较高位数的系统将能够显示更多特定颜色的梯度。然而很自然地，如果系统中每种颜色具有更高的比特数，它肯定能够显示特定颜色的更多等级的灰度。

为了说明色图是如何工作的，让我们想象一下，通过孔的浓度来对每个孔进行颜色编码，白色对应于最小浓度，红色对应于最大浓度。

- matplotlib 的 RGB 颜色模型中的白色是（1.0,1.0,1.0），对应于所有三种组分颜色的最大强度。
- 红色为（1.0,0.0,0.0），即红色最大，但完全没有绿色或蓝色。

要生成浓度恰好介于这两个极端值中间的颜色，我们只需将每个颜色分量之差除以 2.0，然后将结果添加到较低浓度的颜色中。其数学表示式如下所示：

R = 1.0 + ((1.0 - 1.0) / 2.0), G = 1.0 + ((0.0 - 1.0) / 2.0), B = 1.0 + ((0.0 - 1.0) /2.0)
RGB = (1.0, 0.5, 0.5)

要查看此颜色映射算法的实际效果，我们在图 10-3 中显示了最小、中值和最大浓度颜色绘制为圆形的示例。

图 10-3　不同浓度的颜色（彩图请扫封底二维码）

因此，这是颜色映射系统工作的基础。用户将指定要进行颜色编码的孔的属性——"最小"属性颜色和"最大"属性颜色。然后，颜色映射方法将扫描板上所有的孔以查找指定的属性，并为每个孔分配与该孔所选属性值相对应的颜色。由于我们是非常周到的编程人员，最关心最终用户的利益，因此，我们也允许用户选择预进行颜色编码属性的最小值和最大值。这意味着所有等于或小于此选定最小属性的值都将用"最小"颜色，而等于或大于"最大"属性的所有值将用"最大"颜色。允许用户选择颜色图的属性值范围，可以使他们对最终的可视化效果有更大程度的控制。

因此，在开始绘制孔板时，可以通过其属性值对孔进行颜色编码，以实现生成颜色图的方法。示例 10-5 是 Plate 类的新的 createColorMap 方法。

示例 10-5. 为 Plate 类创建颜色图

```
def createColorMap(self, propertyName, loColor=(1.0,1.0,1.0), \
        hiColor=(1.0,0.0,0.0), propertyRange=(0.0, 100.0)):
    self.colorMap = []
    pRange = propertyRange[1] - propertyRange[0]
    rRange = hiColor[0] - loColor[0]
    gRange = hiColor[1] - loColor[1]
    bRange = hiColor[2] - loColor[2]
    for n in range(0,self.size):
        p = self.get(n+1,propertyName)
        scaledP = (p - propertyRange[0]) / pRange
        r = loColor[0] + (scaledP * rRange)
        if r < 0.0: r = 0.0
        if r > 1.0: r = 1.0
        g = loColor[1] + (scaledP * gRange)
        if g < 0.0: g = 0.0
        if g > 1.0: g = 1.0
        b = loColor[2] + (scaledP * bRange)
        if b < 0.0: b = 0.0
        if b > 1.0: b = 1.0
        self.colorMap.append((r,g,b))
    return
```

您可以看到我们提供了默认颜色，最小值为白色，最大值为红色，以及属性的默认范围，该属性作为包含最小和最大属性值的元组提供给 createColorMap 方法。

该方法计算出属性值的范围以及每种颜色成分的颜色范围后，我们便开始着手研究，迭代板上的每个孔并计算与每个孔的属性值相对应的颜色。这些值存储在一个新的实例变量 colorMap 中。假设我们决定使用按颜色进行绘制的选项，以后将要用这些颜色绘制孔板。实例变量 colorMap 只是颜色元组的列表，在板上的每个位置（孔）都有一个。

这里有另一个供读者实践的小练习：Plate 类的一个实例可能对孔具有多种属性，即每个孔具有单独的组成浓度，如光密度、细胞系 ID 等。您怎样实现允许同时存储所有这些属性的色图并选择其中任何一个进行色图绘制的功能？提示：Python 词典是您的朋友。

现在，我们允许用户为色图设置自己的最小和最大属性值，我们要一种方法来处理超出指定范围的属性值。如前所述，我们需要将低于属性范围的任何值都设置为最小颜色，而将高于属性范围的任何值都设置为最大颜色。这就是每个颜色组件所要处理的代码块。

```
r = loColor[0] + (scaledP * rRange)
if r < 0.0: r = 0.0
if r > 1.0: r = 1.0
```

例如，以上是红色分量的计算。缩放后的颜色值必须介于 0.0~1.0，并且必须重置超出范围的计算值。

一旦为每个颜色分量计算了适当的缩放值，就可以将 RGB 元组附加到 colorMap 列表中。

10.5　matplotlib 的绘图命令

现在我们可以为孔属性生成颜色图，并且终于可以用 matplotlib 绘制孔板了。例如，您可以定义输出图形的大小和分辨率，如果要生成在印刷出版物（如科学期刊）中使用的图形，这将非常有用。我们将用先前定义的孔板的物理图来定义图的坐标系和所有孔的布局，但将关闭绘制图形时通常会出现的轴坐标点和轴名称，因为这些与我们的目的无关。

我们将孔板绘制为圆形的网格布局（假设孔是圆形的），并且还将用到 matplotlib 的文本功能标记板的行和列。如果已经为板实例生成了颜色图，我们将用它对孔进行颜色编码。最后，如果实例的 plotCurrentPlatePosition 标志为 True，我们将添加一个小圆圈以显示板的 currentPlatePosition。在示例 10-6 中，我们将给出 Plate 类的新的 plotPlate 方法代码。

示例 10-6. 创建图像：Plate 类中的 plotPlate 方法

```
def plotPlate(self,figWidth=4.0,figHeight=3.0,dpi=200, \
    rowlabelOffset=3.0,columnLabelOffset=2.0, fontSize=None):
```

```python
    if self.width == None:
        return
wellColor = 'w'
plt.figure(figsize=(figWidth,figHeight),dpi=dpi)
plt.axes()
plt.axis('off')
if fontSize == None:
    fontSize = figHeight * 3
#outline = plt.Rectangle((0, 0), self.width, -self.height,
fc="gray")
    #plt.gca().add_patch(outline)
npos = -1
leftText = self.xwells[0] - (self.diameter * rowlabelOffset)
topText = self.ywells[0] + (self.diameter * columnLabelOffset)
for yw in self.ywells:
    ymap = self.map(npos+2)
    letter = ymap[2][0]
    plt.text(leftText, yw - (self.diameter / 2.0), letter,
color="black", fontsize=fontSize)
    for xw in self.xwells:
        npos += 1
        if npos <= self.columns:
            xmap = self.map(npos+1)
            col = str(int(xmap[2][1:]))
            plt.text(xw - (self.diameter / 2.0), topText, col,
        color="black", fontsize=fontSize)
        if not self.colorMap == None:
            wellColor = self.colorMap[npos]
        circle = plt.Circle((xw, yw), radius=self.diameter,
    fc=wellColor)
        plt.gca().add_patch(circle)
if self.plotCurrentPosition:
    circle = plt.Circle((self.x * self.stepSize, self.y *
self.stepSize), radius=self.diameter / 3.0, fc=self.current-
PositionColor)
    plt.gca().add_patch(circle)
plt.axis('scaled')
plt.show()
```

在深入分析代码之前，先快速看一下其输出，以便为我们的讨论提供更多的内容。我们将创建一个 96 孔板，从以前使用的 CSV 文件中读取数据，应用物理图和色图对数据进行颜色编码，然后绘制出结果。

```
p = Plate('My 96-well plate', 8, 12)
p.definePhysicalMap(127.71, 85.43, 14.36, 10.0, 3.47, 9.0, 0.1)
p.readCSV('96plateCSV.txt', 'concentration')
p.createColorMap('concentration', propertyRange=[0.0, 100.0])
p.setPlotCurrentPosition(True, color="orange")
print(p.moveTo(15))
p.plotPlate(figWidth=8.0, figHeight=5.0, dpi=200)
```

您会看到，我们用默认的白-红配色方案定义了色图，其范围为 0.0~100.0，将板的 plotCurrentPlatePosition 标志设置为 True，并为绘制板的 currentPlatePosition 分配了 "橙色"。最后，我们还执行了 moveTo 操作，以便在实际绘制结果之前将板的 currentPlatePosition 设置为位置 15。其结果如图 10-4 所示（图中用灰度的深浅代表颜色的等级）。

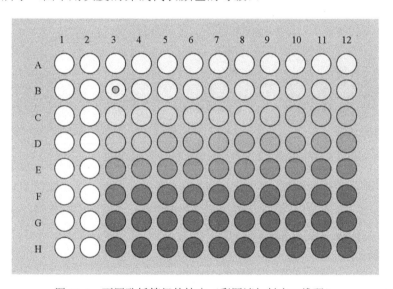

图 10-4　不同孔板等级的输出（彩图请扫封底二维码）

在此板完整的数据集中，您可以看到每行的前两个孔是作为对照，每行的后续孔都显示出明显的向更高浓度方向进展的趋势。您可以想象一个连续的稀释实验，其中板的每一行代表一组特定条件的稀释度。无论如何，创建该虚拟数据集是为了更好地说明颜色映射算法（这确实可以做到）。您还将注意到板位置 15 上的小橙色圆圈，它对应于 moveTo 操作中产生的 currentPlatePosition。这种可视化是模拟机器人手臂或仪器传感器在板上运动的非常方便的方式。例如，我们可以对整个运动进行编程，并在板上可视化它们，如图 10-5 所示。

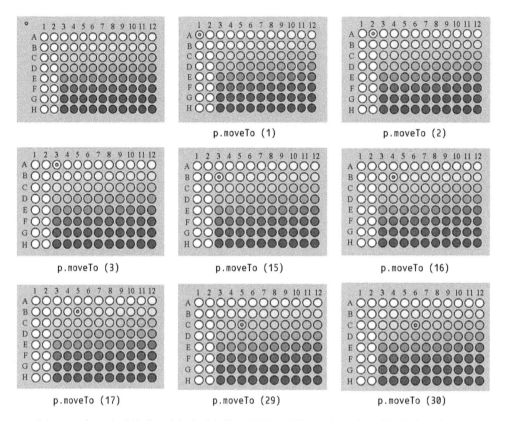

图 10-5　机器人或传感器在板上进行的可能的运动编程设定（彩图请扫封底二维码）

现在回到我们的代码。在遍历 plotPlate 的代码时，建议您参考 pyplot 的文档[7]，因为本书的目的不是在 matplotlib 或 pyplot 上提供详尽的教程。

```
if self.width == None:
    return
```

在新的 plotPlate 方法中，我们要做的第一件事是检查当前板的实例是否被分配了一个物理映射，否则将无法对其进行绘制。如果 width 未被定义，则我们知道其尚未被分配物理映射，因此我们直接返回。

接下来，我们分配默认的孔颜色来处理未定义颜色图的情况，而我们只想绘制板的布局和（可选的）当前位置。

```
wellColor = 'w'
```

在 matplotlib 中，有一组标准的流行颜色[8]，为方便起见，我们可以仅用一个字母来引用它们。在这种情况下，'w'代表白色。

```
plt.figure(figsize=(figWidth,figHeight),dpi=dpi)
plt.axes()
plt.axis('off')
```

接下来，我们初始化一个 pyplot 图。但 plt 符号从何而来呢？

请记住，从第 9 章中第一次开始为 Plate 类编写代码时，我们就用 "as" 关键字以略微不同的方式导入了 pyplot 子模块：

```
import matplotlib.pyplot as plt
```

通常用 "import...as.." 的形式，并用 "plt" 之类的缩写，这样省去了一次又一次键入 mathplotlib.pyplot 或者 pyplot 的麻烦，而只需键入 "plt.<command> 名称"，即可轻松调用任何 matplotlib 命令。因此，plt 成为 matplotlib.pyplot 的快捷方式。

```
plt.figure(figsize=(figWidth,figHeight),dpi=dpi)
```

我们用传递给 plotPlate 方法的 figWidth、figHeight 和 dpi 参数初始化新的 plt 图。它允许用户以英寸为单位指定图形的宽度和高度，还可以以每英寸的点数指定图形的分辨率。我们将此功能添加到了孔板可视化的代码中，因为当您用 Python 生成要在印刷品中发布的任何图形和图表时，控制 matplotlib 图形输出的大小和分辨率非常重要。印刷品（科学期刊）通常对图形的大小和分辨率有相当严格的要求，因此，作为生命科学家，了解如何根据其规格定制图形和图表是非常有用的。同样，无论您是在会议上为海报制作超大图形，还是在实验室的网站上制作图形，Python 都是一种为各种媒体生成图形的好方法。

在代码的下一部分中，我们向图片中添加了一组（不可见的）坐标轴，该坐标轴实质上定义了其坐标系。

```
plt.axes()
```

但因为我们没有绘制图形，不需要这些坐标轴。因此我们关闭了轴的可见性。

```
plt.axis('off')
```

除了为用户提供对输出图形的大小和分辨率的控制外，我们还提供了设置孔板标签字体大小的选项，同时还提供了让方法本身根据图形大小的实际情况选择合理的默认字体大小的选项。

---

[8] http://matplotlib.org/api/colors_api.html

```
if fontSize == None:
    fontSize = figHeight * 3
```

下一个任务是计算绘图中列标签水平线（12 列的 96 孔板为 1~12）和行标签垂直线（8 行的 96 孔板为 A~H）的位置。为了遵循为用户提供对图表美学细节进行某种程度控制的理念，我们还提供了两个方法参数 rowLabelOffset 和 columnLabelOffset，用户可以用它们来控制行和列标签到孔边缘的距离。为了使这些偏移量与孔板本身的布局成比例地缩放，它们实际上被作为单个孔直径的倍数。因此，例如，rowLabelOffset 为 3.0（这是默认值）会将行标签放置在距离最左侧孔边缘三个孔径的位置。对于不同的板布局，其孔本身可能比典型的位置更靠近或远离板的边缘，可以想象用户可能希望对行和列标签的位置进行某种程度的控制。

接下来是方法的主体，其中我们在 y 和 x 中使用嵌套循环，按行和列遍历板的所有位置，在必要时添加行和列标签，并实际绘制用颜色编码的孔。

该代码的结构如下所示。

遍历每一行:

　　绘制当前行的行标签

　　遍历当前行中的每一列:

　　　　如果我们在孔板的第一行:

　　　　　　绘制当前列标签

　　　　　　绘制当前孔

　　　　否则:

　　　　　　绘制当前孔

如果设置了 plotCurrentPlatePosition 标志:

　　绘制板的当前位置

您会在实际代码中注意到，当我们实际绘制孔时，如果有颜色图可用的话，我们将会用；否则，我们仅用默认的孔颜色（白色）。

在 plotPlate 方法的最后一行 plt.show() 实际上生成了该图，太棒了！

10.6　不同孔板的布局

在结束多孔板漫长的旅程之前，您可能会注意到，到目前为止，我们仅绘制了 96 孔板。然而，让我们感到满意的是，plotPlate 方法也适用于其他布局。我们以带有 4 行 6 列的标准 24 孔板为例，您可以在图 10-6 中看到结果。

```
p = Plate('My 24-well plate', 4, 6)
```

```
p.readCSV('24plateCSV.txt','concentration')
p.definePhysicalMap(140.71, 100.43, 14.36, 10, 7.0, 18.0, 0.1)
p.createColorMap('concentration', propertyRange=[0.0, 100.0])
p.moveTo(24)
p.setPlotCurrentPosition(True, color="orange")
p.plotPlate(figWidth=8.0, figHeight=5.0, dpi=200)
```

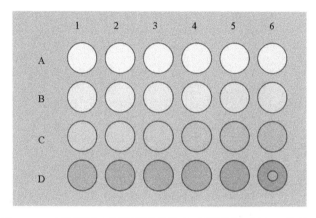

图 10-6 　24 孔配置中板孔等级的输出（彩图请扫封底二维码）

　　让我们暂时收起实验室设备。在下一章中，我们将通过研究最小的"生物"系统——单个分子来继续以代码表示生物学的过程。在分子尺度上，我们的确更多的是处于物理和化学领域而不是生物学领域，但现代生物学的大部分内容都是在很小的规模上对生物系统进行研究，因此如果没有它，本书将是不完整的。

10.7 　参考资料和进一步阅读

- 在 Wikipedia 上可以获得有关实验室自动化方面的更多信息[9]。
- 用 Python 对机器人进行编程的指南[10]。
- Arduino Playground 的网页[11]上关于使用 Python 编程 Arduino 的信息。
- 您甚至可以在 Arduino[12]上运行 Python！

---

[9] 译注：https://en.wikipedia.org/wiki/Laboratory_automation
[10] www.amazon.com/Learning-Robotics-Python-Lentin-Joseph/dp/1783287535/ref=sr_1_2?s=books&ie=UTF8&qid=1475251026&sr=1-2
[11] http://playground.arduino.cc/Interfacing/Python
[12] http://playground.arduino.cc/CommonTopics/PyMite

第 11 章　分子的 3D 表示：结构生物学的数学和线性代数

"天哪！会说话的棋子。"爱丽丝说。

"不仅仅是一颗棋子，"棋子生气地说道，"我是女王，你这个举止粗鲁的小女孩。"

"很抱歉，"爱丽丝说，"但您让我跳了。"

"你跳了吗？"棋子说，"啊，是的。请再次提醒我，在您的三维世界中，这是多么的美妙，而我和我所有的国际象棋棋子只有一个二维网格可以移动。没有什么比拥有一个额外的维度能赋予人更多的权利了！"

"对不起，我不知道。"爱丽丝说。

"相信我，成为国际象棋棋子没有任何好处，"棋子说，"主要是因为一开始就没有'上升'的空间。在你我之间，我想告诉你，有时候我对此很失望，但我们也不能'下降'。"

"也许您可能可以做到。"爱丽丝试图提供帮助。

棋子铁青着脸回答说："没人喜欢一个聪明人。"

编程索引：*Matplotlib*；*sciPy*；*numPy*；类；**unittest**

生物学索引：*分子结构；共价键旋转；线性代数；蛋白质数据库（PDB）；蛋白质结构；静电学；半经验能量计算；分子力学/动力学；促红细胞生成素；原子电荷；阿伏伽德罗常数；库仑；矢量*

现代生物学的一大讽刺之处在于：它已越来越变为对构建生物系统的"死物质"的研究。本章都是关于"死物质"的。这是关于从"生物学"角度研究生命系统的最小规模的生物学。

生物学一直是对生命系统的研究，但早期生物学家所感兴趣的现象在很大程度上是宏观的。从某种意义上讲，它们是纯粹的"生物学"，如适应、生长、繁殖等，因为它们是将生命有机体与组成宇宙的所有其他"死物质"区分开的现象。我们的科学技术已经发展到使现代生物学家可以在分子水平上研究活生命体的水平，也就是说，生命系统本质上与所有通常不被认为是生物学主题的"死物质"一样，受到相同的物理和化学定律的支配。

从纯粹唯物主义的观点来看，这种看似矛盾的现象实际上在方法上是一致的，因为它将生物系统视为由规则的物理和化学组成的复杂且高度组织化的物质的集合。这种方法不需要假设存在某种特殊的动物或生命原理，该原理可以使生命充满活力并使生物在概念上与非生物物质区分开。在这种方法的视线下，生命被视为物理和化学的这些普遍定律在极其复杂的物质集合中的新兴性质，但在更大的宏观尺度上得以体现。在这种尺度下，我们将其标记为"生物学"是显而易见的。在分子层面上的生命看起来与其说是生物学的，不如说是化学的。

所有这些都是长篇大论的说法，对读者而言，本章中出现的大部分内容似乎更像是纯粹的物理和化学，因为它涉及原子和分子水平上 Python 在生物学中的应用。

11.1　分子键的旋转

我们将在本章中讨论如何用 Python 来操纵和分析分子三维结构的示例。具体而言，我们将研究蛋白质中围绕氨基酸侧链的化学键的旋转。本示例将说明如何用矢量和矩阵来实现基本的线性代数以执行三维变换，以及如何用分子力学进行一些基本的分子能量计算。与本书中的所有其他示例一样，我们尝试使示例尽可能简单，以使示例本身的复杂性不会成为理解 Python 实现的障碍。

因此，事不宜迟，现在就引入我们要考虑的示例。图 11-1 显示了人类促红细胞生成素蛋白（蛋白质数据库登录号 1EER[1]）的三维结构，通过 X 射线晶体学解析出的与丝氨酸 34 相邻的一些氨基酸。为了更清楚起见，我们在图中除去了所有的氢原子。丝氨酸具有最简单的侧链之一，可以以不同的旋转异构体（rotameric form）的形式存在（仅在其可自由旋转键的旋转角度上具有不同的构象变体）。在丝氨酸的情况下，如图中旋转箭头所示，侧链的末端氧（OG）可能围绕丝氨酸主链 α 碳（CA）及其侧链 β 碳之间的碳—碳单键旋转（CB）。从该图还可以看出，丝氨酸氧与精氨酸 139 侧链上的氮（NH1）相距 3Å 以上，尽管在多肽序列中它与丝氨酸 34 的距离较远，最终由于蛋白质的三维折叠而与之相邻。

---

[1] www.rcsb.org/pdb/explore.do?structureId=1EER

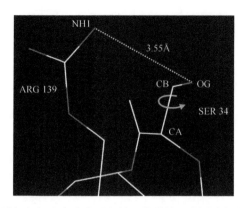

图 11-1　人类促红细胞生成素蛋白的三维结构（彩图请扫封底二维码）

当蛋白质处于大约中性 pH 的环境中时，丝氨酸氧和精氨酸氮都将具有净负电荷，这意味着这两个原子之间将存在排斥静电力（repulsive electrostatic force）。当然，在这两个原子的蛋白质环境中还有大量其他的力在起作用，这将决定这些侧链相互间的构象。尽管我们不会设计算法来计算所有的这些力，但快速浏览一下分子能量计算中常用的半经验力场函数（式 11-1）的一般形式也是有好处的。

$$u\left(r^N\right) = \sum_{\text{bonds}} k_i \left(l_i - l_{i,0}\right)^2 + \sum_{\text{angles}} k_i \left(\theta_i - \theta_{i,0}\right)^2$$
$$+ \sum_{\text{torsions}} \frac{V_n}{2} \left(1 + \cos\left(n\omega - \gamma\right)\right) \tag{11-1}$$
$$+ \sum_{i=1}^{N} \sum_{j=i+1}^{N} \left(4\varepsilon_{ij} \left[\left(\frac{\sigma_{ij}}{r_{ij}}\right)^{12} - \left(\frac{\sigma_{ij}}{r_{ij}}\right)^6\right] + \frac{q_i q_j}{r_{ij}}\right)$$

除非我们有能力解决比双原子分子更复杂的薛定谔方程（Schrödinger equation），化学家和生物学家一般是用式（11-1）中所示的那种半经验力场函数来对分子的行为进行建模。该函数是系统中分子内部和分子之间的共价和非键合力的基本力学模型。我们可以认为该函数中的术语属于三类。

1. 第一行中的键联和角度项分别将键长和角度振动视为类似于弹性力，其作用是恢复到平衡的键长和角度。

2. 第二行的扭矩是一个用于描述绕键旋转的扭转角能量项。该项取决于旋转基团的几何形状，例如，甲基具有围绕旋转轴的三重对称性，因此余弦项将包含 $n=3$ 的值，以反映围绕旋转键的能量最大值和最小值的对称三重排列。

3. 最后一行代表所谓的非键或非共价能量项，包括范德瓦尔斯力（van der Waals force）、偶极矩（dipole moment）和前述的静电力。

（第一行和第二行的三项统称为键合或共价能级项，因为它们都适用于在原子之间包含一个或多个共价键的原子团。）

11.2　分子力学和分子动力学

与本书的所有其他章节一样，此处的目的不是提供有关分子建模的教程，而是通过简单的示例演示如何在 Python 中实现这种方法。虽然如此，在正式演示示例前，我们还是先停下来考虑另外两个问题。

此处显示的力场函数可以有两种不同的用途。对分子力学而言，它可以用于计算所考虑系统的分子能量组成及其力矢量。然后将这些求和，并为系统中的每个原子计算最小化能量。接着将每个原子朝着最陡的局部能量最小值的方向进行部分调整，并重复上述过程。一旦所有原子都达到其可能到达的局部能量最小值，这种能量最小化过程就可以收敛，该能量可能是（或可能不是）对应于整个系统的全局最小能量。

第二种功能更强大但计算上更昂贵的方法是分子动力学模拟。其中，根据与模拟系统温度相对应的能量的玻尔兹曼分布，系统中的每个原子将被分配不同的速度和方向。在这种情况下，原子能及其矢量的计算方法与以前相同，但这次是通过求解牛顿运动方程，将原子能及其矢量分别分配到根据其预先指定运动速度的原子。然后计算出新的速度，并根据原子在适当的时间步长上的运动计算出原子的新位置。

力场函数中键和角项具有极短的飞秒量级（femto=10^{-18}）的振动周期，这从本质上决定了分子动力学模拟中合适的时间步长也必须为飞秒量级。换句话说，对于每个飞秒的时间步长，都要对正在研究的系统中的每个原子重新计算这些能量和速度。其至 100 万个这样的计算周期仅对应于系统动态行为中的 1ps（pico=10^{-12}）的分子动力学模拟。

11.3　自己动手去体会程序的运行效率

因此，不难理解代码的效率为什么会有很大的作用。稍后我们将对此进一步讨论。

影响模拟代码性能的另一个必须考虑的问题是非键相互作用的数量。这些通常比共价项的数量大几个数量级，因此必须在更大的范围内进行计算。例如，通常要考虑给定原子在 10Å 球体内所有其他原子的静电相互作用。在大蛋白或通过将整体放置在一定体积的水分子中而模拟水环境的任何分子系统中，必须计算的这些非键相互作用的数量可能很大。同样，您的代码的性能可能可以具有巨大的改善。

那么，我们为什么会在代码性能这个问题上投入如此大的精力呢？

因为我们将在本章中提供的示例纯粹是为了演示如何在 Python 中实现这类三维能量的计算，但在现实生活中，您可能会使用一个高度优化和快速的数学库，该库是用 C 编写的，并已经过编译以供 Python 使用。这些是我们已经在本书中提到的 SciPy[2] 和 NumPy[3] 之类的库，这些库可以有效地执行在 Python 中实现分子建模所需的所有线性代数和能量计算。您甚至还可以用一些特定的、为用户定制的 Python 分子建模库[4]（其中大多数实际上都用了 SciPy 和 NumPy）。

我们本来可以告诉您有关这些库的信息，并向您展示如何将它们插入您编写的（更高级的）Python 代码以实现分子建模的方法。但那样的话，您永远也不会见到如何实现三维矢量和旋转矩阵，以及如何进行实际的能量计算。您将不会看到如何使用面向对象的程序以清晰一致的方式创建此类数学库，从而使您的代码易于编写、使用和维护。此外，根据我们的经验，总会有一天，您喜欢用的最好用的库里没有您所需的关键组件，而最糟糕的事是，您可能必须自己编写代码！

我们完全清楚，本章中的算法可以在 NumPy 和 SciPy 中更轻松、更高效地实现。但我们的目的是教您如何用 Python 进行编码，而不是如何使用 Python 的数学和科学库。在本章的最后，有可供进一步阅读和参考的资料，将为您提供此类库及其所有的文档。

11.4 输入 3D 数学矩阵

为了简单地演示一些用于执行分子建模所需的三维数学的低级 Python 代码，我们将实现一种算法，用于绕共价键旋转，以计算两个原子之间的距离，进而计算这两个原子之间的静电能。我们还将用前面各章中介绍的面向对象的编程方法来实现一个简单的数学库，用于处理三维矢量和旋转矩阵。

先让我们看一下围绕一个键的旋转。式（11-2）定义了围绕任意三维轴旋转的矩阵 R 的有用的一般形式：

$$R = \begin{bmatrix} \cos\theta + u_x^2(1-\cos\theta) & u_xu_y(1-\cos\theta) - u_z\sin\theta & u_xu_z(1-\cos\theta) + u_y\sin\theta \\ u_yu_x(1-\cos\theta) + u_z\sin\theta & \cos\theta + u_y^2(1-\cos\theta) & u_yu_z(1-\cos\theta) - u_x\sin\theta \\ u_zu_x(1-\cos\theta) - u_y\sin\theta & u_zu_y(1-\cos\theta) + u_x\sin\theta & \cos\theta + u_z^2(1-\cos\theta) \end{bmatrix}$$

$$(11-2)$$

---

[2] www.scipy.org/
[3] www.numpy.org/
[4] http://dirac.cnrs-orleans.fr/MMTK/

　　这是一个围绕单位矢量旋转 θ（弧度）的归一化旋转矩阵。如果您对该矩阵的派生感兴趣，可以在本章末尾列出的参考资料中找到更多的信息。在我们的示例中，旋转轴对应于要旋转的键。因此，该轴的矢量是键两端的原子位置之间的差矢量。如果您看一下前面的结构图，就会发现我们围绕从丝氨酸 CA 到 CB 的键来旋转丝氨酸氧原子，因此，该旋转轴本身将由丝氨酸 CA 和 CB 原子之间的矢量定义。

　　因此，让我们先来处理一下键旋转分量。

　　让我们用本书前面学到的面向对象编程（OOP）的方法来定义表示三维矢量和矩阵的对象，以及实现线性代数的相应对象的方法，我们将要用这些方法进行操作。为了遵循本书的理念，并使示例足够简单，以使示例的复杂性不会成为理解 Python 实现的障碍，我们将假定该库仅处理三个维度的矢量和矩阵，而不会将其推广到更高或更低维度的空间。示例 11-1 是 3D 矩阵的类定义。

示例 11-1. 3D 矩阵的类定义

```python
class Matrix3D:
    def __init__(self,a,b,c,d,e,f,g,h,i):
        self.a = a
        self.b = b
        self.c = c
        self.d = d
        self.e = e
        self.f = f
        self.g = g
        self.h = h
        self.i = i
    def transform3DVector(self,vector):
        tx = self.a * vector.x + self.b * vector.y + self.c * vector.z
        ty = self.d * vector.x + self.e * vector.y + self.f * vector.z
        tz = self.g * vector.x + self.h * vector.y + self.i * vector.z
        return Vector3D(tx,ty,tz)
```

　　很明显吧？我们将矩阵表示为 3×3 的数组，可以将其应用于列矢量（x, y, z）以产生转换后的矢量，即得到如式（11-3）所示的矢量变换方程：

$$
\begin{bmatrix} a & b & c \\ d & e & f \\ g & h & i \end{bmatrix} \cdot \begin{bmatrix} x \\ y \\ z \end{bmatrix} = \begin{bmatrix} ax + by + cz \\ dx + ey + fz \\ gx + hy + iz \end{bmatrix} \tag{11-3}
$$

　　您会注意到，transform3DVector 方法返回了一个我们尚未定义的 Vector3D 类的实例，因此，我们在示例 11-2 中添加了该类的代码（运行此代码前要先执行示例 11-1 中的代码）。

示例 11-2. Vector3D 类定义

```
import math
class Vector3D:
    def __init__(self,x,y,z):
        self.x = x
        self.y = y
        self.z = z
    def magnitude(self):
        return math.sqrt(self.x * self.x + self.y * self.y + self.z
* self.z)
    def unitVector(self):
        m = self.magnitude()
        xu = self.x / m
        yu = self.y / m
        zu = self.z / m
        return Vector3D(xu,yu,zu)
    def rotationMatrix(self,degrees):
        radians = math.radians(degrees)
        u = self.unitVector()
        sa = math.sin(radians)
        ca = math.cos(radians)
        a = ca + u.x * u.x * (1 - ca)
        b = u.x * u.y * (1 - ca) - u.z * sa
        c = u.x * u.z * (1 - ca) + u.y * sa
        d = u.y * u.x * (1 - ca) + u.z * sa
        e = ca + u.y * u.y * (1 - ca)
        f = u.y * u.z * (1 - ca) - u.x * sa
        g = u.z * u.x * (1 - ca) - u.y * sa
        h = u.z * u.y * (1 - ca) + u.x * sa
        i = ca + u.z * u.z * (1 - ca)
        return Matrix3D(a,b,c,d,e,f,g,h,i)
```

由于我们将使用 Python 的 math[5] 模块中的某些方法（例如，在 rotationMatrix 方法中将度数转换为弧度），显然需要导入此模块。__init__ 方法中矢量本身的定义是不言自明的。在 Vector3D 类中，还包括了一种用于计算

---

[5] https://docs.python.org/3/library/math.html

矢量长度的方法 magnitude，因为我们需要这种方法来进行由 unitVector 方法完成的单位矢量的计算（真是太神奇了）。最后，rotationMatrix 方法用于计算围绕当前矢量旋转 degrees 角度的矩阵。我们本可以实现此功能以直接接受以弧度为单位的旋转角度，但是由于从概念上讲，用度数（而不是弧度的分数）来处理小的增量旋转更简单，因此我们决定接受以度为单位的旋转角度，然后在方法的内部将其转换为弧度。您将注意到此方法不执行任何转换，它只是生成必要的旋转矩阵，然后以这个旋转矩阵作为输入，用 Vector3D 类中的 transform-3DVector 方法将其转换为矢量。

11.5　分子系统的 Python 表示

在测试围绕键旋转的代码之前，我们需要一些实际的原子。因此让我们用 Python 编码分子系统的示例，即人类促红细胞生成素蛋白结构（该结构见图 11-1）进行说明。我们将再次使用 OOP 方法，并在示例 11-3 中就本章需要的几个基本方法创建一个非常简单的 Atom 类。

示例 11-3. 原子的类定义

```
class Atom:
    def __init__(self,name,x,y,z,q):
        self.name = name
        self.x = x
        self.y = y
        self.z = z
        self.q = q
    def distance(self,other):
        xd = self.x - other.x
        yd = self.y - other.y
        zd = self.z - other.z
        return math.sqrt(xd * xd + yd * yd + zd * zd)
    def electrostatic(self,other):
        r = self.distance(other) * 1.0e-10
        q1 = self.q * 1.6e-19
        q2 = other.q * 1.6e-19
        return 0.000239 * (9.0e9 * 6.02e23 * q1 * q2) / (4.0 * r)
```

因此首先要注意的是，为了能够运行本章中的 Python 演示，我们需要 4 个参数来定义一个原子。其中 3 个空间参数（显然）是 x、y 和 z，另一个是原子的部

分或净电荷 q。

该静电荷值是由于电子参与原子的化学键而在原子中不对称分布产生的，并以基本电荷的单位表示（电子的电荷为 e=1.602×10^{-19} 库仑）。在本章稍后部分进行静电能计算时，我们将需要用到 q。

要注意的第二个问题是，我们有两种分类方法：一种是简单的（勾股定理的）distance 方法，用于确定当前原子与另一个原子之间的距离（作为该方法的附加参数提供）；另一种是 electrostatic 方法，用于计算由于当前原子靠近另一个原子而产生的静电能。您会注意到，由于静电能项与距离有关，因此我们实际上在 electrostatic 方法中用到了 distance 方法。

关于 electrostatic 方法的简短说明：您将看到距离被缩放为以 Å（10^{-10}m）为单位，因为这些是 PDB 文件中用于表示空间坐标的单位。我们还对能量项进行了换算，以便以 kcal/mol 为单位进行计算。这不是严格的 SI 单位（其 SI 当量为 4.184kJ/mol），但从历史上看，kcal/mol 一直被广泛用于化学中的热力学量。

让我们将 electrostatic 方法中的算法进行分解。

r = self.distance(other) * 1.0e-10（将距离单位 Å 转换为 m）

q1 = self.q * 1.6e-19 [将相对于 e 的电荷单位转换为 c（库伦）]

以及下面的一行：

```
return 0.000239 * (9.0e9 * 6.02e23 * q1 * q2) / (4.0 * r)
```

0.000239 系数将能量从焦耳换算为千卡（kcal）；9.0e9 是电力或库仑常数（Coulomb's constant）；6.02e23 为阿伏伽德罗常数（Avogadro's constant），用于计算 1mol 的能量。总而言之，静电 electrostatic 方法将以 kcal/mol 为单位返回相当于 1mol 原子相互作用的能量。

现在我们有了一个 Atom 类，它可以存储所需的空间和电荷参数，并可以计算两个原子之间的距离和静电能，让我们用它对演示所需的原子进行编码（应在执行了示例 11-3 中的代码之后）。

```
serCA = Atom('CA',-44.104,2.133,-16.495,0.07)
serCB = Atom('CB',-45.239,1.307,-17.044,0.05)
serOG = Atom('OG',-44.722,0.368,-18.048,-0.66)
argNH1 = Atom('NH1',-45.692,1.823,-20.906,-0.8)
```

我们在此处所用的原子位置直接取自先前提到的人类促红细胞生成素蛋白质数据库（Protein Data Bank，PDB）文件，并且净原子电荷是从研究小组创建的力场参数在线存储库中获得的，这些研究小组编写并维护了流行的分子模型软件包。您可以在本章末找到这些网站的列表。严格来说，几乎不需要为本章中非常简单的示例创建 Atom 类，但在实际分子建模的应用程序中，每个原子都可能具有许多不同的属性，需要存储和操作，远远超出了这里显示的 4 个参数。几乎可以肯定，您所感兴趣的建模对象的典型分子集合中的原子数将远远超过 4 个，因此，OOP 方法可能是用于跟踪由 Python 实现的所有操作的最简单的方法。

11.6 用 matplotlib 进行 3D 可视化

有了进行演示所需的原子，我们现在可以测试新的三维数学程序，方法是将它们应用到绕轴以 30°为增量的点旋转上，并用在第 10 章中讲过的 matplotlib 库绘制结果。我们将对旋转的原子位置 x 和 y 值做一个非常简单的二维绘图，这等效于沿 z 轴查看旋转的原子。我们还可以使用简单的技巧，通过给定属性（在这种情况下为原子在 z 轴上的位置）对原子进行着色。然后，我们应该看到的是根据原子的 z 轴位置着色的在 x-y 平面投影的原子圆（因为我们没有直接沿旋转轴查看它们）。

作为附加测试，我们将计算从每个旋转的丝氨酸 OG 原子到围绕其旋转的丝氨酸 CB 原子的距离。如果旋转矩阵是正确的，则除了由数学计算引起的任何舍入误差外，在此变换下，每个旋转的 OG 原子到 CB 原子的距离应该是不变的。这是两个非常简单的测试，我们可以轻松地进行，以使自己觉得键旋转代码可以正常工作而感到满意。当我们第一次编写此代码时，实际上是将旋转的原子保存到一个蛋白质数据库（PDB）文件中，该文件可以读入瑞士 PDB 查看器的分子图形程序中，该程序用来制作本章开头给出的结构图（有关如何使用任何特定分子图形软件教程的讨论超出了本书的范围，但您可以在本章末找到有关如何下载该免费分子图形程序及其文档的详细信息）。这样，我们能够在三维空间上动态地查看旋转的原子，以确保其位置正确。

好的，现在我们可以开始绘图了！示例 11-4 是这一简单测试的 Python 代码（应先执行示例 11-2 中的 Vector3D 类代码）。

示例 11-4. 可视化三维数学

```
import math
import matplotlib.pyplot as plt
serCA = Atom('CA',-44.104,2.133,-16.495,0.07)
serCB = Atom('CB',-45.239,1.307,-17.044,0.05)
serOG = Atom('OG',-44.722,0.368,-18.048,-0.66)
argNH1 = Atom('NH1',-45.692,1.823,-20.906,-0.8)
posx = []
posy = []
```

```
posz = []
dist = []
rotationAxis = Vector3D(serCA.x - serCB.x,serCA.y - serCB.y,serCA.z-
serCB.z)
positionOG   =   Vector3D(serOG.x-serCB.x,serOG.y-serCB.y,serOG.z-
serCB.z)
for angle in range(0,360,30):
    rotMat = rotationAxis.rotationMatrix(float(angle))
    xyzOG = rotMat.transform3DVector(positionOG)
    px = xyzOG.x+serCB.x
    py = xyzOG.y+serCB.y
    pz = xyzOG.z+serCB.z
    posx.append(px)
    posy.append(py)
    posz.append(pz)
    dist.append(math.sqrt((px-serCB.x)**2  +  (py-serCB.y)**2  +
(pz-serCB.z)**2))
for d in dist:
    print("%.5f" % d, end=' ')
print()
plt.scatter(posx, posy, c=posz, s=100)
plt.gray()
plt.show()
```

这段代码将输出一些数字，然后是一幅图。在对输出进行描述并向您显示该图之前，我们先对代码进行一些解释。更详细地查看代码，您会发现在此处包括了所需的 import 语句，只是为了提醒自己需要哪些 Python 模块，但实际上我们在为这些代码编写类和方法时就可能已经导入了这些模块。

正如第 10 章中首次描述的那样，我们用"import matplotlib.pyplot as plt"的形式来访问 pyplot 命令。现在来看看代码的主体部分。我们首先声明了 4 个空的列表，分别存储旋转原子位置的 x、y 和 z 坐标，以及它们与所要旋转的静态 CB 原子之间的距离。如果一切顺利的话，这些都将是相同的。接下来，我们将旋转轴定义为 CA 和 CB 原子之间的矢量（注意，我们创建了 Vector3D 类的实例，以便随后可以用其 rotationMatrix 方法来计算所需的旋转矩阵）。

接下来，我们要转换的三维矢量。在这种情况下，它是与 CB-OG 键相对应的矢量。现在我们有了旋转轴和要旋转的矢量，设置了一个 for 循环，以 30° 为增量从 0 旋转到 360°。对于每次旋转，我们都计算了轴的旋转矩阵 rotMat 以便围绕 CA-CB 键矢量作相应的旋转。

至终点距离不变性的检验：

```
for d in dist:
    print("%.5f" % d, end=' ')
print()
```

　　其输出为：

1.46868 1.46868 1.46868 1.46868 1.46868 1.46868 1.46868 1.46868 1.46868
1.46868 1.46868 1.46868

　　看起来不错。从 CA-CB 轴经过旋转矩阵转换位置后，所有 OG 原子与原始 OG 原子到其围绕旋转的静态 CB 原子的距离相同（精确到小数点后 5 位）。在继续之前，需要注意一件事：根据 CA-CB 键的轴矢量计算出的旋转矩阵没有考虑旋转轴在三维空间中的实际位置。它实际上是绕着穿过原点的键轴旋转的。这就是为什么我们必须添加 CB 原子的坐标，使得 OG 原子绕着它转回到有程序计算出的 OG 原子的坐标。

　　示例 11-4 中的代码的最后一部分：

```
plt.scatter(posx, posy, c=posz, s=100)
plt.gray()
plt.show()
```

　　进行快速的绘图测试，以查看旋转的原子是否按我们期望的那样分布在一个圆中，该图如图 11-2 所示。

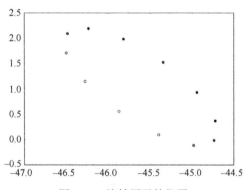

图 11-2　旋转原子的位置

　　正如我们之前所说，这是一个非常粗糙的绘图测试，但与距离不变性测试结合在一起，它使我们相信，用于执行绕键旋转的算法可以正常工作。我们在绘图设置中的 c=posz 项告诉 matplotlib 通过其在 z 轴上的位置为每个点着色（使用灰色阴影），使我们能够以非常基本的方式将第三维可视化在二维绘图中。

11.7　程序测试

在通过计算围绕CA-CB键旋转OG原子时产生的静电能的变化来结束本章之前，让我们花一些时间来讨论测试代码，以及为什么递增的转动总是很有效的。

我们将为您提供的建议看起来是很明显的，但您可能会由于许多程序员一开始就忘记或忽略它感到惊讶。想象一下，代码编写好后，我们就马上起来去测试旋转丝氨酸 OG 原子对其与相邻精氨酸的 NH1 原子相互作用的静电能的影响。如果计算出的能量全是徒劳而又荒谬的，那么我们应该从代码的什么部位去找出问题的所在呢？如果旋转原子的位置出错，则计算出的静电能将毫无意义；但如果旋转算法能正确运行但静电能计算存在错误，也不可能得到正确的结果。对于一个小的玩具问题（如此处介绍的问题），这似乎有些琐碎，但当您的代码更加复杂且包含许多可移动的部分时，跟踪这些错误可能就像在大海里捞针一样困难。

为了把问题完全暴露，在编写本章的代码时，我们为每个类和方法编写了详细的测试，以避免发生此类问题并带到相关文件中。在软件界这称为单元测试。甚至还有一个称为 unittest 的特殊 Python 模块（这毫不奇怪），该模块包含创建此类测试所需的所有工具。尽管对 Python 单元测试的详细讨论超出了本书的范围，但我们强烈建议您考虑对具有多行代码的任何 Python 项目学习和使用 unittest。相关内容请查看标准 Python 库文档中的 unittest[6]。

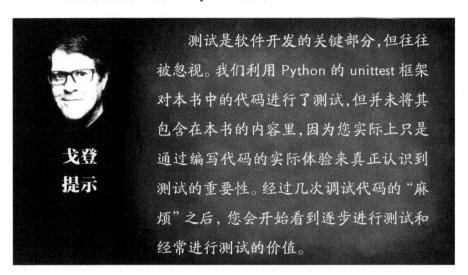

测试是软件开发的关键部分,但往往被忽视。我们利用 Python 的 unittest 框架对本书中的代码进行了测试,但并未将其包含在本书的内容里,因为您实际上只是通过编写代码的实际体验来真正认识到测试的重要性。经过几次调试代码的"麻烦"之后,您会开始看到逐步进行测试和经常进行测试的价值。

戈登提示

---

[6] https://docs.python.org/3/library/unittest.html

11.8　计算静电相互作用

我们现在可以测试静电能的计算了。

我们要做的是像以前一样围绕 CA-CB 键旋转丝氨酸 OG 原子。但对于每个增量旋转的位置，我们这次将计算出距离、静电能，以及旋转角度本身，并将它们存储在列表中，以便可以用 matplotlib 绘制这些量的图形。在示例 11-5 中，我们不会在此处的代码中重复导入语句，因为我们假设您已经执行了此段之前的代码（示例 11-1、示例 11-2 和示例 11-3 中的代码）。

示例 11-5. 计算静电相互作用

```
angleData = []
distData = []
eData = []
incRot = 10
for angle in range(0,360,incRot):
    rotMat = rotationAxis.rotationMatrix(float(angle))
    xyzOG = rotMat.transform3DVector(positionOG)
    rotOG = Atom('OG',xyzOG.x+serCB.x,xyzOG.y+serCB.y,xyzOG.z+
            serCB.z,-0.66)
    dist = rotOG.distance(argNH1)
    elec = rotOG.electrostatic(argNH1)
    angleData.append(angle)
    distData.append(dist)
    eData.append(elec)
    print(angle,dist,elec)
plt.title('Distance/Electrostatic Energy vs. Bond Rotation')
plt.plot(angleData,eData,"red",angleData,distData,'blue')
plt.axis([0,360,0,20])
plt.xlabel('Rotation Angle (Degrees)')
plt.ylabel('Distance (Å)          E (kCal/mol)')
plt.show()
```

在剖析了键旋转和能量计算的代码之后，大多数新代码应该是不言自明的。我们将绕丝氨酸 CA-CB 键以 10° 的增量旋转丝氨酸 OG 原子，并存储所算出的至相邻精氨酸 NH1 原子的距离和静电能分量。

您会注意到我们还利用 matplotlib 代码在同一轴上绘制了两组数据，图的 x 轴是以度为单位旋转的角度，y 轴用于绘制 OG-NH1 的距离（图 11-3 下部）和静电能分量（图 11-3 上部，单位为 kcal/mol），因为这两个量的大小比较相似。您可以在图 11-3 中看到所生成的 `matplotlib` 图。

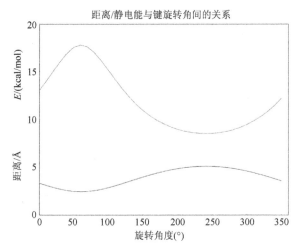

图 11-3　距离和静电能与键旋转的关系图

从图 11-3 中我们可以看到，随着键的旋转，丝氨酸 OG 和精氨酸 NH1 之间的原子间距离在大约 2Å 的范围内变化，静电能分量在 13~18 kcal/mol 的范围变化。我们还可以看到，静电能分量随距离的变化在较小的距离处每单位距离的变化会更大。在现实的分子建模应用程序中，我们当然会将半经验力场函数中的所有能量项求和，并对正在考虑的分子集合中的所有原子进行这样的计算。为了简化和清楚起见，在此示例中我们仅计算了两个原子之间的单个能量项。

同样要清楚的一点是，对于本章介绍的线性代数以及分子建模和仿真，都有出色、高效且高度优化的 Python 库。您可以在本章的参考资料和进一步阅读部分找到指向这些资源的链接。

在下一章中，我们将脱离纯粹的生物物理学，着眼于基因启动子的生化动力学。在那里我们将使用 NumPy 库来辅助可视化。

11.9　参考资料和进一步阅读

参考资料

- Arthur Lesk, *Introduction to Protein Science*[7]（Oxford University Press，2016 年）。较新版为 *Introduction to Protein Architecture*（Oxford ，2001 年）以

---

[7] https://global.oup.com/ukhe/product/introduction-to-protein-science-9780198716846

三维可视化为特色。这个新的扩展版还重点介绍了生物信息学和基因组学方法。

- Andrew Leach，*Molecular Modelling: Principles and Applications*[8]（Pearson，2001 年，第 2 版）。
- Tamar Schlick，*Molecular Modeling and Simulation: An Interdisciplinary Guide*[9]（Springer，2010 年，第二版）。
- Jenny Gu 和 Philip E. Bourne 编，*Structural Bioinformatics*[10]（Wiley-Blackwell，2009 年，第 2 版）。
- 前述出色的 NumPy 和 SciPy 库，几乎可以实现您可以想到的各种定量的科学计算。

分子建模软件

- Python Molecular Modeling Toolkit[11]，用于模拟分子和分子集合体的完整的 Python 框架。
- Swiss PDB Viewer[12]，这是一个免费的分子建模和可视化软件包，可作为 Mac、Linux 和 Windows 系统上的便捷的、预编译且可立即运行的二进制文件下载。
- 优秀的开源 PyMOL[13]程序，可扩展并可由 Python 语言扩展。PyMOL 由天才科学家兼程序员 Warren DeLano 撰写，他是生命科学领域积极采用开源码实践的有力且有效的倡导者。但很不幸的是，他过早地去世了。

分子力场参数

这些主要是分子模拟力场参数的在线存储库。但在每种情况下，这些平台可能还包括用于分子模拟和分析的软件工具套件，以及针对不同应用的更专业的力场参数库（例如，用于模拟聚糖或复杂脂质）。

- CHARMM[14]平台
- AMBER[15]平台

---

[8] www.pearsonhighered.com/program/Leach-Molecular-Modelling-Principles-andApplications-2nd-Edition/PGM251961.html
[9] www.springer.com/us/book/9781441963505
[10] www.wiley.com/WileyCDA/WileyTitle/productCd-0470181052.html
[11] https://pypi.python.org/pypi/MMTK
[12] http://spdbv.vital-it.ch/
[13] www.pymol.org/
[14] www.charmm.org
[15] http://ambermd.org/

- NAMD[16]平台
- GROMACS[17]平台

在线结构数据库和结构分析工具

- RCSB 蛋白质数据库[18]
- SCOPe（蛋白质的结构分类）[19]

---

[16] www.ks.uiuc.edu/Research/namd/
[17] www.gromacs.org/
[18] www.rcsb.org/pdb/home/home.do
[19] http://scop.berkeley.edu/

第 12 章　打开和关闭基因：用 matplotlib 可视化生化动力学

"好吧，"爱丽丝把平底锅放在一个双胞胎的头上说道，并向后退一步。"就这样。现在您已经准备就绪，您认为这次能让我通过这条路吗？"

"只有我的另一个兄弟这么说才行。"双胞胎用沉闷的声音说，听起来好像他在一个巨大的回声室内。"我的另一个兄弟说了什么？"第二个双胞胎轰的一声，听起来好像他在水下洞穴中。

"哦，亲爱的，"爱丽丝翻了个白眼，"这不是又一个令人困惑的逻辑僵局吗？"

爱丽丝厌倦了这些愚蠢滑稽的动作，走上前把他们俩都推倒在地。当他们倒下时，双胞胎们惊呼："好吧，这迟早会发生的。"爱丽丝只是小心翼翼地跨过他们，走自己的路。

编程索引：*numpy 库*；*数组*；*numpy.arange( )*；*matplot loglog( )*；*annotation( )*；*legend( )*

生物学索引：*基因转录*；*动力学*；*协同结合*；*转录因子*；*启动子*；*操纵子*；*阻遏物*；*乳糖操纵子*

我们在第 11 章中用 Python 探索了三维结构生物学的世界，向您展示了如何用 Python 来探索旋转键对分子结构的影响。现在我们将复杂性从几乎纯粹的物理和化学层面提升到更具生物性的层面。生化动力学的主题是探讨当所有这些分子以或多或少的数目聚集在一起时会产生什么现象。但更有趣的是，当分子聚集在一起时在细胞中发挥的生物学功能。在本章中，我们将向您展示如何用一些更高级的 Python matplotlib 函数来帮助您可视化转录因子（transcription factor）蛋白的浓度与其在细胞中的主要生物学功能之间的关系：从 DNA 开始转录到 mRNA，即打开或关闭基因。

我们从一个最基本的转录调控形式开始：一个阻遏调控基元。阻遏型基元由存在于基因下游启动子区的 DNA 结合位点组成，因此当转录因子（通常称为 TF）与该位点结合时，它会阻断对启动基因的 RNA 聚合酶（RNA polymerase）的访问。这些 RNA 聚合酶的阻断作用是抑制基因表达或关闭基因。与生物学中的许多问题一样，现实比这张高度简化的图片更为复杂，但它大致描述了大肠杆菌等细菌的情况。

12.1 简单的转录抑制：乳糖操纵子

让我们来看看最简单的抑制形式，其中单个结合位点（有时称为操纵子）与核心启动子重叠，如图 12-1 所示（这是大肠杆菌中乳糖操纵子的程式化版本）。

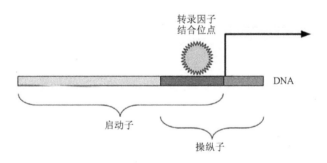

图 12-1 乳糖操纵子

启动子（浅色）与操纵子位点（深色）重叠的部分为较深色。如前所述，当转录因子与该位点结合时，它会阻止 RNA 聚合酶进入启动子。直观地说，随着游离 TF 浓度的增加，TF 与该位点结合的概率就越大。这反过来又降低了基因的表达速度。我们称之为基因表达的结果率或 s。

TF 浓度和基因抑制量之间的确切关系可以从热力学和统计力学的占有率模型中推导出来，但对亲爱的读者而言，幸运的是，我们不会在这里做进一步的探索！（为了更好地理解我们在这里引用的示例，请查看本章末尾列出的 Bintu 等人 2005 年的参考文献）。

从这里推导出来的是一个简单且相当直观的方程，式（12-1）所示的简单阻遏物案例中描述了这种关系。

$$s = \left(1 + \frac{[\text{TF}]}{K_{\text{D}}}\right)^{-1} \tag{12-1}$$

式中，[TF]是转录因子浓度；K_{D} 是与 TF 有关的分子络合物的离解常数。可以这么说，在我们开始将其编成 Python 代码以确保其通过生物学合理性的基本"气味测试"之前，让我们对这个等式进行一些"踢轮胎"测试。

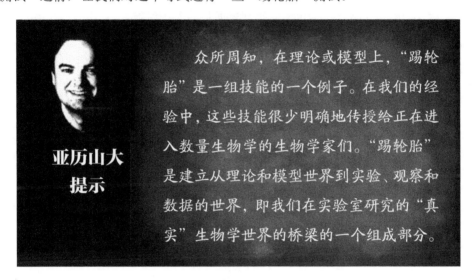

众所周知，在理论或模型上，"踢轮胎"是一组技能的一个例子。在我们的经验中，这些技能很少明确地传授给正在进入数量生物学的生物学家们。"踢轮胎"是建立从理论和模型世界到实验、观察和数据的世界，即我们在实验室研究的"真实"生物学世界的桥梁的一个组成部分。

一个特别有用的技巧是考虑极限情况。

首先，你可以看到如果转录因子浓度为零(即[TF]=0)，那么抑制的程度是 s=1。这应该是很直观的：如果没有 TF 漂浮在与操纵位点结合的周围并堵塞工作，RNA 聚合酶就可以访问该基因。事实上，s 永远不能大于 1，因为 s=1 是根本没有抑制的基准情况。从这里开始，s 只会减小不会增大；一旦您开始增加 TF 的浓度，s 就会降低，这时抑制已经开始！

其次，K_{D} 是如何影响这个过程的呢？如果您还记得基本的酶动力学，离解常数是用于表示一个化学复合物的分解速度。从式（12-1）的方程中可以看出，随着 K_{D} 的增加，s 有增加的趋势。同样，如果 TF 更容易从 DNA 中分离出来，获得 RNA 聚合酶的机会就越大，基因表达也越多，这也是有意义的。耶！

12.2　NumPy 及 From ... Import 简介

背景知识就讲这些。让我们看看如何用两个外部 Python 库的组合来可视化这种关系。我们将在这里使用 NumPy[1]（数字 Python）库和 matplotlib 库。我们在序言和第 11 章中简要提到的 NumPy 是一个为科学和数学目的而优化的数据结构库（如果您尚未安装 NumPy，请查看第 1 章中的安装过程）。尽管我们在很大程度上避免使用外部库来保持程序的可管理性，但 NumPy 是一个特殊情况，因为它应用广泛且维护良好，同时包含了许多高效的数据结构并具有与 matplotlib 一起使用的多种功能。示例 12-1 显示了部分代码。

示例 12-1. 用 NumPy 和 matplotlib 可视化简单的基因抑制

```
from numpy import arange
import matplotlib.pyplot as plt
# transcription activation function for a single repressor
def single_repressor(TF_concentration_1, K_D1):
    F = 1/(1 + TF_concentration_1/K_D1)
    return F
fig1 = plt.figure()
K_D1 = 7.9E-10          # dissociation constants
TF_concentration_1 = arange(0.001, 1000, 0.001) * K_D1
plt.loglog(TF_concentration_1 / K_D1,single_repressor(TF_concen-
    tration_1, K_D1), basex=10, color="blue")
plt.xlabel("[TF]/$K_D$")
plt.ylabel("gene expression, $s$")
plt.title('Transcriptional repression')
plt.show()
```

首先您会注意到 import 语句的格式有点不同，现在是这样的：from NumPy import arange。这是怎么回事？好的，`arange` 是一个包含在外部模块 NumPy 中的函数，所以我们可以简单地导入该模块，但当您使用 `arange` 函数时，还必须包含该模块名：

```
import numpy
numpy.arange(0.001, 1000, 0.001)
```

这可以很好地工作。但输入 `numpy.arange` 很快使人变烦，特别是如果您想在 Python 程序中反复使用它，您可能会想为什么不能只导入一次函数。这正是将 `from` 语句与 import 结合使用所要达到的目的：

```
from numpy import arange
```

我们已经将字符串函数导入到本地的命名空间中，因此不需要再用额外的

---

[1] www.numpy.org/

numpy 来限定每次的使用。这是我们在第 7 章中第一次遇到的使用命名空间速记的例子。我们现在可以随意使用 arange 了！耶！

接下来我们要定义函数 simple_repression()，它实现了前面介绍的抑制方程：给定 TF_concentration 和 K_D1（离解常数），计算输出抑制水平 F（注意：我们在 K_D1 的变量名中使用"1"，因为稍后将引入一个双阻遏物）。将其定义为一个函数而不是简单的内联是有用的，因为我们稍后将重用它进行以后的计算。然后我们用 matplotlib 的 figure()[2]函数初始化图形，并定义离解常数 K_D1。

接下来，我们用 arange(0.001,1000,0.001) 来创建用于绘制的点：以 0.001 的增量从 0.001 开始到 1000 结束。arange[3]函数是基于基本 Python 中的 range 函数而建模的，但它允许更细粒度的控制并返回一个新的数据类型：array[4]。在使用大量数值时，NumPy 的数组比等效的标准 Python 列表更有效。此外，（我们在第 10 章中介绍和讨论过的）matplotlib 已经"理解"了 NumPy 数组。我们还将得到的数组乘以 K_D1 以获得 TF_concentration，这是因为我们将绘制[TF]/K_D 的比值，而不是[TF]的绝对值，我们希望该图很好地显示整数量级（$10^{-3} \sim 10^{3}$）。整数量级的显示是恰当的！

现在我们已经准备好了绘图本身：matplotlib 的 loglog()[5]函数创建 log-log 图，这样我们就可以很容易地看到 TF 浓度水平在很大范围内的抑制程度。log log 函数的第一个参数是 x 轴，其值是我们之前创建的 NumPy 数组，第二个参数是 y 轴。对于第二个参数，我们使用 simple_repression 函数将数组转换为输出。请注意在 loglog 调用中的内联（inline）使用 simple_repression 函数，这避免了只为 y 轴创建单独变量的需要。我们还指定了 log-log 图使用基数 10 为底的对数（basex=10）和颜色（color="blue"）。

最后几行基本上是不言而喻的：我们用 xlabel、ylabel 和 title 设置轴和标题标签，然后用 show() 进行显示。matplotlib 的一个很好的特性是，美元符号间包含的任何标签文本都被视为 LaTeX 数学[6]。matplotlib 会将这些表达式转换为格式良好的版本。例如，轴标签K_D和s分别呈现为 K_D 和 s（有关详细信息，请参阅文档[7]）。（如果你不知道 LaTeX 是什么，不要紧张，你不需要熟悉它，但还是值得看看 LaTeX[8]产生的漂亮的字体）。

图 12-2 展示我们的绘图。

[2]　http://matplotlib.org/api/figure_api.html
[3]　http://docs.scipy.org/doc/numpy/reference/generated/numpy.arange.html
[4]　http://docs.scipy.org/doc/numpy/reference/arrays.html
[5]　http://matplotlib.org/examples/pylab_examples/log_demo.html
[6]　http://web.ift.uib.no/Teori/KURS/WRK/TeX/symALL.html
[7]　http://matplotlib.org/users/mathtext.html
[8]　http://tex.stackexchange.com/questions/1319/showcase-of-beautiful-typography-done-in-tex-friends

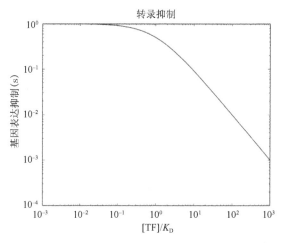

图 12-2　基因表达抑制与转录因子浓度间的关系

现在我们可以看到当 TF 分子的浓度增加后，转录抑制在实践中是如何发挥作用的。您会注意到绘图范围超过 6 个数量级，在比率介于 0.1~1 时，抑制并没有任何意义。

12.3　双重交互阻遏物：更高效的抑制

如果不狡猾的话，生物系统将一无是处。在原核生物和一些真核生物（如酵母）中，一个相对简单的 DNA 调整，例如，通过突变（在第 19 章中我们将模拟进化，但现在不讨论这些）可以引入另一个靠近原始结合位点的新结合位点。新的阻遏物基元的出现带来了一种新的调控可能性：一种在相对数量相同的 TF 中，与该位点结合的转录因子相互作用以增加阻遏量的操纵子。有更多的方法可以让TF 减少，但这如何定量地与单纯的阻遏情况相比？

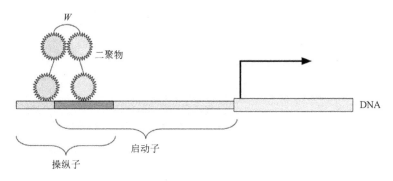

图 12-3　具有双重相互作用阻遏物的启动子

让我们回到分子生物学。图 12-3 中显示了控制基因的启动子。同样，这里有一个操纵子（浅色），在深色区域中部分重叠了启动子。除此之外，在这种情况下还有两个相邻的绑定基元。

常见的情况是在 TF 与 DNA 操纵位点结合之前，如图 12-3 所示，两个 TF 会形成二聚（形成单一复合物的同一类分子的两个拷贝）。此外，因为它们从 DNA 中探出了一大段，这两对二聚体现在更有可能相互作用。两组分子之间的这种相互作用被称为协同结合。与只有一个结合位点被占据的情况相比，当两个结合位点都被 TF 占据时，它们保持与启动子结合的可能性就会增加。所以现在我们有了两个 TF，可以分别绑定，也可以一起绑定，这被称为双重相互作用的阻遏物。假设 TF 之间的相互作用强度为 w（如图中所示），我们现在从相同的 TF 浓度中得到多少转录抑制？

这个公式也同样可以从第一性原理推导出来，其思路与简单阻遏物相同［见 Bintu 等（2005）中的详细信息］，但为了切中要害，在式（12-2）中，我们展示了该公式。

$$s = \left(1 + \frac{[\mathrm{TF}_1]}{K_{\mathrm{D1}}} + \frac{[\mathrm{TF}_2]}{K_{\mathrm{D2}}} + w\frac{[\mathrm{TF}_1][\mathrm{TF}_2]}{K_{\mathrm{D1}}K_{\mathrm{D2}}}\right)^{-1} \qquad (12\text{-}2)$$

这里有两个不同浓度的转录因子（$[\mathrm{TF}_1],[\mathrm{TF}_2]$）和离解常数（$K_{\mathrm{D1}},K_{\mathrm{D2}}$）。即使没有推导或解释公式的任何细节，该公式的结构应该有一些直观的意义。这几乎和前面的公式一样。除了第一项之外，现在还有第二项表示第二个 TF 浓度（仅代表第二个 TF 浓度引起的抑制），还有同时考虑了 TF 浓度和阻遏强度 w 的第三项，该项清楚地表示了由 TF 之间的协同交互所代表的额外抑制。

那么与单个阻遏的情况相比会怎样呢？首先假设两个 TF 是相同的，它们的浓度$[\mathrm{TF}_1]=[\mathrm{TF}_2]$（$=[\mathrm{TF}]$）。然后我们可以很容易地将公式编码到 Python 中，并将阻遏因子 F 绘制在与简单的阻遏因子情况相同的轴上。在示例 12-2 中，我们展示了这部分代码。

示例 12-2. 两种基因表达关系的单点叠加

```python
from numpy import arange
import matplotlib.pyplot as plt
# transcription activation function for a single repressor
def single_repressor(TF_concentration_1, K_D1):
    F = 1/(1 + TF_concentration_1/K_D1 )
    return F
# transcription activation function for a dual repressor
# where repressors interact with strength w
```

```
def dual_repressor(TF_concentration_1, TF_concentration_2, K_D1,
K_D2, w):
    F = 1/(1 + TF_concentration_1/K_D1 + TF_concentration_2/K_D2 +
    ((TF_concentration_1/K_D1) * (TF_concentration_2/K_D2))* w)
    return F
fig1 = plt.figure()
K_D1 = 7.9E-10        # dissociation constants
K_D2 = 25 * K_D1      # dissociation constants
# single repressor
TF_concentration_1 = arange(0.001, 1000, 0.001) * K_D1
plt.loglog(TF_concentration_1 / K_D1,single_repressor
        (TF_concentration_1, K_D1),
        basex=10, color="blue", label="single")
plt.xlabel("[TF]/$K_D$")
plt.ylabel("gene expression, $s$")
# dual repressor
w = 200
TF_concentration_2 = arange(0.001, 1000, 0.001) * K_D2
plt.loglog(TF_concentration_1 / K_D1,dual_repressor
        (TF_concentration_1, TF_concentration_2, K_D1, K_D2, w),
        basex=10, color="green", label="dual")
plt.title('Transcriptional repression')
plt.legend(loc='lower left')
plt.show()
```

这在结构上与前面的代码几乎相同，并且应该是不言自明的。我们已经创建了另一个函数 dual_repressor()，它对前面的公式进行了编码，并进一步将 K_D2 设为 K_D1 离解常数的 25 倍［见 Bintu 等（2005b）以了解详情］。在 loglog 调用中，我们还提供了一个 label 参数。然后，调用 matplotlib 的 legend[9] 来为彩色线条创建图例。我们还将图例放在左下角（loc='lower left'），这样就不会妨碍图形的显示。还需注意的是，我们只需要创建一次 x 轴和 y 轴的标签。

好的，现在让我们来比较图 12-4 中的阻遏物。

显然，双阻遏物在关闭基因方面更有效。对于相同浓度的 TF，您可以获得更多的转录抑制。该图确实有助于生物学家了解各种转录因子的调控差异。

---

[9] http://matplotlib.org/users/legend_guide.html

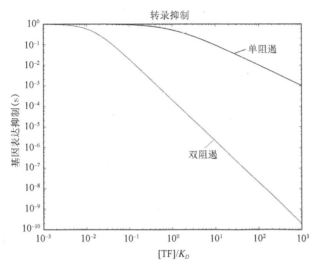

图 12-4 单阻遏和双阻遏对基因表达影响的比较

12.4 相同的浓度、更强的抑制：注释图

好的，一切都很好。但让我们假设您将向持怀疑态度的人展示这一点。对某些人来说，log-log 图并不像其他图那样直观。假设您真的想让人明白，双抑制对那些希望看到具体数字的人来说真的很重要。在这里，叠加文本注释[10]和图上的垂直与水平线的组合可以非常方便地展示这点。

假设我们想比较将转录因子浓度加倍时，绝对抑制量是如何变化的。我们首先应在两个 TF 浓度处加上水平线和垂直线，然后添加文本框，每个文本框中都有指向抑制水平的箭头。在示例 12-3 中，我们展示了 Python 代码（您必须从前面的示例中去定义 single_repressor 函数和 dual_repressor 函数）。

示例 12-3. 向 matplotlib 图添加注释

```
def draw_points(TF_ratio, repression, color):
    plt.axhline(repression,linestyle='dashed',color=color,linewid
th=2)
    plt.annotate("%.1g" % repression,xy = (TF_ratio, repression),
        xytext = (TF_ratio*0.1, repression*0.1),color=color,
        arrowprops=dict(facecolor=color, width=2, frac=0.2, shrink=
0.05))
for TF_ratio in [0.5, 1.0]:
```

---

[10] http://matplotlib.org/1.5.1/users/annotations_intro.html

```
plt.axvline(x=TF_ratio,    linestyle="dashed",    color="pink",
linewidth=3)
TF_value1 = TF_ratio * K_D1   # convert ratio into TF concentration
repression = single_repressor(TF_value1, K_D1)
draw_points(TF_ratio, repression, "blue")
TF_value2 = TF_ratio * K_D2
repression = dual_repressor(TF_value1, TF_value2, K_D1, K_D2, w)
draw_points(TF_ratio, repression, "green")
```

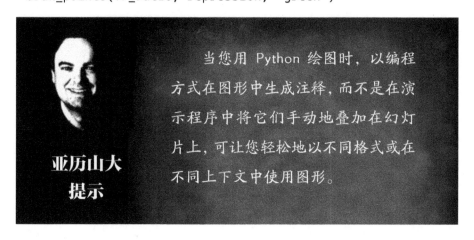

当您用 Python 绘图时，以编程方式在图形中生成注释，而不是在演示程序中将它们手动地叠加在幻灯片上，可让您轻松地以不同格式或在不同上下文中使用图形。

亚历山大
提示

　　我们从一个函数 draw_points() 开始，该函数首先使用 matplotlib 中的 axhline()[11] 函数在给定的抑制级别上绘制一条水平虚线，其颜色为彩色。然后它用注释功能通过箭头将抑制级别绘制到绘图上的确切点。xy 关键字是图上实际点的位置，xytext 是文本框的位置。arrowprops[12] 关键字也用颜色创建从标签到点的箭头。请注意，在 xytext 中，我们将提供给 xy 的坐标乘以 0.1，这具有使标签从箭头的末端稍微偏移的效果。

　　接下来，我们为 TF_ratio 从 0.5 到 1.0 添加一个 for 循环（浓度加倍）。在每个循环迭代中，我们先用 axvline[13] 在指定的 TF_ratio 处绘制一条垂直线。然后将 TF_ratio 转换为实际的 TF_value 并调用 single_repressor 以获取抑制等级，将其提供给 draw_points() 函数。接着对 dual_repressor() 重复相同的过程。请注意，我们还匹配了原始曲线的颜色，蓝色用于单阻遏物，绿色用于双阻遏物。

　　现在，让我们将整个程序组合在一起并生成图形。完整的代码在示例 12-4 中。

---

[11] http://matplotlib.org/api/pyplot_api.html#matplotlib.pyplot.axhline
[12] http://matplotlib.org/examples/pylab_examples/annotation_demo2.html
[13] http://matplotlib.org/api/pyplot_api.html#matplotlib.pyplot.axvline

示例 12-4. 生成带注释的基因表达抑制图的完整代码

```
from numpy import arange
import matplotlib.pyplot as plt
# transcription activation function for a single repressor
def single_repressor(TF_concentration_1, K_D1):
    F = 1/(1 + TF_concentration_1/K_D1 )
    return F
# transcription activation function for a dual repressor
# where repressors interact with strength w
def dual_repressor(TF_concentration_1, TF_concentration_2, K_D1,
K_D2, w):
    F = 1/(1 + TF_concentration_1/K_D1 + TF_concentration_2/K_D2 +
        ((TF_concentration_1/K_D1) * (TF_concentration_2/K_D2))* w)
    return F
def draw_points(TF_ratio, repression, color):
    plt.axhline(repression,linestyle='dashed',color=color,
linewidth=2)
    plt.annotate("%.1g" % repression,xy = (TF_ratio, repression),
        xytext = (TF_ratio*0.1, repression*0.1),color=color,
        arrowprops=dict(facecolor=color,     width=2,     frac=0.2,
    shrink=0.05))
fig1 = plt.figure()
# dissociation constants
K_D1 = 7.9E-10
K_D2 = 25 * K_D1
# single repressor
TF_concentration_1 = arange(0.001, 1000, 0.001) * K_D1
plt.loglog(TF_concentration_1 / K_D1,
    single_repressor(TF_concentration_1, K_D1),
    basex=10, color="blue", label="single")
plt.xlabel("[TF]/$K_D$")
plt.ylabel("gene expression, $s$")
# dual repressor
w = 200
TF_concentration_2 = arange(0.001, 1000, 0.001) * K_D2
plt.loglog(TF_concentration_1   /   K_D1,dual_repressor(TF_concen-
tration_1,TF_concentration_2, K_D1, K_D2, w),
    basex=10, color="green", label="dual")
for TF_ratio in [0.5, 1.0]:
```

```
    plt.axvline(x=TF_ratio,   linestyle="dashed",   color="pink",
linewidth=3)
    TF_value1 = TF_ratio * K_D1  # convert ratio into TF concentration
    repression = single_repressor(TF_value1, K_D1)
    draw_points(TF_ratio, repression, "blue")
    TF_value2 = TF_ratio * K_D2
    repression = dual_repressor(TF_value1, TF_value2, K_D1, K_D2, w)
    draw_points(TF_ratio, repression, "green")
plt.title('Transcriptional repression')
plt.legend(loc='lower left')
plt.show()
```

然后在图 12-5 中显示该图。

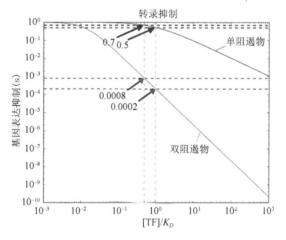

图 12-5　显示单、双阻遏物基因抑制的含图例和注释的图

您可以清楚地看到，与双重阻遏基元的 4 倍减少量（=0.0008/0.0002）相比，单个阻遏基元仅能抑制基因表达的 1.4 倍（=0.7/0.5）。将这些 matplotlib 注释功能保留在您的文件夹中是很有用的，因为它们可以为绘图做一些高效的添加。

因此，可视化转录因子结合的动力学开始变得更像真实的生物学了。在第 13 章中，我们将进一步探讨生物复杂性的问题，并用 Python 挖掘一个数据集，该数据集由所有转录因子组成，这些转录因子都"连接"到它们在简单单细胞生物（啤酒酵母）的细胞内所控制的基因。然后在第 14 章中，我们将所有这些放在一起创建了一个简单的基于 Python 的仿真模型，以探索通过本章介绍的双重相互作用阻遏物基元使相互作用基因被"连接"在一起进行相互调节的动力学。

12.5 参考资料和进一步阅读

- James A. Goodrich and Jennifer F. Kugel, *Binding and Kinetics of Molecular Biologists.*[14] (Cold Spring Harbor Press, 2007)。
- Bintu, Buchler, Garcia, Gerland, Hwa, Kondev, and Phillips (2005a). Transcriptional regulation by the numbers: models.[15] *Current Opinion in Genetics & Development*, **15**, 116–124。
- Bintu, Buchler, Garcia, Gerland, Hwa, Kondev, Kuhlman, et al. (2005b). Transcriptional regulation by the numbers: applications.[16] *Current Opinion in Genetics & Development*, **15**, 125–135。

---

[14] http://kinetics.cshl.edu/
[15] www.ncbi.nlm.nih.gov/pmc/articles/PMC3482385/
[16] www.ncbi.nlm.nih.gov/pmc/articles/PMC3462814/

第13章　梳理网络伪信息：用 Python 集合挖掘系统生物学数据

柴郡的猫被困，他尝试向左移动，然后又向右移动。即使像猫这样一个虚无缥缈、鬼魅般的存在下，树上缠结的粗树枝也坚不可摧。

"没人把我从地狱里救出来吗？"猫喵喵地叫着。

从地上看着猫的爱丽丝有些高兴地抬起头来。她开始了解这个世界的混乱局面，那里似乎什么都没有。

她喊道："猫，您应该习惯于应付这样纠结的结。毕竟，您发明了毛线球！"听到爱丽丝那样说，猫"噗"的一声就消失了。

编程索引： *set( )*；*设置函数 Union*；*intersection*；*列表推导式*

生物学索引： *系统生物学*；*基因网络*；*转录网络*；*基因调控*

正如我们在前几章中已经看到的那样，计算生物学的所有工作并非都围绕着序列分析。序列虽然非常重要，但在某种意义上只是理解复杂生物系统的基础。它们代表了经过数千年发展而来的解决方案的"数据库"。使生物学系统如此令人着迷的原因是看到这些序列如何帮助构成在生物学中所见特征的基础网络。研究此类网络（尤其是细胞内网络）的生物学领域日趋广泛，被称为"系统生物学"（systems biology）。

系统生物学是一个广阔的领域，其范围从蛋白质、mRNA、DNA 相互作用的实验研究到相互作用网络的数学建模和仿真。我们在本章中将运用前几章开发的解析数据文件、数据结构和正则表达式之类的技巧，大胆地处理一些真实的生物学数据集。我们已经在第 12 章中了解了系统生物学的基础。

Python 拥有一套经过实践检验的优秀工具，可以帮助您搜索系统生物学中庞大且不断增长的网络数据集资源。因此，对于初学者而言，让我们想象您只对解决一种网络感兴趣，即基因以及调节酵母细胞中这些基因的开启或关闭方式的转录因子网络。酵母是有趣的生物，需要对其进行研究的原因有多种：它们的产生时间短，非常适合实验室进化；尽管它们大多以单细胞形式生存，但它们也是真核生物（eukaryote），因此酵母和人类之间存在着许多相似的基因。酵母在系统生物学的背景下具有的一大优势是：可以找到非常全面的经过实验验证的细胞成分之间相互作用的数据库。所有这些组件之间的交互作用数量巨大，许多连接的边缘重叠，这导致许多人将此类数据复制到网络上。

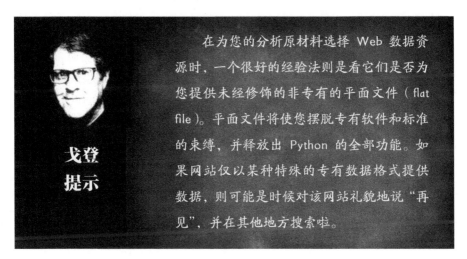

在为您的分析原材料选择 Web 数据资源时，一个很好的经验法则是看它们是否为您提供未经修饰的非专有的平面文件（flat file）。平面文件将使您摆脱专有软件和标准的束缚，并释放出 Python 的全部功能。如果网站仅以某种特殊的专有数据格式提供数据，则可能是时候对该网站礼貌地说"再见"，并在其他地方搜索啦。

我们可以探索许多不同的数据库。让我们从查看 YEASTRACT[1]开始，这些字母的组合代表酵母搜索转录调节因子和共识追踪。这是一个人工策划的网站（意味着会有真实的人查看条目并进行定期更正），并且您可以在该网站上进行很多交互式可视化。例如，您可以查看特定转录因子调节的所有基因。但是，有时您可能想对网络进行自己的定量探索，这就超出了网站程序员的想象范围。

您要做的第一件事是寻找"平面文件"。这些是纯文本文件，格式为 CSV（逗号分隔值）或 TSV（制表符分隔值）。

快速浏览一下 YEASTRACT 网站，您将会找到下载页面：www.yeastract.com/download.php，然后下载下述平面文件：RegulationTwoColumnTable_Docu-

---

mented_ 2013927.tsv.gz，并用诸如 gunzip 之类的压缩程序将其解压缩，您会发现它包含以下格式的两列：

```
ABF1;ABF1
ABF1;ACS1
ABF1;ADE5,7
ABF1;ADH1
ABF1;ALD3
ABF1;AMS1
ABF1;ARN2
ABF1;ARO3
ABF1;ARP5
ABF1;BAP3
ABF1;BNA2
...
```

第一列为转录因子，第二列为受该转录因子调控的基因的名称。在视觉上可以重建基础转录因子网络，使其外观如图 13-1 所示，该图显示了一个调控多个基因的转录因子。

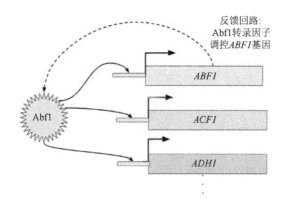

图 13-1　单转录因子 Abf1 调控多个基因

13.1　用集合制作表格

您可能从遥远的入门性数学类书籍中看到过，集合中的成员是唯一的。在转录网络的数据结构中，这意味着对于每个转录因子，我们只需要记录一次该特定基因。

```
genes = set()
```

这很容易！让我们开始将基因添加到集合中：

```
genes.add("ABF1")
genes.add("ACS1")
print(genes)
{'ABF1', 'ACS1'}
```

太好了，我们现在有了一组基因。但集合确实可用，因为它们将拒绝重复项的加入。这真的很方便，因为我们不必检查一个集合是否含有某个元素（就像我们在列表中所做的一样），而可以持续添加基因，并且该集合可以神奇地确保每个基因只有一个条目。继续我们的示例：

```
genes.add("ABF1")
print(genes)
{'ABF1', 'ACS1'}
```

请注意，这时仍然只有一个 *ABF1* 基因的拷贝！很酷吧？当把大量的基因添加到数据集时，这就变成了它自己可以自动检验，因为有时候您的输入数据可能会有错误或重复（这对生物学家来说是一个令人震惊的事实！）我知道，奇迹永远不会停止。

现在，您可以自动防范那些困扰计算生物学家的难题之一，即丢失或重复数据的存在！

集合还有其他一些很酷的功能。您可以轻松地检查集合中是否包含某个元素：

```
'ABF1' in genes
True
'FakeGene' in genes
False
```

或者，您可以检查一个集合是否为另一个集合的子集（请注意，您可以用列表来初始化该集合）。在这种情况下，请注意，仅包含基因 *ABF1* 的较小集合是原始基因集的子集：

```
smaller=set(['ABF1'])
print(smaller)
{'ABF1'}
smaller < genes
True
smaller > genes
False
```

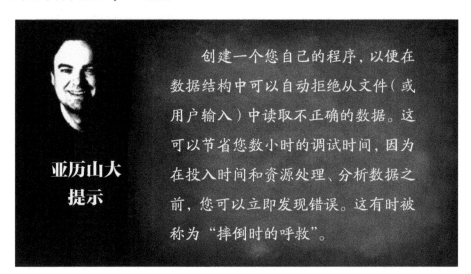

您还可以执行各种标准的集合操作，如 intersection(A&B)、union(A|B)
等（有关完整列表，请参见 Python 语言文档上的 set[2]）。

现在您可以开始看到，在查询由离散对象（如转录因子和基因）组成的生物
学数据时，集合实际上是何等有用。例如，给定两个不同的转录因子，哪些基因
受两个转录因子调控，哪些基因仅受其中一个调控？因此，让我们开始用
YEASTRACT 示例查看集合是如何起作用的！

13.2 双字典结构：网络的数据结构

让我们开始为网络创建数据结构。我们首先使用在第 8 章中介绍的 with 语句
方法读取文件：

```
with open("RegulationTwoColumnTable_Documented_2013927.tsv") as file:
    lines = file.readlines()
```

我们将从创建两个字典数据结构开始。原因是经常要从 TF 的角度查找信息，
也就是说，给定 TF，它控制什么基因？但有时候也会反过来：给定一个基因，它
由哪些 TF 控制？（请注意，目前我们仅关注核心的 Python 语言，而不用诸如
NetworkX 之类的第三方软件包来创建网络。有关这类软件的链接，请参阅本章末
尾的参考部分）。

这两类数据的结构和基础生物学如图 13-2 所示。

---

2 https://docs.python.org/3/library/stdtypes.html#set-types-set-frozenset

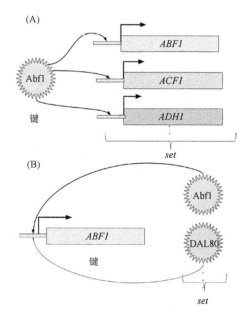

图 13-2　两类数据结构

（A）调节一组基因的 TF；（B）受一组 TF 调节的基因

图 13-2 是集合的直观表示。在（A）图部分，TF 是键，在（B）图部分，基因是键。

A. alltfs：由 TF 索引的字典，每个键是一个 TF，每个值是它调控的一组基因（该图显示单个 TF 键 Abf1 调控多个基因；请注意仅显示了前几个）。

B. allgenes：由基因索引的字典，每个键是一个基因，每个值是调节该基因的一组 TF（该图显示单个键 *ABF1* 基因以及所有对其进行调节的 TF；再次提示仅是显示了前几个）。

让我们首先初始化字典，然后遍历并解析已从中检索到数据的行：

```
alltfs = {}
allgenes = {}
for line in lines:
    items = line.split(';') # split line into elements using ';' as
separator
    items = [item.lower() for item in items] # lowercase each item
    tf = items[0].strip() # first column = TF (element 0)
    gene = items[1].strip() # second column = gene that TF regulates
(element 1)
```

让我们在这里先暂停下来，去回顾一下自己创建数据结构的过程。我们在这几行简短的程序中做了很多工作，但要短暂地绕开目前的路径，以介绍那些尚未描述的新的语言功能。

首先，我们对包含在 line 变量中的字符串用 split 将其转换为字符串项的列表（我们指定 split 用分号作为分隔每个变量的字符，这通常称为定界符）。（对于 Python2.7 的用户请注意，在 Python3 中，split 和 strip 函数不再是 string 模块的一部分，我们仅在字符串上直接使用这些函数）。

13.3　列表推导式

其次，循环的下一行引入了另一个新功能：列表推导式。列表推导式使您可以对列表执行以下操作。

1. 遍历该列表（这在循环 "for item in items" 中体现）。
2. 应用 lower() 函数将每项的字母改为小写。
3. 在括号[]之间返回一个新列表（覆盖旧列表）。

所有这些操作都在一行中！很酷吧？Python 最重要的特点就是简洁。列表推导式对于这类操作非常方便。有关更多细节的信息，请参阅 Python 教程中的列表推导式部分[3]。

现在我们已经成功地在一行中将输入数据中的每个元素都变成小写的了。这样做是为了避免输入文件中字体大小写的微小印刷差异不会被视为不同，例如，TF 的 "Pma1" 实际上应该与 TF 的 "pma1" 一样看待（这是另一个确保通过预先清理数据来构建鲁棒性的一般原则）。这使我们有了第三个特点。

第三，最后两行提取 tf（原始文件的第一列，即 items 中的第零项）和调节的基因（第二列，即 items 中的第一项，请记住所有列表均从零开始）。但在分配 tf 和 gene 之前，必须先剥离字符串中多余的字符，尤其是在原始行中带有"伴随而来"的可怕的行尾字符（这是前面提到的防御性编程的另一个示例）。

最后，我们可以从文件中获得实际的信息，并且可以用字典的强大功能（请参阅第 2 章）和先前介绍的集合对这些数据进行实际处理。因此，这里是读取数据文件后的下一个操作：

```python
# genes keyed by TF
if tf in alltfs:
    (alltfs[tf]).add(gene)# TF already added, we just add the gene
else:
    alltfs[tf] = set()     # otherwise, we create an empty set
```

---

[3] https://docs.python.org/3/tutorial/datastructures.html#list-comprehensions

```
(alltfs[tf]).add(gene)      # then add it
```

让我们进行一些简要的分析。我们首先检查 tf 的键是否存在。如果存在，就可以通过用 add() 函数将该基因添加到该特定 TF 调控的基因集中。否则，我们只是创建了一个新的空集，然后像以前一样添加基因。一开始令人费解的可能是 (alltfs[tf]) 两端的括号。尽管这并不是严格必需的，但却提醒我们，当我们把基因 add() 进来时，实际上是将该特定词典的条目添加到集合中。如果示例变得更加复杂，它们还使得跟踪程序的执行变得容易。

下节基本上与前节具有相同的格式，但我们没有在集合中添加基因，而是在集合中添加了 TF，这些集合以基因为键：

```
# TFs keyed by gene
if gene in allgenes:
    (allgenes[gene]).add(tf)  # if gene already exists, we just add
the TF
else:
    allgenes[gene] = set()    # otherwise create empty set
    (allgenes[gene]).add(tf)  # then add it
```

哇！现在让我们将这些放在一起，并看看示例 13-1 中的内容。

示例 13-1. 将文件中的网络数据解析为两个数据结构

```
#!/usr/bin/env python3
with open("RegulationTwoColumnTable_Documented_2013927.tsv") as
file:
    lines = file.readlines()
alltfs = {}
allgenes = {}
for line in lines:
    items = line.split(';')   # split each line into elements
    items = [item.lower() for item in items] # lowercase each item
    tf = items[0]    # first column = TF (element 0)
    gene = items[1] # second column = gene regulated by TF (element 1)
    # genes keyed by TF
    if tf in alltfs:
        (alltfs[tf]).add(gene) # TF already added, we just add the gene
    else:
        alltfs[tf] = set()     # otherwise, we create an empty set
        (alltfs[tf]).add(gene) # then add it
    # TFs keyed by genes
```

```
if gene in allgenes:
    (allgenes[gene]).add(tf)  # gene already exists, we just add
the TF
else:
    allgenes[gene] = set()    # otherwise, we create an empty
set
    (allgenes[gene]).add(tf)  # then add it
print("total TFs:", len(alltfs))
print("total genes:", len(allgenes))
```

如果运行前面的程序，它应该读入文件并为您提供一些概要的统计信息，看起来应该像这样：

total TFs: 183
total genes: 6403

Len()函数是我们在第 3 章中首次遇到的，它打印出数据结构的长度，其含义根据数据结构的类型而变化。对于我们的词典，它是指键的数量。

恭喜，您现在已经成功地创建了一些数据结构，并可以用它们来提出一些实际的生物学问题了。

13.4 基因调控问题

分析这些类型的交互网络数据时经常遇到的一个问题是：假设有两个不同的转录因子，它们调控的共有基因是什么？现在，我们已经完成了许多艰苦的工作，利用集合的 intersection 函数（可以用快捷方式 "&"），很容易回答这个问题：

```
print("genes regulated by both abf1 & cyc8:", alltfs['abf1'] &
alltfs['cyc8'])
```
genes regulated by both abf1 and cyc8: {'hxt2', 'hxt4'}

事实证明这是一个很小的集合：只有两个基因。我们还可以求出完整的超集（superset），即它们调节的所有基因，并且通过使用集合（set）功能，在不需要任何其他代码的情况下，可以通过运用 union（快捷方式 "|"）函数确保集合中包含的元素是唯一的：

```
print("genes regulated by abf1 or cyc8:", alltfs['abf1'] |
alltfs['cyc8'])
```
genes regulated by abf1 or cyc8: {'ycr064c', 'ugx2', 'ydr095c',
'spp2', 'mtq1', ...

我们已经截断了上面的输出，因为它将占用整整一章！还要注意，尽管 hxt2 和 hxt4 都出现在两个原始集合中，但在结果集（resulting set）中只会出现一次。太棒了。

现在您可以使用工具，利用 set 函数启用仅受您的想象力限制的所有丰富的功能，以多种方式开始探索网络数据。您也可以利用 allgenes 数据结构查询类似的问题，如哪些 TF 调节特定的基因。我们将这些功能留给您自己去发现！

13.5　汇总：使用 Python 的 __main__

现在我们可以将文件读取和数据结构创建放到一个函数 get_tf_yeastract 中，并将交集和并集的函数放到各自独立的函数 get_common_genes 和 get_all_genes 中（如我们在第 2 章讨论的那样，使用 def 关键字和相应的缩进）。这非常方便，因为这意味着我们可以将这些函数与不同的变量一起再次使用。然后，我们可以使实际的主程序非常简短。这是主程序的外观（请注意，我们还用了 sorted，它是我们在第 3 章中首次遇到的，用于按字母顺序对输出中的基因和转录因子进行排序）：

```python
if __name__ == "__main__":
    # get TF regulation data
    alltfs, allgenes = get_tf_yeastract()
    # remember we lowercased the gene names!
    common_genes = get_common_genes(alltfs, 'abf1', 'cyc8')
    print("genes regulated by both abf1 & cyc8", sorted(common_genes))
    all_genes = get_all_genes(alltfs, 'abf1', 'cyc8')
    print("genes regulated by abf1 or cyc8", sorted(all_genes))
```

这展示了命名空间的另一个漂亮的功能。我们可以将所有函数放在一个文件中，然后将主程序放在同一文件的底部，而不必将其移动到单独的文件中。当您要将所有的函数、变量和测试用例放在同一个位置时，这非常方便。通过使用下述命令这可以被神奇地启用：

```python
if __name__ == "__main__"
```

通过使用"__main__"，Python 解释器会注意到文件正在被直接执行，并且仅在直接执行文件时才使该文件被真正运行，而在导入文件时则不会被运行（有关更多详细信息，请参阅 Python 教程中的模块和脚本[4]）。

---

[4] https://docs.python.org/3/tutorial/modules.html#executing-modules-as-scripts

因此，我们最终有了示例 13-2 中的完整程序，并注意到它很短（如果删除一些注释，它甚至会更短）。

示例 13-2. 用于读取和解析转录网络数据的完整程序

```python
#!/usr/bin/env python
# get the TF regulation data from yeastract
def get_tf_yeastract():
    with open("RegulationTwoColumnTable_Documented_2013927.tsv") as file:
        lines = file.readlines()
    # create a dictionary indexed by transcription factors (TF)
    # each key is a TF, each value is a *list* of genes it regulates
    alltfs = {}
    # create a dictionary of indexed by genes
    # each key is a gene, each value is a *list* of TFs regulated by that gene
    allgenes = {}
    for line in lines:
        items = line.strip(';')   # split line into elements using ';' as separator
        # lowercase each item, so that minor differences in casing don't confuse
        items = [item.lower() for item in items]
        tf = items[0].strip() # first col = TF (element 0)
        gene = items[1].strip() # second col = gene that TF regulates (element 1)
        # genes keyed by TF
        if tf in alltfs:
            (alltfs[tf]).add(gene)   # TF already added, we just add the gene
        else:
            alltfs[tf] = set()       # otherwise, we create an empty set
            (alltfs[tf]).add(gene)   # then add it
        # TFs keyed by gene
        if gene in allgenes:
            (allgenes[gene]).add(tf) # if gene already exists, we just add the TF
        else:
            allgenes[gene] = set()   # otherwise create empty set
```

```
        (allgenes[gene]).add(tf)  # then add it
    print("total TFs:", len(alltfs))
    print("total genes:", len(allgenes))
    return alltfs, allgenes
def get_common_genes(alltfs, tf1, tf2):
    return alltfs[tf1] & alltfs[tf2]
def get_all_genes(alltfs, tf1, tf2):
    return alltfs[tf1] | alltfs[tf2]
if __name__ == "__main__":
    # get TF regulation data
    alltfs, allgenes = get_tf_yeastract()
    # remember we lowercased the gene names!
    common_genes = get_common_genes(alltfs, 'abf1', 'cyc8')
    print("genes regulated by both abf1 and cyc8", sorted(common_
genes))
    all_genes = get_all_genes(alltfs,'abf1','cyc8')
    print("all genes regulated by either abf1 OR cyc8", sorted(all_
genes))
```

因此，发掘并获取交互网络数据，您可以成为一个新生的 Python 狂热者！第 14 章将讨论更多的系统生物学内容，我们将在其中创建一个实际的动态仿真模型，该模型由相互关联的基因和转录因子组成。

13.6　参考资料和进一步阅读

- NetworkX[5]：用于网络数据结构的 Python 库。
- Hive Plots[6]：超越"毛绒"的复杂生物网络的可视化方法。相关的 Python 包为 pyveplot[7]。
- Teixeira et al. (2014). The YEASTRACT database: an upgraded information system for the analysis of gene and genomic transcription regulation in Saccharomyces cerevisiae.[8] *Nucleic Acids Res*，**42**，D161–D166。
- Monteiro et al. (2008). YEASTRACT-DISCOVERER: new tools to improve the analysis of transcriptional regulatory associations in Saccharomyces cerevisiae.[9] *Nucleic Acids Res*，**36**，D132–D136。

---

[5] https://networkx.github.io/
[6] www.hiveplot.net/
[7] https://pypi.python.org/pypi/pyveplot/
[8] www.ncbi.nlm.nih.gov/pmc/articles/PMC3965121/
[9] www.ncbi.nlm.nih.gov/pmc/articles/PMC2238916/

第14章 遗传反馈循环：用 Gillespie 算法为基因网络建模

"哦，天呐！"爱丽丝冲向小路时喊道，"所有这些扑克牌一直以恒定的速度向我飞来，似乎每秒一张！我不可能全部收集。"

她朝脚下的小白兔看了一下，左右躲闪着扑克牌。当她跑着的时候，那只小白兔也刚好能够避开爱丽丝。

"真的有必要如此频繁地发送这些消息吗？"她生气地对兔子叫道，"毕竟，如果有什么新的事情要做，我们只需要获得一条信息即可！"

兔子说："您真是清淡优雅。您从来不需要做任何真实的模拟，对吗？我一生都在收集扑克牌，每秒收集一张。亲爱的，这个世界就是这样的。"

"哦，兔子，您是一个最令人烦恼的动物。"爱丽丝怒气冲冲地说，她的确变得非常混乱，因为她总是有踩上毛茸茸动物的危险，而且这个动物还在左右开弓不断地收集着扑克牌。

"我要装着没听到你说的，并将与牌管理员交谈，要求他仅在发生重要变化时才发牌。"说着，爱丽丝生气地踩着脚走了。

编程索引：*sum( )*；*numpy.random 模块*；*exponential( )*；*uniform( )*

生物学索引：*基因调控网络*；*系统生物学*；*化学主方程*；*二聚化*；*反馈环*；*转录因子*；*mRNA*；*翻译*；*蛋白质降解*

如果您还没有注意到的话，生物学可能有点混乱。物理学有无摩擦表面、点电荷和理想气体。这些系统的实际版本通常与抽象概念相距不远，漂亮干净且简单可解的方程实际上可以合理准确地描述实验结果。在生物学中通常不是这样的。这里有一个关于在生物学中使用数学的笑话：有一幅漫画画着一个科学家站在幻灯片前，标题是"考虑一头球形的奶牛"。这当然是笑话，尽管奶牛显然不是球形的，但只有假设奶牛实际上是球形的，方程式才能真正求解！

对细胞网络（如基因调控网络或代谢网络）进行建模可能会很复杂：细胞可能处于一个嘈杂的环境中！分子在其左右和中心碰撞着，它也可能被合成或降解，会变得非常混乱。有时碰撞、创造和毁坏等这些个体事件都被"平均化"了。例如，大量特定种类的蛋白质就是如此。如果集中度足够高，我们可以忽略单个事件而只关注宏观行为。因此，在对代谢网络进行建模时，常微分方程就足以对其动力学行为进行模拟。在其他情况下，如转录因子网络，与单个转录因子结合的少数几个启动子分子就可以在打开或关闭基因之间产生差异。然后，单个事件的确开始显得非常重要：副本数量的微小变化会对结果产生很大的影响。在这种情况下，噪声，或更严格地说，是随机性，就显得至关重要！

正如序言中所提到的，我们在本书中所用的方法与大多数方法略有不同：我们认为通过自下而上的建模来建立直觉是很有用的。您稍后可以回来学习数学。一开始就直接进行仿真通常会更有趣。根据我们的总体理念，即通过"玩转"简单的模型可以建立直觉，模拟是一种边做边学的好方法。您也永远不会知道最终的结果！而且，碰巧的是，仿真也是用于模拟细胞噪声的便捷工具。

模拟生化网络的一种最常用的技术称为 Gillespie 算法，该算法由 Daniel Gillespie 于 20 世纪 70 年代首次发布。尽管它是基于化学主方程的基础数学形式，但无需数学即可轻松掌握算法的本质。其核心思想是，涉及许多不同种类分子的任何模拟都包括一系列预定的可能事件：它可能是转录因子的结合或不结合，或者是 mRNA 分子的产生或降解。基于事件中所涉及分子的数量，这些事件中的每一个都有一定的发生概率。

就算法而言，在其他算法中，时间以预定的步长稳步向前迭代，然后逐一检查所需的操作。Gillespie 算法并非如此。使用 Gillespie 算法只需解决两个问题：下一个事件什么时候发生？哪个事件发生？然后，更新时间并通过更新分子数来进行工作，接着更新并重复。如果都没有发生任何感兴趣的事件，则在所有中间步骤上均无需浪费时间。哈哈！

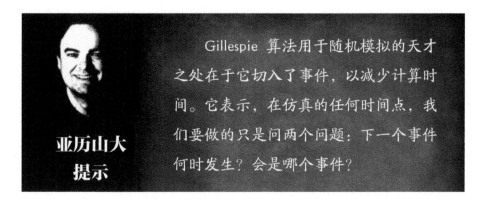

Gillespie 算法用于随机模拟的天才之处在于它切入了事件，以减少计算时间。它表示，在仿真的任何时间点，我们要做的只是问两个问题：下一个事件何时发生？会是哪个事件？

亚历山大
提示

14.1 二聚体

最简单的模型之一是二聚化，其中两个分子（如 A 和 B）成为一个二聚体（AB）。只有两种可能的事件，如刚刚描述的二聚化和解离，在解离过程中二聚体再次变成两个独立的分子。如式（14-1）所示，我们可以用两个化学方程式来表示这一点，它们以 k_D 和 k_U 的速率出现：

$$A + B \xrightarrow{k_D} AB$$
$$AB \xrightarrow{k_U} A + B$$

（14-1）

显然，如果每种分子的数量非常少，会对这三种分子的数量产生重大影响。现在先让我们冒险地直接进入示例 14-1 中的 Python 代码。

示例 14-1. 设置

```python
from numpy.random import exponential, uniform
import matplotlib.pyplot as plt
# Model 1: dimerization: just two reactions
# A + B -> AB (k_D)
# AB -> A + B (k_U)
k_D = 2.0
k_U = 1.0
time_points = []
A_counts = []
B_counts = []
AB_counts = []
t = 0.0
max_time = 10.0
# maximum number of molecules
max_molecules = 100
```

```
n_A = max_molecules
n_B = max_molecules
n_AB = 0
```

我们从 NumPy 和 matplotlib 的导入开始（已经分别在第 12 章和第 10 章中讨论了这两个库），然后设置参数和列表，这些列表将保存每种化学物质模拟输出的副本数（A_counts、B_counts 和 AB_counts）。在模拟中我们还将时间列表（time_points）存储为浮点数，这与先前讨论过的模拟相反。我们不是简单地增加整数代，而是时间可以"跳跃"地移动，跳跃的步长取决于模拟中特定时间处事件的密度。然后将时间 t 初始化为零，并设置模拟运行的最大时间（max_time）。最后，我们初始化该模拟中 A 和 B 单体的最大数目（n_A，n_B）。在该示例案例中设置为 100，并且没有二聚体（n_AB=0）。

现在我们已经准备好了进行主仿真循环，如示例 14-2 所示，该循环的运行时间与之前指定的 max_time 一样长。

示例 14-2. Gillespie 算法的主仿真循环

```
while t < max_time:
    A_counts.append(n_A)
    AB_counts.append(n_AB)
    time_points.append(t)
    dimer = k_D * n_A * n_B
    disso = k_U * n_AB
    rates = dimer + disso
    delta_t = exponential(1.0/rates) # get time for next reaction
    type = uniform(rates)
    if type < dimer:      # do dimerization
        n_AB += 1
        n_A -= 1
        n_B -= 1
    else:                 # do dissociation
        n_AB -= 1
        n_A += 1
        n_B += 1
    t = t + delta_t       # update the time
```

请注意，系统状态完全由当前时间（t）和三种分子中每种分子的数量（n_A、n_B 和 n_AB）所定义。首先，将 t，n_A 和 n_AB 附加到稍后将用于绘制系统状态的三个列表中（请注意，我们没有 n_B 的列表，因为在特定模型中 B 的分子数始终与 A 的分子数相同，因此绘制该图有些多余）。

14.2 动态过程

接下来，我们开始研究模型的实际生物动力学。所有可能发生事件的总发生率只是所有各个事件发生率的总和。单个事件的发生率又由速率常数乘以所涉及的分子种类的数量。事件的发生率也可以认为代表了可能发生的事件的概率。例如，事件二聚化的次数与 A 和 B 的各个单体的单个拷贝的数目成正比，再乘以速率常数（k_D），如代码 dimer=k_D*n_A*n_B 所示。这应该很直观，周围的单体越多，发生二聚化事件的概率就越大。同样，对于解离而言，解离的机会越多，我们所处的二聚体就越多，我们通过代码 disso=k_U*n_AB 进行计算。因此，任何类型事件的总概率是这两个事件的总和。

想象一下，如果在给定当前分子数的情况下，二聚化的可能性比解离的可能性更高，我们可以在图 14-1 中将此发生率的计算可视化。

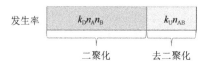

图 14-1　图解发生率的计算过程

一旦完成了总发生率的计算，我们就可以用该信息来回答 Gillespie 算法提出的第一个问题：下一个事件的 delta_t 是何时？通过用 NumPy 的指数函数（以 1.0/rates 作为比例因子）绘制随机样本来计算此 delta_t（有关更多的详细信息，请参见 NumPy 文档[1]）。这意味着发生率越大，绘制的时间间隔就越短。直观地讲，您可以想到更高的发生率，这意味着可能发生的事件的密度更高，因此需要以更短的时间步长降低速度，以便准确地模拟所有这些事件。

好的，一切顺利，我们已经回答了第一个问题。现在发生了什么事？这实际上很简单。利用已计算出的发生率，并以一定的长度比率间隔进行均匀采样（请记住，该比率由单个发生率的所有分段发生率组成），然后查看它属于哪个分段的发生率。在前面的代码中，我们用 NumPy 的 uniform 函数，并用 rates 作为采样的间隔，以提供一个随机数类型。这看起来像图 14-2，其中虚线代表类型的位置。

在图 14-2 中，随机数类型位于左段，这意味着发生二聚化事件，这是条件 if type < dimer 检查的结果。然后，由于只有两个可能的事件，因此根据定义，

---

[1] http://docs.scipy.org/doc/numpy-1.10.1/reference/generated/numpy.random.exponential.html

任何比 dimer 发生率高的事件都位于右侧的片段，这意味着发生解离事件。然后，我们可以简单地用 else 语句，而无需显式地检测发生率。

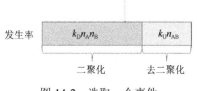

图 14-2　选取一个事件

　　太好了，我们接下来可以在有条件的情况下实际执行事件，这应该是很清楚的。如果发生二聚化事件，只需增加二聚体 n_AB 的数量并减少 A 和 B 单体 n_A 和 n_B 的数量（因为二者都对二聚体起作用）。对于解离情况，则进行相反的操作：减少二聚物的数量并增加单体的数量。最后，通过将旧的当前时间 t 增加一个 delta_t 增量来更新当前时间。

　　至少对模拟而言，Python 是您的好帮手！现在剩下的就是用 matplotlib 打印输出了。示例 14-3 显示了该代码。

示例 14-3. 绘制时间序列输出

```
fig1 = plt.figure()
plt.xlim(0, max_time)
plt.ylim(0, max_molecules)
plt.xlabel('time')
plt.ylabel('# species')
plt.plot(time_points, A_counts, label="A")      # A monomer
plt.plot(time_points, AB_counts, label="AB")     # AB dimmer
plt.legend()
plt.show()
```

　　上述程序中 x 轴为时间，y 轴为分子数。第一部分有点像调用 figure() 命令在纸上建立一个图形。接下来，设置要显示的轴的长度。我们用 xlim[2]和 ylim[3]命令进行设置，在 x 轴上从 t=0 到 t=运行代数，并在 y 轴上将种群大小从零（完全灭绝）到 N（最大种群大小）运行［这与我们在前几章（如第 11 章和第 12 章）中用 matplotlib 绘制曲线的方式稍有不同。在这里，我们指定了两个轴的长度，如果没有 xlim 和 ylim，则 matplotlib 将选择轴本身，它可能是您想要的区域，也可能不是］。接着，我们用 xlabel 和 ylabel 对图进行标记。然后，绘制两行：

[2] http://matplotlib.org/api/pyplot_api.html#matplotlib.pyplot.xlim
[3] http://matplotlib.org/api/pyplot_api.html#matplotlib.pyplot.ylim

第一行是时间列表（time_points）与单体数量（A_counts）间的关系，第二行是时间列表与二聚体数量（AB_counts）间的关系。我们通过绘制图例并最终显示该图来结束它。这将产生如图 14-3 所示的图形。

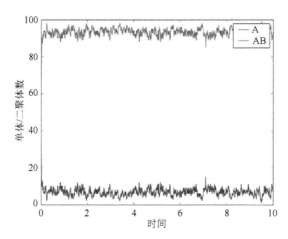

图 14-3　Gillespie 二聚化模拟的时间序列输出（彩图请扫封底二维码）

您可以立即看到，虽然我们从没有二聚体开始，但模拟快速地将二聚体的数量增加到大约 90 个的平衡值。但个别事件的随机性继续围绕这一平均值"摇摆"；类似地，单体的数量下降到 10 个左右。

14.3　噪声的引入

我们可以做的另一件很好的事是看看分子数量的减少是如何使噪声增加的，直到平衡点被打破。假设只有 5 个分子，我们可以通过设置 max_molecules=5 来实现。然后，如图 14-4 所示，波动非常明显，没有真正的平衡。在细胞内的一些真实情况下，这可能真的会对生物过程产生影响。

或者我们可以走另一条路，通过增加分子数量来减少噪声，使模拟更接近连续或确定性模型。通过将分子数量设置为一个非常大的值，如 max_ molecules=1000，如图 14-5 所示，分子种类的数量稳定得很快，噪声也很小。

好的，一切都很好。但到此为止，化学似乎比生物学更重要。我们在第 12 章中遇到的关于系统生物学的数据挖掘，在细胞内发生的类似转录和翻译这样的分子生物学现象，以及它们相互作用形成的基因网络，Gillespie 算法和 Python 也可以帮助我们！

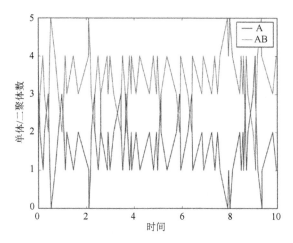

图 14-4　极少量分子的 Gillespie 模拟（彩图请扫封底二维码）

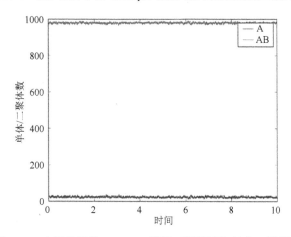

图 14-5　大量分子的 Gillespie 模拟（彩图请扫封底二维码）

14.4　实际的操作：拨动开关

我们将展示一个非常简单的基因网络示例：拨动开关。实际上，使用"网络"一词可能有点麻烦，因为我们的交换仅包含了两个基因。为了与前面的二聚体示例保持一致，我们将它们称为基因 *A* 和 *B*。假设您将两个基因连接起来，以便当基因 *A* 被激活时它将趋向于关闭基因 *B*，而当基因 *B* 被激活时它将趋向于关闭基因 *A*。这种遗传转换实际上是在大肠杆菌中产生的[有关详细信息，请参见 Gardner（2000）]。

如图 14-6 所示，它有点像环形行刑队。

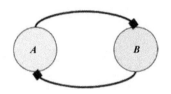

图 14-6　基因拨动开关示意图

当然，这只是分子水平的一幅非常粗糙的图示。实际上，当足够的转录因子结合到实际编码区 DNA 下游的启动子区时，基因就会打开。因此，转录的起始本身在某种程度上是随机的，但一旦起始，编码区就会被转录成 mRNA 分子。

然后，该 mRNA 分子将被翻译成蛋白质分子。这两个分子中的每一个，即 mRNA 和蛋白质，也可以分别降解回其组成的核苷酸或氨基酸。所有这 4 个过程（结合、转录、翻译和降解）都可以建模为以一定速率发生的单个事件。听起来是不是有点熟？图 14-7 显示了所涉及过程的图形快照。

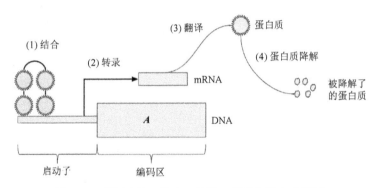

图 14-7　基因表达：结合、转录、翻译和蛋白质降解

通过制作每种蛋白质的转录因子，我们可以将两个基因 A 和 B "连接" 成一个环，以创建一个基因回路拨动开关，显示涉及的主要分子生物学过程，如图 14-8 所示。

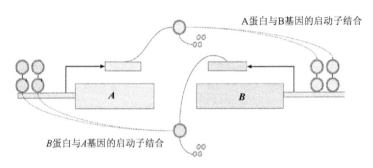

图 14-8　将两个基因连接在一起以构成遗传拨动开关

但这已经开始变得很复杂了！是的，为了用 Gillespie 框架实现完整的切换开关，对于每个基因，我们的确都要跟踪以下变量。

1. 结合的转录因子数量
2. mRNA 分子数
3. 蛋白质分了数

这将意味着更新至少 6 种反应物和许多总反应，并似乎需要很多的记录。我们如何才能使自己更轻松一些呢？答案：利用我们对基础生物学系统的了解来简化模型。

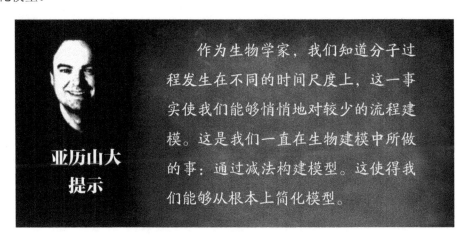

作为生物学家，我们知道分子过程发生在不同的时间尺度上，这一事实使我们能够悄悄地对较少的流程建模。这是我们一直在生物建模中所做的事：通过减法构建模型。这使得我们能够从根本上简化模型。

在我们的案例中，可以将模型简化为只有两个反应物（代表开始的基因 *A* 和 *B*）和 4 个反应。接下来该怎么做？让我们从"开启基因"开始。

14.5 三合一：开启基因

关于转录，有两件重要的事要实现。

1. 相对于转录起始的时间尺度，转录因子结合事件通常非常快。例如，在大肠杆菌中，转录因子结合事件以毫秒为单位而发生[4]，但转录起始仅每几秒钟发生一次[5]。因此，我们可以在基因 *B* 蛋白质分子数量的驱动下，将基因 *A* 的结合和启动"打包"成一个反应（反之亦然）。

2. 翻译是突发性的：转录和翻译可以"打包在一起"，因为尽管单个启动事件会产生单个 mRNA，但该 mRNA 会停留足够长的时间，使核糖体能够翻译更多的蛋白质。在大肠杆菌中，mRNA 的合成速度为每分钟几纳摩尔，而翻译的发生

---

[4] http://bionumbers.hms.harvard.edu/bionumber.aspx?s=n&id=102037&ver=4
[5] http://bionumbers.hms.harvard.edu/bionumber.aspx?&id=111997&ver=5&trm=transcription%20initiation

速度为每分钟几个 mRNA。可以将翻译事件数量中的这种"突发性"建模为每个转录事件中蛋白质分子数量的"跳跃",从而将转录和翻译步骤有效地组合为一个反应。

为了说明 Gillespie 算法,我们可以将这两种蛋白质反应物的结合和转录压缩成两种反应(在代码中,我们将用 n_A 和 n_B 来表示 A 和 B 型蛋白质的数量),和前面的例子一样,我们在式(14-2)给出了结合和转录的化学反应,并在括号中指出了这些反应发生的速率。

$$
\begin{aligned}
n_A &\xrightarrow{\alpha_R \times s([B])} n_A + p \\
n_B &\xrightarrow{\alpha_R \times s([A])} n_B + p
\end{aligned}
\tag{14-2}
$$

第一个反应结合了三个集总过程(结合、转录和翻译),由此产生了 p 个新的 A 型蛋白分子。事件的发生率是捕获整个过程的主要任务,因此需要更多的说明。这些 A 型蛋白质"暴发"的速率将与两件事成正比。

1. 启动子的活性速率:$s([B])$,即启动 mRNA 合成的转录因子结合位点事件发生的速率。

2. 一旦开始,mRNA 的合成速率(α_R)。

让我们从第一件事开始:对于 $s([B])$,我们需要计算一个作为 B 型蛋白质浓度函数的速率。假设转录因子 B 作为二聚体是活跃的(如前一个例子中所述),并且二聚化是瞬时的(所以我们不对其建模)。我们还假设这个基因是由我们在第 12 章中已经看到的双重相互作用的阻遏因子启动的。

提醒一下,这包括一个具有两个结合位点的操纵子,其中二聚体相互独立地结合,并且当二聚体结合时,它们以 w 的速率关闭(或"抑制")转录。同样从第 12 章中,我们将二聚体从其各自的 DNA 结合位点分离的速率定义为 K_D。如果两种转录因子都相同,那么它们的浓度都是[B],并且可以根据浓度推导出启动子 B 的活性速率方程 $s([B])$,如式(14-3)所示:

$$
s([B]) = \frac{1 + \dfrac{[B]/K_D}{w}\left(2 + [B]/K_D\right)}{\left(1 + [B]/K_D\right)^2}
\tag{14-3}
$$

正如我们在第 12 章的动力学可视化中所看到的,随着蛋白质浓度([B])的增加,转录起始的速率将降低。这也是建立在第 12 章的直觉之上,即转录因子蛋白的拷贝越多,它们与 DNA 上的启动子结合的机会就越大,从而关闭基因 A,而产生蛋白 A。与第 12 章处理方法的主要区别在于,我们现在在用的公式得到了将转录事件作为概率事件的概率,而不是将速率绘制为浓度的连续函数。

很好!我们既然已经解决了第一个反应,第二个反应则是小菜一碟。它与第一个反应的形式完全相同,只是启动子活性 $s([A])$ 现在是 A 蛋白浓度的函数,因为 B 由 A 蛋白调节。

14.6 所有蛋白质最终消亡

所有的蛋白质最终都会消亡，这是生物生命中一个可悲的事实。幸运的是，蛋白质分子丢失的模型要简单得多。这里我们只处理简单的生化降解。同样，如式（14-4）所示的蛋白质降解的两个化学方程式，那里只有两个反应，它们都与各自的浓度和蛋白质降解率 β_p 成正比：

$$n_A \xrightarrow{\beta_p[A]} n_A - 1$$
$$n_B \xrightarrow{\beta_p[B]} n_B - 1 \tag{14-4}$$

回到图 14-9 中的图形，您可以看到"集总"结合+转录+翻译的过程（在灰色框中）"映射"到原始生物机制上，使我们只需跟踪蛋白质的浓度。这让我们回到显示为实线的两个反应物（两种蛋白质）和 4 个事件（原始事件的虚线现在隐含在集总事件中）。

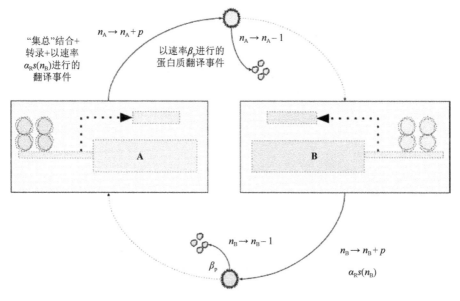

图 14-9　只显示主要建模事件的基因翻转的简化模型

14.7 生物化学的 Python 代码

"这些生物化学知识已经足够了，"我听到您说，"我现在就要准备看一些

Python 代码了。"好吧，我们已经展示了足够的生物和模型，现在可以从代码开始了。所以废话少说，我们在示例 14-4 中展示 calculate_reaction_rates 函数（以及相关的全局变量）。

示例 14-4. 基因拨动开关反应速率的计算

```
alpha = 1                # synthesis mRNA
p = 10                   # number of protein molecules per mRNA event
protein_degr_rate = 1/50.0      # degrading protein
w_fold = 200                    # fold repression
K_D = 25                 # strength of the DNA binding creating repression
def calculate_reaction_rates(n_A, n_B):
    A_conc = n_A/scaling
    B_conc = n_B/scaling
    A_synthesis_rate = scaling*alpha*(1+(B_conc/K_D/2)/w_fold*(2+
(B_conc/K_D/2)))/(1+(B_conc/K_D/2))**2
    B_synthesis_rate = scaling*alpha*(1+(A_conc/K_D/2)/w_fold*(2+
(A_conc/K_D/2)))/(1+(A_conc/K_D/2))**2
    A_degradation_rate = scaling*protein_degr_rate*A_conc
    B_degradation_rate = scaling*protein_degr_rate*B_conc
    return [A_synthesis_rate, B_synthesis_rate, A_degradation_rate,
B_degradation_rate]
```

该函数以每种蛋白质的数量为参数，并用缩放因子 scaling 将其转换为浓度。这点应该是不言自明的。然后我们实现前两个反应，从而产生新的蛋白质。速率常数 K_D 和 w 分别用 K_D 和 w_fold 表示。在这 4 个反应中的第二组实现了最后两个反应，这些反应导致新蛋白以 β_p（在代码中用 protein_degr_rate 表示）的降解速率减少。在函数的末尾，我们将反应率作为列表返回。

14.8　记录参与反应的分子

生物学建模的复杂性实际上都是在计算反应速率的过程中体现的。生物学的下一个主要部分要简单得多，它只是记录分子的数量。就像二聚体的例子一样，它可以从前面显示的化学反应中很自然地向前推进。但现在已经足够复杂了，我们将在示例 14-5 中给出它自己的函数，而不是将代码内联到主函数中。

示例 14-5. 进行化学反应

```
def do_reaction(n_A, n_B, next_reaction):
    if next_reaction == 0:
        n_A = n_A + p        # p copies of A are created
    elif next_reaction == 1:
        n_B = n_B + p        # p copies of B are created
    elif next_reaction == 2:
        n_A -= 1             # A is degraded
    elif next_reaction == 3:
        n_B -= 1             # B is degraded
    return n_A, n_B
```

我们在 next_reaction 中传递每个蛋白质分子的数量以及反应类型，并根据规则更新数字（注意突发的量值由全局变量 *p* 表示）。

14.9　生物分子的模拟

现在我们已经准备好介绍示例 14-6 中的主程序，并保留了与 dimer 示例中相同的基本数据结构和名称，用列表记录时间点和蛋白质计数（A_counts,B_counts, time_points）。这些应该很容易理解（注意，为使本代码可以工作，您必须先执行示例 14-4 和示例 14-5 中的代码）。

示例 14-6. 遗传拨动开关的主仿真循环

```
scaling = 1.0
max_time = 20000.0
time_points = []
A_counts = []
B_counts = []
n_A = round(11*scaling)
n_B = round(34*scaling)
seed(50)
t = 0.0
num_reactions = 4
while t <= max_time:
    time_points.append(t)
    A_counts.append(n_A)
    B_counts.append(n_B)
    rates = calculate_reaction_rates(n_A, n_B)
```

```
total_rates = sum(rates)
delta_t = exponential(1.0/total_rates)
type = uniform()*total_rates
# find the reaction
for reaction in range(0, num_reactions):
    if (sum(rates[0:reaction+1]) >= type):
        next_reaction=reaction
        break
n_A, n_B = do_reaction(n_A, n_B, next_reaction) # carry out
reaction
t = t + delta_t
```

程序的 while 循环结构与 dimer 示例中的结构几乎相同，只是这里用了 seed(50)将随机数种子固定为 50。数字 50 是任意的，但它确保您的数字始终与我们接下来要显示的数字相同。这次我们先调用 calculate_reaction_rates 函数返回反应率列表，然后求和以计算 total_rates。为此，我们引入了内置的 Python sum()函数[6]，它将列表中的所有元素相加。接下来，通过用 uniform() 分布从 total_rates 中取样，并利用 exponential()和反应类型获得 delta_t。另一个主要区别是，找到要执行的事件稍微复杂一些，因为我们现在有 4 种类型的反应，所以我们的间隔现在看起来像图 14-10。

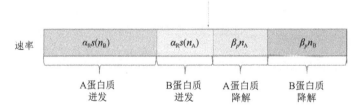

图 14-10　遗传拨动开关的 Gillespie 算法中化学反应（事件）的选择

为找出哪个反应可以进入运行，我们使用一个 for 循环，这个循环逐步地求出反应率的和，一旦该值超过 type，它就会终止循环并运行该反应。因此，循环将首先对子列表 rates[0:1]中的反应率求和，然后对 rates[0:2]求和，依此类推，在本例中，直至 rates[0:4]。如果在任何时候这超过了 type，就找到了所需的反应。值得注意的是，从 calculate_reaction_rates 返回的列表顺序必须始终保持一致，以便 rates 列表中的零位条目始终对应于 do_reaction 函数（蛋白质 A 的突发事件）中的零位反应，且第一个条目对应于第一反应等。尽管在这个特定的例子中这不是个问题，但如果您重写代码时没有意识到索引必须保持原

---

[6] https://docs.python.org/3/library/functions.html#sum

来的顺序，那么就可能是一个问题。

在我们得到 next_reaction 条目的指数之后，我们就可以执行 do_reaction，更新由 do_reaction 返回的蛋白质编号 n_A 和 n_B，并更新时间 *t*。现在我们已准备好在示例 14-7 中绘图，该代码实际上与二聚体示例相同。

示例 14-7. Gillespie 仿真的绘图输出

```
fig1 = plt.figure()
plt.xlim(0, max_time)
plt.ylim(0, 1000)
plt.xlabel('time')
plt.ylabel('# species')
plt.plot(time_points, A_counts, label="A")      # species A
plt.plot(time_points, B_counts, label="B")      # species B
plt.legend()
plt.show()
```

现在让我们看看示例 14-8 中完整的程序，并使用默认的参数运行。

示例 14-8. 遗传拨动开关 Gillespie 算法仿真的完整程序

```
from numpy.random import exponential, uniform, seed
import matplotlib.pyplot as plt
# Model 2: toggle switch: four reactions
alpha = 1        # synthesis mRNA
p = 10           # number of protein molecules per mRNA event
protein_degr_rate = 1/50.0        # degrading protein
w_fold = 200    # fold repression
K_D = 25         # strength of the DNA binding creating repression
def calculate_reaction_rates(n_A, n_B):
    A_conc = n_A/scaling
    B_conc = n_B/scaling
    A_synthesis_rate = scaling*alpha*(1+(B_conc/K_D/2)/w_fold*(2+
(B_conc/K_D/2)))/(1+(B_conc/K_D/2))**2
    B_synthesis_rate = scaling*alpha*(1+(A_conc/K_D/2)/w_fold*(2+
(A_conc/K_D/2)))/(1+(A_conc/K_D/2))**2
    A_degradation_rate = scaling*protein_degr_rate*A_conc
    B_degradation_rate = scaling*protein_degr_rate*B_conc
    return [A_synthesis_rate, B_synthesis_rate, A_degradation_rate,
B_degradation_rate]
```

```python
def do_reaction(n_A, n_B, next_reaction):
    if next_reaction == 0:
        n_A = n_A + p     # p copies of A are created
    elif next_reaction == 1:
        n_B = n_B + p     # p copies of B are created
    elif next_reaction == 2:
        n_A -= 1          # A is degraded
    elif next_reaction == 3:
        n_B -= 1          # B is degraded
    return n_A, n_B
scaling = 1.0
max_time = 20000.0
time_points = []
A_counts = []
B_counts = []
n_A = round(11*scaling)
n_B = round(34*scaling)
seed(100)
t = 0.0
num_reactions = 4
while t <= max_time:
    time_points.append(t)
    A_counts.append(n_A)
    B_counts.append(n_B)
    rates = calculate_reaction_rates(n_A, n_B)
    total_rates = sum(rates)
    delta_t = exponential(1.0/total_rates)
    type = uniform()*total_rates
    # find the reaction
    for reaction in range(0, num_reactions):
        if (sum(rates[0:reaction+1]) >= type):
            next_reaction=reaction
            break
    n_A, n_B = do_reaction(n_A, n_B, next_reaction)  # carry out
reaction
    t = t + delta_t
fig1 = plt.figure()
plt.xlim(0, max_time)
plt.ylim(0, 1000)
plt.xlabel('time')
```

```
plt.ylabel('# species')
plt.plot(time_points, A_counts, label="A")        # species A
plt.plot(time_points, B_counts, label="B")        # species B
plt.legend()
plt.show()
```

　　您会注意到运行这个程序会比其他程序花更长的时间，这是因为它要做更多的计算才能得到有趣的结果。您应该可以看到类似图 14-11 的输出。

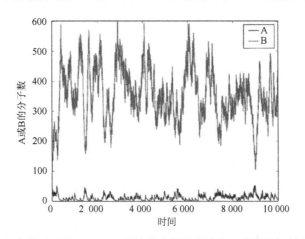

图 14-11　遗传拨动开关 Gillespie 算法仿真的绘图输出（彩图请扫封底二维码）

　　请注意，B 分子的数目相当快地达到大约 400 个分子的稳定状态（大约通过 100 次或更少的迭代），而 A 分子的数目非常少（表明 B 有效地开启了，A 关闭）。这个开关似乎在做它应该做的工作，并保持在一个单一的开启状态。

　　如果我们把分子总数减少 1/4 会怎么样？我们只需设置 scaling=0.25 并重新运行模拟就可以做到这一点，输出应该类似于图 14-12。

　　虽然我们确实看到 B 分子数达到了大约 80 个分子的稳定状态，但这种状态现在是不稳定的！在相同的 10 000 个时间步中，我们看到几个从一个状态切换到另一个状态的事件。请注意，这种情况的出现完全没有任何外部输入的干扰。它只是像鬼魂一样地自行切换！简单的分子"噪声"足以偶尔切换这种状态。我们把它作为一个练习留给读者来试验一些不同的参数，例如，比例因子、随机数种子（在前面的运行中我们将其设置为 50）和时间步数，以查看开关何时变得不稳定，以及不稳定可以持续多长时间。

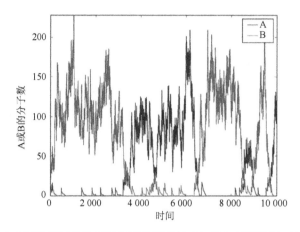

图 14-12　小分子数模拟的结果显示遗传开关被"切换"（彩图请扫封底二维码）

14.10　随机切换问题

所以这是一个很好的模拟，但为什么我们首先要关心基因通路的随机切换呢？有几个原因。其中一个具有实际的生物医学意义：在没有外部输入的情况下改变状态的偶然事件可能潜伏着某些疾病的因素。例如，我们通常认为癌症纯粹是外部变异的结果，但也有证据表明，内部细胞的随机事件也有可能在癌症的发展过程中发挥作用（Gupta et al，2011）。在更长的时间尺度上，Arkin（1999）和他的同事们表明，在 lambda 噬菌体裂解/溶原决策线路的随机切换可以导致一个基因上完全相同的大肠杆菌细胞群分化为具有不同表型状态的亚群。用随机 Petri 网表示细菌中的质粒复制也观察到了类似的过程（Goss and Peccoud，1999）。随着时间的推移，这些过程可能导致截然不同的进化结果。因此噪声很重要！

我们现在已经用 Python 构建了一个可识别的完整的生物系统模型，不仅仅是化学的，而几乎是一个移动的、生长的、有生命的东西。让我们在第 15 章中解决这个问题，我们将用 Python 创建一个非常简单的植物生长模型，它使用人工生命研究一个重要的内容：L 系统。

14.11　参考资料和进一步阅读

书籍

- Uri Alon, *An Introduction to Systems Biology: Design Principles of Biological*

Circuits[7] (CRC Press, 2006)。在诸如大肠杆菌和酵母菌之类的微生物方面很好地介绍了系统生物学方法。

- Hamid Bolouri, *Computational Modeling of Gene Regulatory Networks: A Primer*[8] (World Scientific, 2008)。用于基因网络建模的实用的入门指南。
- Bower and Bolouri, eds., *Computational Modeling of Genetic and Biochemical Networks*[9] (MIT Press, 2001)。虽然较旧，但仍是一本很好的技术概述。
- West-Eberhard, *Developmental Plasticity and Evolution*[10] (Oxford University Press, 2003)。各章探讨了噪声和随机性在生物发展中的重要作用。
- Darren Wilkinson, *Stochastic Modelling for Systems Biology*[11] (CRC Press, 2011)。用整本书的长度处理系统生物学中的随机模型。

论文

- Arkin et al. (1998). Stochastic Kinetic Analysis of Developmental Pathway Bifurcation in Phage λ-Infected *Escherichia coli* Cells[12]. *Genetics*，**149**: 1633–1648.
- Bintu et al. (2005). Transcriptional regulation by the numbers: applications[13]. *Current Opinion in Genetics & Development*，**15**: 125–135.
- Gardner et al. (2000). Construction of a genetic toggle switch in *Escherichia coli*[14]. *Nature*，**403**: 339–342.
- Gillespie (1977). Exact stochastic simulation of coupled chemical reactions[15]. *The Journal of Physical Chemistry*，**81**: 2340–2361.
- Goss and Peccoud (1998). Quantitative modeling of stochastic systems in molecular biology by using stochastic Petri nets[16]. *PNAS*，**95**: 6750–6755.
- Gupta et al. (2011). Stochastic state transitions give rise to phenotypic equilibrium in populations of cancer cells[17]. *Cell*，**146**: 633–644.

---

[7] www.crcpress.com/An-Introduction-to-Systems-Biology-Design-Principles-ofBiological-Circuits/Alon/p/book/9781584886426
[8] www.worldscientific.com/worldscibooks/10.1142/p567
[9] https://mitpress.mit.edu/books/computational-modeling-genetic-and-biochemicalnetworks
[10] www.oupcanada.com/catalog/9780195122350.html
[11] www.crcpress.com/Stochastic-Modelling-for-Systems-Biology-Second-Edition/Wilkinson/p/book/9781439837726
[12] www.ncbi.nlm.nih.gov/pmc/articles/PMC1460268/
[13] www.ncbi.nlm.nih.gov/pmc/articles/PMC3462814/
[14] www.nature.com/nature/journal/v403/n6767/full/403339a0.html
[15] http://web.mit.edu/endy/www/scraps/dg/JPC(81)2340.pdf
[16] www.ncbi.nlm.nih.gov/pmc/articles/PMC22622/
[17] www.cell.com/abstract/S0092-8674(11)00824-5

- Merlo et al. (2006). Cancer as an evolutionary and ecological process[18]. *Nat Rev Cancer*，**6**: 924–935.
- Thattai and van Oudenaarden (2001). Intrinsic noise in gene regulatory networks[19]. *PNAS*，**98**: 8614–8619.

其他

- BioNumbers[20]：一个有用的生物学数据库，可用于建模及其推导的文献。
- 用于系统生物学的 Python[21]（PySB）：用于系统生物学的 Python 框架。
- 系统生物学标记语言[22]（SBML）：一种开放的交换格式，用于研究人员间共享系统生物学模型。该站点列出了与 SBML 兼容的软件[23]。

---

[18] www.cs.unm.edu/~karlinjf/papers/merlo-NRC-AOL.pdf
[19] www.ncbi.nlm.nih.gov/pmc/articles/PMC37484/
[20] http://bionumbers.hms.harvard.edu/
[21] http://pysb.org/
[22] http://sbml.org/
[23] http://sbml.org/SBML_Software_Guide

第 15 章　种植虚拟花园：用 L 系统模拟植物生长

当三张扑克牌正拿着一桶油漆穿过田野时，他们碰到了一个看起来最为奇怪的结构从泥土中伸出来。

"这件事一定是全能势力的结果，"黑桃五说，"有那么多弯和折，它只会使人感到困惑。任何自然的过程都无法产生如此缠结的野兽。"

"是的，只要看看结构末端的那些所有不同的形状，"黑桃七喊道，"没有两个看起来是完全一样的。显然，这就是所谓的最好的手工技艺。"

直到现在还保持沉默的黑桃二两脚不舒服地移动着。"嗯，嗯，您知道的，我一直在计算那东西从地上到末端的分叉次数。而且我认为我看到了一种模式……。"

黑桃五和黑桃七短暂地相互看了一眼，然后大笑起来："这就是您和您对数字痴迷的典型代表。接下来您要说的是，这就是您与我们之间的区别。"

编程索引： *turtle 图形；＋＝运算符；只读；竞争条件*

生物学索引： *发育生物学；细胞繁殖；丝状生长；藻类；植物；生殖行为；复杂系统*

正如我们在前几章中所看到的，计算生物学不仅仅是序列分析。随着生物系统规模的不断扩大，这一令人惊讶的流畅且高度鲁棒的有机体发育的过程，一直以来都是人们关注的焦点。Python 是一个极好的平台，可以通过简单的规则或行为的生成能力来探索发育的本质。这是一个强大的想法，因为即使是非常简单的规则，随着迭代时间的推移，也可以生成复杂且不可预测的模式。从鸟类的成群行为到蜂群，生物学充满了从简单行为中产生无尽迷人模式的例子——这一研究领域已被称为复杂的自适应系统（第 16 章和第 18 章将进一步探讨这些主题）。您甚至可以像奥地利生物学家阿里斯蒂德·林登迈尔（Aristid Lindenmayer）1968 年所做的那样，通过模拟藻类等丝状生物体的生长发育过程，在电脑中种植植物。

林登迈尔首先设想了一个一维细胞线，任何一个细胞都接收到信号，要么分裂，要么只向它们的左邻或右邻生长。他允许每一个藻类细胞存在于两种可能的状态之一：繁殖或生长。处于繁殖状态的细胞会分裂成两个细胞：一个处于生长状态，另一个保持在繁殖状态。此外，一个始于生长状态的细胞最终会变成一个生殖细胞。把这两条规则结合起来，林登迈尔提出了一个丝状生长（filamentous growth）的模型，它捕捉到了植物真实生长的一些关键特征，如持续的顶端生长（constant apical growth）[1]，其中心的"干"（在模型中，这是一组细胞）在外观上保持不变，即使细胞分裂并离开这组中心细胞。

15.1 增加繁殖率：算法生成规则

将这个想法转换成代码的核心是将这些生物直觉定义为严格的算法生成规则。您可以把前面两个直觉编成两个简单的规则。将处于生殖状态的细胞称为 A，处于生长状态的细胞称为 B。生产规则基本上是这样的：在左手边取一个符号，在右手边用另一组符号替换它。下面是它看起来的样子：

B→A（规则 1：生长细胞变为生殖细胞）

A→AB（规则 2：生殖细胞分裂成另一个生殖细胞，再加上一个生长细胞）

要完成算法，我们只需要给算法一个细胞来启动，比如说一个生殖细胞 A。从 A 开始"手动"执行增长（或者也许我们真的应该说"头动"），然后注意 A 不是一个生长细胞，所以第一条规则不适用。但它是一个生殖细胞，所以适用第二条规则。现在我们有一个生殖细胞和生长细胞，或 AB。

让我们再次执行规则。在这种情况下，生殖细胞 A 将再次变为 AB，第二个生长细胞 B 将再次变为生长细胞，从而得到 AB+A 或 ABA。继续这样做，您会得到 ABA->ABAAB->ABAABABA 等。

那么如何在 Python 中构建该算法呢？实现此功能的函数 algae_growth 短得令人惊讶。我们只需提供要运行的规则的迭代次数和初始符号（我们默认为 A）即可。示例 15-1 中的主要代码由两个嵌套的 for 循环组成。

---

[1] http://archive.bio.ed.ac.uk/jdeacon/microbes/apical.htm

示例 15-1. 用 L 系统规则模拟藻类的生长

```
def algae_growth(number, output="A", show=False):
    for i in range(number):
        new_output = ""
        for letter in output:
            if letter == "A":        # rule #2
                new_output += "AB"
            elif letter == "B":       # rule #1
                new_output += "A"
        output = new_output   # only update state after all letters
    are read
        if show: print("n =", i+1, output, "[", len(output), "]")
    return output
print("n = 0", "A", "[ 1 ]")
algae_growth(6, output="A", show=True)
```

外循环执行数字迭代，将结果存储在变量 output 中。在每个循环的开始，将 new_output 重新初始化为空字符串 ""，然后采用现有的 output，并用一个内部 for 循环逐个字母地对其进行遍历。对于循环中的当前 letter 变量，检查它是 A 还是 B。如果是 A，则只需使用 "+=" 运算符将两个新字符附加到 new_output 字符串中。同样，如果是 B，则附加一个 A。检查完该字母后，我们将 new_output 分配给 output，以再次开始该过程，进行下一个生长和繁殖的迭代（外循环）。

请注意，我们在这里用了两个不同的变量，而不仅仅是一个 output。为什么呢？这是因为我们要在使用这两个规则的过程中将 output 变量保持为只读状态。否则，就会像谚语"蛇追逐它的尾巴"那样（为使自己确信这一点，请尝试删除 new_output 变量并将 new_output 的所有实例替换为 output，它仍然可以工作，但将进入一个无限死循环）。因此，只有应用了规则，我们才能用 new_output 的内容更新 output 变量。

示例 15-1 中的最后一步调用该函数并使藻类生长（它运行 6 代算法）。以下输出充分显示了细胞的生长：

```
n = 0 A [ 1 ]
n = 1 AB [ 2 ]
n = 2 ABA [ 3 ]
n = 3 ABAAB [ 5 ]
n = 4 ABAABABA [ 8 ]
n = 5 ABAABABAABAAB [ 13 ]
n = 6 ABAABABAABAABABAABABA [ 21 ]
```

请注意，仅经过 6 次迭代，我们就已经有了非常有趣的模式。我们还打印了循环的每个迭代的长度。机敏的读者会注意到一个有趣的模式：它们代表斐波那契数列（Fibonacci sequence）。当您思考这一过程时，它实际上是非常不可思议的：反复迭代的一组两个非常简单的规则可以产生一个细胞序列，其数量与茎上叶片的排列和松果的形成中最基本的数学序列之一有着深刻的联系。我们还可以看到开始时提到的持续的顶端生长：即使随着增长的持续，最左边的 ABA 模式仍然存在。

15.2 用 Python 的 Turtle 图形生长蕨类植物

所以您可能会问自己，虽然很酷，但模式还是有点无聊。毕竟，细胞并不是真的生活在一条直线上，它们看起来也不像植物。我们能做得更好吗？能用这些想法来创造一种看起来像植物的东西吗？我很高兴您会问这个问题，因为答案是肯定的。是的，我们可以。要实现这一点，需要一组使用更复杂语言的规则，但仍使用相同的基本简单逻辑。

首先想象一下"植物"，假设它是一种"蕨类植物"，生长在二维表面上。在这里，L 系统的输出实际上是指示植物在这个二维表面上的下一个"生长"位置的指令。有 6 个基本的符号可以被认为代表一个生长发育的"命令"：

F =前进

X =停留

+ =向右转 25 度

- =向左转 25 度

[=保存当前的（x，y）位置

] =返回到保存的（x，y）位置

产生规则将 F 和 X 视为变量（意味着只有这两个符号被扩展到其他符号中），而+、 - 、[和]是常量（它们是终端符号：不会被扩展到任何其他符号中）。所以，不用再费心了，这里有两条规则：

F → FF

X → F−[[X]+X]+F[+FX]−X

好的，这些肯定比以前的规则更复杂，但它们的工作原理基本相同。每当您看到一个"F"，就用一个"FF"代替它，每当您看到一个 X，就用式子右边那个"怪物"来代替它！这个长表达式嵌入了植物向前生长的命令，包括一些左右旋转的命令以及保存和恢复位置的命令。可以把它想象成一个实时运行的小基因程序。

每一个位置的保存（[）和恢复（]）代表完成了一个单独的"叶"的生长，

并从原来的叶所在的位置开始一个新的"叶"！当我们在实现绘制所生成的植物的代码时，这将变得更加清楚。同时，在示例 15-2 中，我们看到了如何在 Python 中实际实现生长的规则。

示例 15-2. 用二维 L 系统进行植物生长

```python
def plant_growth(number, output="X", show=False):
    for i in range(number):
        new_output = ""
        for letter in output:
            # rule #1
            if letter == "X":
                new_output += "F-[[X]+X]+F[+FX]-X"
            elif letter == "F":
                new_output += "FF"
            else:
                new_output += letter
        output = new_output
        if show: print("n =", i+1, output, "[", len(output), "]")
    return output
```

您会注意到代码的结构与藻类生长代码完全相同！新代码的唯一区别是 new_output 中生产规则的右侧不同。从 X 的初始符号开始，我们可以用以下代码运行生长：

```python
print("n = 0", "X", "[ 1 ]")
plant=plant_growth(2, output="X", show=True)
```

因为蕨类植物生长很快，我们只显示了两次生长的迭代（在 *n*=2 时已经有了 89 个符号！）

```
n = 0 X [ 1 ]
n = 1 F-[[X]+X]+F[+FX]-X [ 18 ]
n= 2 FF-[[F-[[X]+X]+F[+FX]-X]+F-[[X]+X]+F[+FX]-X]+FF[+FFF-[[X]+X]+
   F[+FX]-X]-F-[[X]+X]+F[+FX]-X [ 89 ]
```

所以，到目前为止一切都很好。但您可能会问自己，这看起来不像蕨类植物。我想看到一些看起来像蕨类植物的东西。为此，我们将深入研究海龟图形的世界。

如果您曾在小学或高中上过计算机课，可能会遇到一种叫做 Logo 的语言，这种语言是由马萨诸塞州剑桥一个公司的科学家们在 20 世纪 60 年代后期发明的，它被用作一种语言，教孩子们如何编程绘制图形，想象他们正在编程海龟，可以向前移动，左右旋转，从一个地方跳到另一个地方等等。

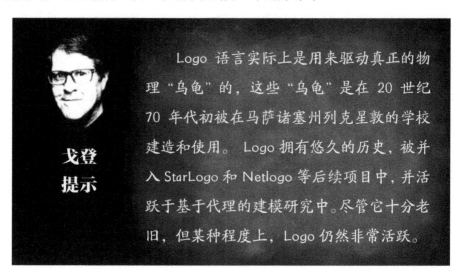

戈登
提示

Logo 语言实际上是用来驱动真正的物理 "乌龟" 的，这些 "乌龟" 是在 20 世纪 70 年代初被在马萨诸塞州列克星敦的学校建造和使用。Logo 拥有悠久的历史，被并入 StarLogo 和 Netlogo 等后续项目中，并活跃于基于代理的建模研究中。尽管它十分老旧，但某种程度上，Logo 仍然非常活跃。

Python 已经采用了乌龟图形的核心概念，并在一个名为 "waiting，dump roll，Please…turtle" 的模块中实现了它们。乌龟图形可用于控制二维 "画布" 上的乌龟。乌龟会留下一条 "痕迹"，形成复杂的图案，就像一系列细胞或叶状体在实际植物生长中留下痕迹一样。从概念上讲，乌龟图形是绘制 L 系统输出的理想选择：乌龟移动、留下痕迹、移动到其他地方。示例 15-3 为该图形的代码。

示例 15-3. 用 Python 乌龟图实现植物生长的可视化

```python
import turtle
def draw_plant(actions):
    stk = []
    for action in actions:
        if action=='X':          # do nothing
            pass
        elif action== 'F':        # go forward
            turtle.forward(2)
        elif action=='+':         # rotate right by 25 degrees
            turtle.right(25)
        elif action=='-':         # rotate left by 25 degrees
            turtle.left(25)
        elif action=='[':
            # save the position and heading by "pushing" down on to
            the stack
            pos = turtle.position()
```

```
        head = turtle.heading()
        stk.append((pos, head))
    elif action==']':
        # restore position and heading: by "popping" the stack
        pos, head = stk.pop()
        turtle.penup()
        turtle.setposition(pos)
        turtle.setheading(head)
        turtle.pendown()
    else:
        raise ValueError("don't recognize action", action)
    turtle.update()
```

到现在为止，这段代码对您来说应该看起来相对简单：该函数执行一系列操作（以字符串形式实现），并循环执行该操作（字符串中的每个字符），以指示乌龟使用乌龟语言进行操作。乌龟遵循的命令几乎一对一与其符号相映射。

1. turtle.forward()对应于 F。

2. turtle.left()和 turtle.right()对应于转向命令 " – " 和 "+"。

3. 保存乌龟状态[稍微复杂一点：因为我们需要利用 turtle.position()获取当前（*x*, *y*）位置并用 turtle.heading()获得乌龟面对的方向。通过将由位置和方向组成的元组附加到列表中，可以保存这两个位置（这就像 "推" 到堆栈上）。

4. 反向执行前面的步骤可以将乌龟返回到之前保存的位置。我们首先用 "pop()" 弹出列表（或堆栈）中的最后一个元素，通过操作 turtle.penup()阻止乌龟离开其踪迹，然后用 setposition()和 setheading()将其放回保存的位置，落下画笔，以便继续拖曳细胞。

绘制功能就完成了！在示例 15-4 中，我们将蕨类植物的生长输出连接到图形（请注意，必须先执行示例 15-2 和示例 15-3 中的代码才能起作用）。

示例 15-4. 使植物生长然后可视化的主程序

```
print("n = 0", "X", "[ 1 ]")
plant=plant_growth(6, output="X", show=False)
# get initial position
x = 0
y = -turtle.window_height() / 2
turtle.hideturtle()
turtle.left(90)
turtle.penup()
```

```
turtle.goto(x, y)
turtle.pendown()
draw_plant(plant)
```

请注意，为了绘制实际图形，我们基于窗口的大小对乌龟位置进行了一些初始设置，然后将乌龟移到适宜的位置，最后用 pendown() 开始对生长进行可视化！如果运行该程序，应该会看到类似图 15-1 的图形。

图 15-1　在 Python 中用二维 L 系统成长的"蕨"

恭喜，您已经种植了第一棵虚拟植物！在下一章（第 16 章）中，我们将扩展这些建模方法，以研究由数学家 Alan Turing 最初创建的著名的生长模型，此模型已被证明确实存在于真实生物中。

15.3　参考资料和进一步阅读

- Lindenmayer (1968). Mathematical models for cellular interactions in development I. Filaments with one-sided inputs[2]. *Journal of Theoretical Biology*，**18**：280–299.
- Philip Ball, *The Self-Made Tapestry: Pattern Formation in Nature*[3]（Oxford University Press, 1997）及其后续书籍，三卷集 *Nature's Patterns, a Tapestry*

---

[2]　http://w0.cs.ucl.ac.uk/staff/p.bentley/teaching/L6_reading/lsystems.pdf
[3]　https://global.oup.com/academic/product/the-self-made-tapestry-9780198502432

in Three Parts[4]（Oxford University Press, 2009）是对生物学及其他领域中图案形成科学的出色的介绍。您也可以获得咖啡桌大小的摄影版本，*Patterns in Nature*[5]（University of Chicago, 2016）。鲍尔真的很喜欢其三卷集的书！

- Kuma and Bentley, *On Growth, Form and Computers*[6]（Academic Press，2003）。这是一本关于用计算模拟生长发育的出色的综述类书籍。
- Melanie Mitchell, *Complexity: A Guided Tour*[7]（Oxford University Press, 2009）。这是一次复杂科学的奇妙导览。

[4] https://global.oup.com/academic/product/shapes-9780199237968
[5] http://press.uchicago.edu/ucp/books/book/chicago/P/bo23519431.html
[6] www.sciencedirect.com/science/book/9780124287655
[7] https://global.oup.com/academic/product/complexity-9780195124415

第16章 细胞自动机：图灵模式的细胞自动机模型

爱丽丝意识到自己讨厌国王和王后整天让她玩这愚蠢的游戏。

"如果我们可以使用同一张棋盘，但又不必担心总有人要赢呢？"

"是的，"她喃喃自语道，"我只是让每个正方形根据邻居的不同而改变颜色。然后，我就随机地将它们全部撤离，而不是按照这种愚蠢的对局方式来进行。"她开始大声说出来，把权杖扔掉了。

"总会有一系列不断变化的比赛，而不是对败局的迷恋。"她跳起来时喊道，扔掉了佩戴的那顶不舒服的王冠。

然后她听到国王和王后的骚动，于是她迅速拿起王冠和权杖，坐下叹了口气。

编程索引：*numpy*；二维数组；*zeros( )*；颜色图；*matplotlib*；*pcolor( )*；*pause( )*

生物学索引：发育生物学；激活剂-抑制剂系统；图灵模式；形态生成子；豹斑；形态建成；细胞自动机；斑马鱼

对组织发育惊人过程的定量研究由来已久。我们在前一章中看到的 L 系统可以追溯到 20 世纪 60 年代末，但历史的延伸远不止于此。早在 1953 年发现 DNA 双螺旋结构之前，D'Arcy Thompson 就在 1917 年撰写了他的经典著作《论生长与形态》（*On Growth and Form*）[1]。事实上，就在前一年的 1952 年，英国计算机科学家艾伦·图灵（Alan Turing）发表了一篇论文，描述了一个数学模型来试图回答这个问题：豹子是如何长出斑纹的？当然，图灵最出名的是他在第二次世界大

---

[1] 译注：https://en.wikipedia.org/wiki/On_Growth_and_Form

战期间打破了德国神秘机器（Germany's Enigma machine）背后的密码，以及他在20 世纪 50 年代由于同性恋受迫害而过早死亡，而这种迫害完全应该受到谴责。但他对理论生物学的贡献并不亚于此。

　　图灵想知道，在单个细胞水平上运作的一个简单的化学机制是否能够产生在动物身上观察到的整体的多细胞模式，如豹子复杂的皮毛模式和斑马的条纹。这在概念上与我们在前一章中描述的 Lindenmayer 系统非常相似。图灵首先设想一个单一分化的细胞只分泌两种化学物质或形态发生素，然后扩散到细胞的周围，如图 16-1 所示。

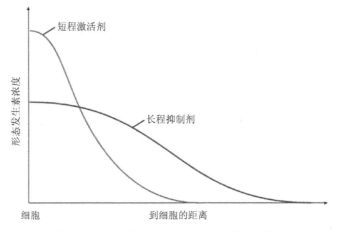

图 16-1　图灵模式下两种形态因子的浓度梯度

　　1. 一种短程激活剂，从源细胞扩散出去，但很快就消失了（由于衰变）。因此离源细胞很近的地方激活剂的浓度很高，但远离源细胞则小得多；

　　2. 一种长程抑制剂，也会从源细胞中扩散，但消失的速度会慢得多。因此在源细胞附近的浓度会低于激活剂，但仍会存在于离源细胞较远的地方。

　　他进一步设想，激活和抑制形态发生素的相对数量将决定相邻细胞是否反过来分化并开始分泌这两种形态发生素（这是它们最初被称为激活剂和抑制剂的原因）。二维化学扩散过程的相互作用产生了与动物皮毛惊人相似的图案。图灵用了一些复杂的偏微分方程来模拟这个过程，但幸运的是，我们有一种更简单、更具生成性的方法来捕捉图灵描述的基本动力学，即细胞自动机（cellular automata）。

　　细胞自动机（或 CA）是一种二维的对象晶格，通常称为"细胞"，其状态通过一系列更新规则受其相邻"细胞"的影响（我们将在第 18 章中通过基于代理的建模对此进行更详细的讨论）。（请注意，称它们为"细胞"通常只是一个方便的比喻，但在我们的特殊情况下，它们将被视为构成组织的多细胞矩阵的一部分实际细胞）。在模拟的每个阶段，CA 中的每个细胞都会查询其近邻细胞的状态，并根据这些状态更新其状态。这些更新规则构成了我们实现图灵扩散方案的核心。

16.1 细胞自动机初始化

像往常一样，让我们直接进入示例 16-1 中的 Python 代码，然后逐步解释其动态变化。

示例 16-1. 设置细胞自动机

```
from numpy import zeros
from numpy.random import random, seed
seed()
probability_of_black = 0.5
width = 100
height = 100
# initialize cellular automata (CA)
CA = zeros([height, width])        # main CA
next_CA = zeros([height, width]) # CA next timestep
activator_radius = 1
activator_weight = 1
inhibitor_radius = 5
inhibitor_weight = -0.1
time = 0
```

我们首先导入 numpy 中的 zeros 库和 numpy.random 中的 random 和 seed 库，然后设置随机种子。接着定义二维（2D）数组中的任何给定单元为黑色（即被分化的细胞）的概率 probability_of_black。为了符合豹子的主题，我们把所有非黑细胞（即未分化的细胞）想象成橙色，然后创建两个二维细胞自动机。

1. CA 是当前的细胞自动机状态：模型在进行更新时将从细胞数组中读取该状态。

2. next_CA 是下一个时间步的细胞自动机的状态，在更新过程中，将该状态写入细胞自动机。

以这种方式进行的更新有时称为同步，因为每个细胞 CA 都是在同一时间更新的。每个 CA 本质上是一个二维矩阵（也称为二维数组），我们用另一个 NumPy 库特性 zeros()[2]来创建这些矩阵。Zeros()使用列表[height, width]中指定的维度创建空矩阵（这是一个非常有用的函数，因为它还可以用于创建一维数组，在存储大量数据以便在后面的章节中绘制时，该数组将非常有用）。

---

[2] http://docs.scipy.org/doc/numpy/reference/generated/numpy.zeros.html

接下来我们定义激活剂的半径（这对应于激活化学物质扩散的最大距离，默认情况下我们将其设置为 1，因此仅考虑最近的 9 个相邻细胞）和该激活化学物质的权重。然后定义抑制剂的最大半径（注意，这要考虑到当前激活的 11×11 网格内的所有细胞）和抑制剂的权重（我们将其设置为负值，以便于清除激活剂）。最后，将 time 设为零。

接下来，通过遍历维度来初始化 CA，然后用我们的老朋友 random() 函数将每个单元格分配给随机分化或未分化的单元格。这是示例 16-2 中的代码片段。

示例 16-2. 初始化细胞自动机

```
# initialize the CA
for x in range(width):
    for y in range(height):
        if random() < probability_of_black:
            cell_state = 1
        else:
            cell_state = 0
        CA[y, x] = cell_state
```

按照惯例，我们认为状态为 1 的所有细胞都是黑色的（并且是分化的），状态为 0 的细胞都是浅色的（并且是未分化的）。图 16-2 展示了一个随机初始化的细胞自动机。

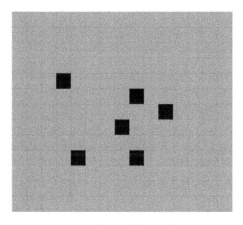

图 16-2　随机初始化细胞自动机

16.2　创建更新规则

现在一切都准备好了，我们就可以深入到生物学的核心，在 simulation_

step 函数中开始模拟实际的开发。其基本思想是，像前面一样循环遍历自动机晶格中的每个细胞，并决定每个细胞是分化还是去分化。示例 16-3 显示了模拟步骤的函数。

示例 16-3. 将细胞自动机推进一步的仿真函数

```python
def simulation_step(CA, next_CA):
    for x in range(width):
        for y in range(height):
            cell_state = CA[y, x] # get current state
            activating_cells = 0
            inhibiting_cells = 0
            # count the number of inhibiting cells within the radius
            for xpos in range(- inhibitor_radius, inhibitor_radius
            + 1):
                for ypos in range(- inhibitor_radius, inhibitor_
                radius + 1):
                    inhibiting_cells += CA[(y+ypos)%height, (x+xpos)
                    %width]
            # count the number of activating cells within the radius
            for xpos in range(- activator_radius, activator_radius
            + 1):
                for ypos in range(- activator_radius, activator_
                radius + 1):
                    activating_cells += CA[(y+ypos)%height, (x+xpos)
                    %width]
            # if weighted sum of activating cells is greater than
            inhibiting
            # cells in neighbourhood we induce differentiation in the
            current cell
            if    (activating_cells*activator_weight)+(inhibiting_
            cells*inhibitor_weight)>0:
                cell_state = 1
            else:
                cell_state = 0
            # now update the state
            next_CA[y, x] = cell_state
    return next_CA
```

第一部分非常简单，我们循环遍历细胞自动机格的 *x* 和 *y* 坐标，并在 *x* 和 *y* 处检索当前 cell_state。接下来的两个（内部的）for 循环是将抑制和激活作用于当前细胞。让我们把这部分分解一下。

1. 抑制循环：第一个循环检查当前细胞的 inhibition_radius 半径内的所有细胞。该循环对显示为黑色的细胞进行计数，也就是说，具有化学抑制剂的当前细胞与足够接近的细胞以影响它们。该邻域中黑色的单元越多，对当前单元的抑制作用就越大（倾向于将其切换为浅色状态）。让我们以图 16-2 中所示的原始 CA 为例，并突出显示在 inhibition_radius 为 5 的情况下通过更浅的颜色叠加来潜在地抑制的细胞，如图 16-3 中所示。

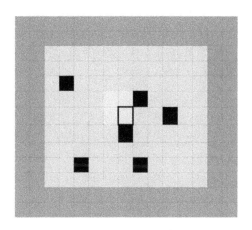

图 16-3　抑制范围

在这个特定的例子中，有 6 个细胞将影响当前细胞的状态，因此此时的 inhibiting_cells 将设置为 6。

2. 激活循环：类似地，第二个循环检查当前细胞激活半径范围内的所有细胞，如图 16-4 中更浅的颜色所示。

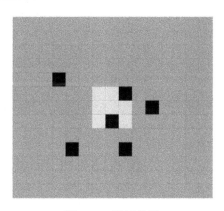

图 16-4　激活范围

同样，在该区域内，黑色的细胞越多，激活化学物质对当前细胞的影响就越大，但与前一种情况相比，它往往会打开细胞，从而变黑。在前面的例子中，在这范围内有两个细胞，因此激活了这两个细胞。

3. 决策：两个循环之后的最后一步决定细胞是变成橙色还是黑色。我们在代码中通过计算加权激活细胞的和，并将其添加到抑制细胞的加权和来实现这一点。在上述代码示例中，这个和是

$$(2 \times 1) + (-0.1 \times 6) = 2 - 0.6 = 1.4 > 0$$

因为这个和在这个例子中是正的，所以有足够的激活剂使细胞变黑，从而将细胞状态设置为 1。如果此和为负，则将设置为 0。这在生物学上实现了图灵形态生成模型的主要特征，即如果在附近有比抑制性化学物质更活跃的化学物质，那么细胞将被分化，如果没有，则会去分化。

4. 更新：我们差不多要（但还不完全！）完成了。我们必须将输出写入细胞自动机 next_CA 的适当位置。这是一个关键点：在所有细胞都被更新之前，不能写入原始的 CA 晶格，否则就会陷入了计算机科学家喜欢称之为"竞争条件"的情况。

5. 返回新的 CA：一旦所有细胞都被更新，并且有了新写入的 next_CA 后，simulation_step 要做的最后一件事就是将这个 next_CA 返回到主程序。我们把实际的更新留到下一节。

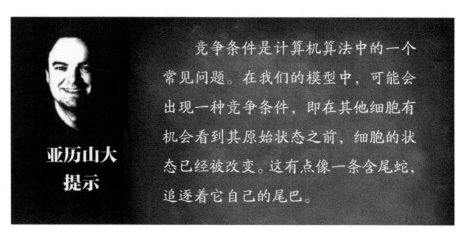

竞争条件是计算机算法中的一个常见问题。在我们的模型中，可能会出现一种竞争条件，即在其他细胞有机会看到其原始状态之前，细胞的状态已经被改变。这有点像一条含尾蛇，追逐着它自己的尾巴。

亚历山大提示

16.3 生成细胞自动机涂层图案

现在我们准备好绘制模拟结果并运行一些形态生成！我们可以在示例 16-4 中使用 matplotlib 技巧。

示例 16-4. 用 matplotlib 可视化形态生成

```
# create plot
fig1 = plt.figure()
# loop through times
for time in range(10):
    plt.pcolor(CA, vmin = 0, vmax = 1, cmap = "copper_r")   # plot
current CA
    plt.axis('image')
    plt.title('time: ' + str(time))
    plt.draw()
    plt.pause(0.5)
    CA = simulation_step(CA, next_CA)      # advance the simulation
```

像往常一样，我们用 `figure()` 函数设置绘图，然后循环遍历模型的 10 个时间步长，每次绘制新的图形。对于绘图本身，我们使用 matplotlib 函数 pcolor[3]。这需要一个 NumPy 数组和一个特定的颜色图(cmap)来绘制细胞自动机状态的热图。我们使用的特殊颜色图是 "copper_r"，它具有从橙色到黑色的各种颜色，给出您所猜测的豹纹图案。因为我们的 CA 只有两种状态：当细胞状态为 0 时，它显示为浅色，当它为 1 时，显示为黑色。

接下来是对 `axis()`、`title()`、`draw()` 和 `pause()` 的调用。注意，我们用 `draw()` 命令，后面跟着 `pause()` 命令，而不是像前面的示例中那样使用 `show()`，因为这会导致代码的停止。这样，在模拟的每个时间步与下一个时间步之间，当前的 CA 会被显示 0.5 秒。

在 for 循环的末尾，在移动到下一个时间步之前，我们调用 `simulation_step()`。在这里，我们将当前 CA 和 `next_CA` 作为函数的参数。关键的是，我们将 `simulation_step` 的结果赋给 CA。这是前面提到的同步更新步骤，将指挥棒传递给下一个时间步：原来的写入变成现在的读取。

16.4　形态生成的显示

现在来看看这个程序的结果。我们从一个随机的网格开始，在 $t=0$ 时有相等数量的黑色和橙色。您可以在图 16-5 中看到，即使在第一个 $t=1$ 时间步中，也开始出现了初步的豹纹结构。

如图 16-6 所示，当 $t=2$ 时我们已经看到了豹纹皮裤！到 $t=5$ 时，模式已经稳定了。

---

[3] http://matplotlib.org/examples/pylab_examples/pcolor_demo.html

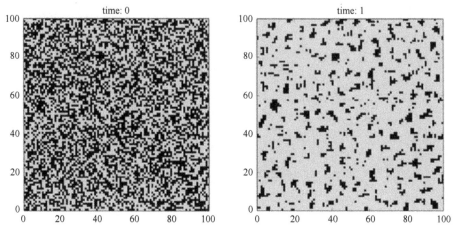

图 16-5　形态生成模拟的前两步（彩图请扫封底二维码）

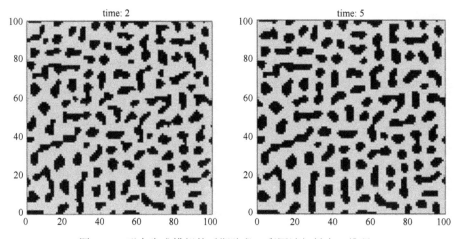

图 16-6　形态生成模拟的后期阶段（彩图请扫封底二维码）

　　我们鼓励您改变网格的大小、相对半径、激活剂的权重和抑制剂的强度，以产生您自己的外套式样。您可以在本书提供的代码下载地址或我们在 GitHub 的网站上找到完整的代码，这些代码将示例 16-1 至示例 16-4 合并为一个文件（如第 1 章所述）。

　　到现在为止，这位死于披羊毛审判官的生物学家可能在想，这一切似乎有点抽象。真正的胚胎不会在这些离散的时间段内发育，在实际的自然界中，有没有真正的细胞分泌的化学物质以这种方式相互作用的例子？

　　在历史的转折中，整整 60 年后的 2012 年，一个研究小组发表了一篇论文（Müller，2012 年），通过实验验证了斑马鱼胚胎中的图灵机制。他们能够识别和量化斑马鱼胚胎模式生成过程中的两种形态因子，这两种形态因子符合图灵提出的机制，并测量映射回原始方程的速率常数。他们还建立了一个模型（比这里介绍的要复杂一点），该模型再现了在实验有机体中发现的模式，结束了理论预测和实验验证之间的循环。尽管这里的 CA 模型仍然是原始图灵方程的近似，虽然您可能觉得奇怪，但这确实表明，即使是用几行 Python 实现的简单模型，也可以成为将直觉构建到发育生物学基本过程中的强大工具。计算发育生物学已经成为一个活跃的研究领域，请参见本章以及第 15 章中的参考文献。

我们现在不再关注如单个有机体内部的发育等生物学过程。接下来的几章（第 17~19 章）将致力于用 Python 通过计算来探索多生物体的种群动力学。

16.5 参考资料和进一步阅读

- James D. Murray (1988). How the leopard gets its spots[4]. *Scientific American*，**258**：80–87.
- Turing (1952). The chemical basis of morphogenesis[5]. *Philosophical Transactions of the Royal Society of London B: Biological Sciences*, **237**: 37–72.
- Forgacs and Newman, *Biological Physics of the Developing Embryo*[6]. (Cambridge University Press, 2005).
- Müller et al. (2012). Differential Diffusivity of Nodal and Lefty Underlies a Reaction-Diffusion Patterning System[7]. *Science*，**336**：721–724.

---

[4] www.math.ttu.edu/~lallen/murray_SciAm.pdf
[5] http://rstb.royalsocietypublishing.org/content/237/641/37
[6] www.cambridge.org/catalogue/catalogue.asp?isbn=9780521783378
[7] www.ncbi.nlm.nih.gov/pmc/articles/PMC3525670/

第 17 章　生态动力学模型：捕食者-猎物动力学的生态建模

"您为什么在哭啊，模拟龟？"爱丽丝问。

"您是否知道将各种被捕食的动物组合在一起是什么样的感觉？"模拟龟伤心地抽泣着说，"有些人想吃我的肉，还有那些饥饿的巨型海鸟，如果我不留心的话，它们会从水边把我叼走，并当成零食吃掉。"

"这听起来简直太恐怖了。"爱丽丝同情地说道。

"作为一个神话般的混合有机体，我不能说我真的为混搭而烦恼过。"狮身鹰首兽以他最轻蔑和居高临下的口吻自以为是地谈论道。

"这说起来很容易，"模拟龟反驳说，"您是各种掠食者的组合，不必担心会成为谁的午餐！"

"对不起，我不是食物链上的下等居民！"狮身鹰首兽傲慢地说。

"嗜血的野兽！"模拟龟打断它说。

"你就是一个会行走的沙拉吧台！"狮身鹰首兽反驳说。

编程索引： *max( )*；*matplotlib.animation*；*元组拆包*；*numpy*

生物学索引： *生态学；生态系统；人口动力学；繁荣-萧条；离散模型；捕食者-猎物；承载容量；状态空间；洛特卡-沃尔泰拉模型*

单个有机体的下一个"向上的"层次是生态系统，即有机体的相互作用及其环境。在一个真正的生态系统中，任何物种的个体数量都是随着个体的出生和死亡而不断变化的。显然，任何生物种群的增长也受到可用资源量的限制，最终也受到理论上限的限制，超过这个上限就会被龙吃掉，这被称为"承载容量"（carrying capacity）。如果这些"资源"反过来又是另一个物种，那么更多的是这个物种的遗憾。虽然"自然是带血的牙齿和爪子"这句老话过于简单化，但在许多情况下，"猎物"种类的增加可能意味着"捕食者"的晚餐会更丰富。但这对双方都会起作用：如果捕食者开始吃掉所有的猎物，那么可能就是捕食者节食的时候了，否则它们就会开始挨饿。

生态种群动力学（ecological population dynamics）是一个研究物种间相互作用和种群生长变化的科学。种群动力学的建模正变得越来越有意义，不仅是因为它起源于组织生态学（尽管在那里它仍然非常重要！），而是在于它已经成为在细胞或分子水平上研究癌症和病毒等传染性疾病的种群动力学。因此，各行各业的生物学家最好多了解些种群动力学。除了生物学之外，种群动力学还有许多其他应用，从经济泡沫的增长和破灭到社会网络的兴起（和衰落）。请您环顾四周，看看事物是如何起起落落的（如您最喜欢的乐队），可能还会再次起落。在受欢迎的程度方面，您可以肯定某种形式的种群动力学正在起作用。

Python 同样可以很好地帮助您建模和可视化种群动力学，并具有足够优雅的代码。生态模型的主要内容是"捕食者–猎物"（predator-prey）的概念：单一种类的捕食者和单一种类的猎物。虽然这可能是一个包含许多物种的完整生态系统的严重过于简化的模型，但捕食者–猎物模型的基本结构可以看成是更复杂模型的一个很好的概念上的"构建块"。完整生态系统中的许多动力学过程在捕食者-猎物模型中被小规模地概括了。

所以让我们想象一下后院里的一群鸡被附近的一群狐狸捕食，这些狐狸在附近的树林里露营。我们使用 Python 的 NumPy 数组在指定的世代数内跟踪这两个物种的数量，从而建立示例 17-1 中的模型。为了简洁起见，我们用"Ch"表示鸡，用"Fx"表示狐狸。在这里，我们使用 NumPy 的 zeros() 函数（我们在第 16 章中第一次遇到）创建数组，存储每个时间点的物种数量。与以前使用 zeros 的主要区别在于，我们创建的是一维数组，而不是二维数组，前者只需要一个整型参数，而不是一个维度的列表。

示例 17-1. 鸡狐生态模型的建立与运行

```
import numpy as np
generations = 5000
# setup empty arrays
Ch = np.zeros(generations+1)
Fx = np.zeros(generations+1)
```

```
# initialize the population
Ch[0] = 100.0
Fx[0] = 10.0
b_Ch = 0.5      # prey birth rate
d_Ch = 0.015    # predation rate (death rate of prey)
b_Fx = 0.015    # predator birth rate
d_Fx = 0.5      # predator death rate
# set parameters
dt = 0.01       # scale parameters so that timestep doesn't "jump"
for t in range(0, generations):
    Ch[t+1] = Ch[t] + dt * (b_Ch * Ch[t] - d_Ch * Fx[t] * Ch[t])
    Fx[t+1] = Fx[t] + dt * (-d_Fx * Fx[t] + b_Fx * Fx[t] * Ch[t])
```

我们首先创建数组并初始化种群大小，接下来设置其余的模型参数。我们首先定义了一些参数来控制捕食者和被捕食者的出生率（由前缀 "b" 表示）或死亡率（前缀 "d"）。该模型使用在第 13 章中介绍的离散时间步长。这与采用直接模拟方法引入问题的理念是一致的。因此，我们要引入一个时间步长 dt，其原因将很快会得到解释。

在示例 17-1 的末尾，我们运行这个模型。您会注意到，它的代码只有三行！这就是整个模型。然后我们只是循环所有的世代数，每个新的生成（*t*+1）都根据之前生成（*t*）的值进行更新。对于鸡和狐狸，我们从每个物种的当前数量开始，加上（由于出生）和减去（由于死亡）每个物种的数量。

鸡出生的数量（方程式 b_Ch*Ch[t]中的第一项）仅取决于当前鸡的数量（假定有无限量的食物）。然而，鸡死亡的数量取决于狐狸的数量：更多的捕食者意味着更多的鸡死亡。哦，恐怖！这意味着对于鸡的死亡，在两个物种的数量间有一个相互作用的项。因此，我们将死亡率（d_Ch）乘以狐狸的当前数量（Fx[t]）再乘以鸡的当前数量（Ch[t]）。

狐狸的处境正好相反。狐狸会以自然的速度死去（除了那些讨厌的小鸡，没有什么能让这些狐狸活着!），因此，我们将 d_Fx 乘以 Fx[t]。但新狐狸的出生率将取决于周围猎物的数量，因此在这种情况下，我们将狐狸的出生率（b_Fx）乘以狐狸的数量（Fx[t]）再乘以鸡的数量（Ch[t]）。为了清晰地说明总和的各个部分是什么意思，我们在代码中添加了注释：

```
for t in range(0, generations):
        # old prey + newly born prey - killed prey
    Ch[t+1] = Ch[t] + dt * (b_Ch * Ch[t] - d_Ch * Fx[t] * Ch[t])
        # old predators - predator death + births of predators
    Fx[t+1] = Fx[t] + dt * (-d_Fx * Fx[t] + b_Fx * Fx[t] * Ch[t])
```

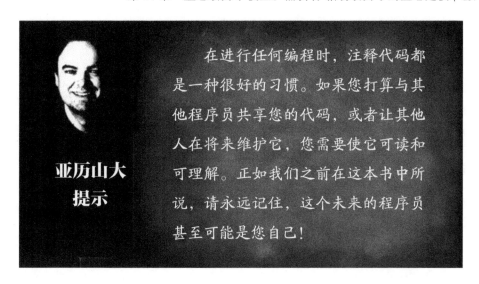

在进行任何编程时，注释代码都是一种很好的习惯。如果您打算与其他程序员共享您的代码，或者让其他人在将来维护它，您需要使它可读和可理解。正如我们之前在这本书中所说，请永远记住，这个未来的程序员甚至可能是您自己！

亚历山大
提示

正如前面提到的，最后一个问题是，由于我们做的是离散时间间隔，引入了一个时间步长 dt。这将按所讨论的时间刻度缩放新出生和死亡的数量（每一代可能代表较小的时间间隔），因此它不在前面代码的括号内，并确保模拟数量平稳地变化。

17.1　种群的起落

现在已经完成了模拟的艰苦工作，如前几章所示，在示例 17-2 中，我们转向用 matplotlib 来绘制输出。

示例 17-2. 用 matplotlib 绘制仿真输出

```python
# do the plotting
# get the maximum of the population so we can scale window properly
popMax = max(max(Fx), max(Ch))
fig1 = plt.figure()
plt.xlim(0, generations)
plt.ylim(0, popMax)
plt.xlabel('time')
plt.ylabel('population count')
time_points = list(range(generations + 1))
plt.plot(time_points, Fx, label="Foxes")
plt.plot(time_points, Ch, label="Chickens")
plt.legend()
plt.draw()
```

```
plt.show()
```

　　完整的代码如示例 17-3 所示。

示例 17-3. 模型和可视化的完整代码

```
import numpy as np
from matplotlib import pylab as plt
import matplotlib.animation as animation
generations = 5000
# setup empty arrays
Fx = np.zeros(generations+1)
Ch = np.zeros(generations+1)
# initialize the population
Ch[0] = 100.0
Fx[0] = 10.0
# set the parameters
dt = 0.01      # scale parameters so that each timestep doesn't
"jump"
b_Ch = 0.5     # prey birth rate
d_Ch = 0.015   # predation rate (death rate of prey)
b_Fx = 0.015   # predator birth rate
d_Fx = 0.5     # predator death rate
# run predator-prey!
for t in range(0, generations):
        # old prey + newly born prey - killed prey
    Ch[t+1] = Ch[t] + dt * (b_Ch * Ch[t] - d_Ch * Fx[t] * Ch[t])
        # old predators - predator death + births of predators
    Fx[t+1] = Fx[t] + dt * (-d_Fx * Fx[t] + b_Fx * Fx[t] * Ch[t])
# do the plotting
# get the maximum of the population so we can scale window properly
popMax = max(max(Fx), max(Ch))
fig1 = plt.figure()
plt.xlim(0, generations)
plt.ylim(0, popMax)
plt.xlabel('time')
plt.ylabel('population count')
time_points = list(range(generations + 1))
plt.plot(time_points, Fx, label="Foxes")
plt.plot(time_points, Ch, label="Chickens")
plt.legend()
```

```
plt.draw()
plt.show()
```

运行示例 17-3 中的代码应该产生类似于图 17-1 的结果，图中显示了鸡和狐狸种群开始相互作用时的一些周期。请注意，当鸡的数量从最初的 100 只开始增加时，狐狸的数量会迅速赶上，因为周围有更多美味的猎物！这使鸡的生长停滞在 120 只左右，然后鸡的数量开始下降。但现在，由于没有那么多美味的鸡在其周围，狐狸开始变得困难起来，这给了鸡数量恢复的时间，周期又开始了。

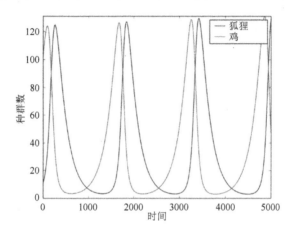

图 17-1　捕食者-猎物模型的可视化（彩图请扫封底二维码）

图 17-1 显示了大多数捕食者-猎物模型中典型的周期性繁荣和萧条模式，其中两个物种参与了正在进行的"舞蹈"。它已广泛应用于许多其他生物实体，如病毒种群，并在生物学之外也有应用。这种模式的周期性使人想知道是否有比两个上升和下降的时间序列更好的方法来可视化正在发生的事情。

17.2　绘制捕食者动画—— Prey

确实有！这是因为它是一个可以看成是在二维状态空间中点移动动力学系统的例子。随着时间的推移，系统在这个空间移动的路径称为轨迹。系统的启动位置不同，它所遵循的轨迹也不同。

同样，matplotlib 库通过使用 animation 子包来解决这个问题（我们通过显示示例 17-3 中的导入内容在某种程度上放弃了这点）。matplotlib 文档[1]提供了更多有关动画包的详细信息。

---

[1] http://matplotlib.org/api/animation_api.html

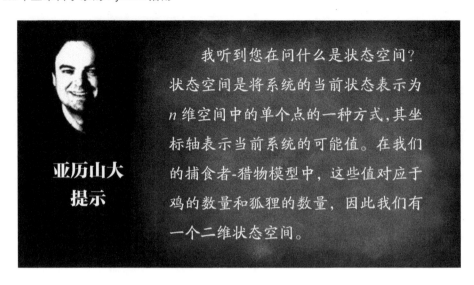

我听到您在问什么是状态空间？
状态空间是将系统的当前状态表示为
n 维空间中的单个点的一种方式，其坐
标轴表示当前系统的可能值。在我们
的捕食者-猎物模型中，这些值对应于
鸡的数量和狐狸的数量，因此我们有
一个二维状态空间。

亚历山大
提示

示例 17-4. 动画显示状态空间

```
fig2 = plt.figure()
plt.plot(Ch, Fx, 'g-', alpha=0.2)          # state space
plt.xlabel('Chickens (prey population size)')
plt.ylabel('Foxes (predator population size)')
line, = plt.plot(Ch[0], Fx[0], 'r.', markersize=10) # draw point as
red
def init():
    line.set_data([], []) # set empty data
    return line,
def animate(i):
    line.set_xdata(Ch[i])
    line.set_ydata(Fx[i])
    return line,
ani = animation.FuncAnimation(fig2, animate, range(0, len(time_
points)), init_func=init, interval=25, blit=False)
plt.show()
```

让我们一步步慢慢解释。我们首先像以前一样设置整体图形，然后绘制状态
空间。这相当简单，我们只是绘出了鸡的数量（Ch）相对于狐狸数量（Fx）的变
化，而不是将它们作为时间的函数。"g-"表示一条绿色（g）的实心（—）线，
alpha 设置该线的透明度，使其看起来稍稍褪色。然后添加轴的标签。为了在状态
空间图上添加轨迹中的初始点，我们绘制第一个时间点，即 x-y 位置：Ch[0]，

Fx[0]，如下所示：

```
line, = plt.plot(Ch[0], Fx[0], 'r.', markersize=10)
```

但变量 points 的赋值要稍微解释一下。plot 命令始终返回一个元组（有关元组的更多信息，请参阅第 3 章），该元组包含绘图中所有线的列表。因为这个特殊的绘图只有一条线，所以在该行上执行称为元组拆包的操作以获取列表中的第一个元素（有关详细信息，请参阅 matplotlib 文档教程[2]）。

接下来我们设置了两个用于制作动画的辅助函数。

1. init()通过返回可由下一个函数更新的线对象来创建动画将"停留"的基帧。

2. animate()接受一个整数 i 作为模拟的当前时间步的输入。此函数更新在 init()函数中创建的 line 框架，其效果是用 set_xdata 和 set_ydata 函数移动红点，从而更新系统在整个状态空间中的位置。

最后一个片段通过调用 animation.FuncAnimation 并传入参数来实际运行动画。这些参数包括 fig2、动画将运行的 time_points 范围（有效地在状态空间中移动红点），以及前面文本中描述的两个函数等，用它们来初始化并更新动画。最后调用 plt.show()来显示该图。

如果您已获得示例 17-3 中的完整代码并追加了示例 17-4 中的代码，那么就可以运行它们了。它应该生成一个类似于图 17-2 所示的图，只是黑点将从底部中间开始向外旋转。我们现在一眼就能清楚地看到这个系统的循环性质，看到完整的轨迹。

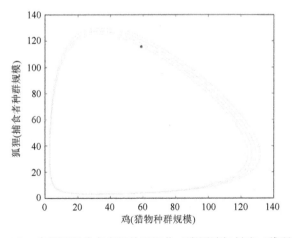

图 17-2　鸡和狐狸状态空间的可视化（彩图请扫封底二维码）

---

[2] http://matplotlib.org/users/pyplot_tutorial.html#controlling-line-properties

精明的读者会注意到轨迹是不稳定的，也就是说，它不会收敛到一个稳定的圆，而是在每次迭代中都稍微向外旋转开。如果您增加了世代的数量，就会看到螺旋线会走得更远（时间序列图中的振幅也相应增加）。这种不稳定性是由于我们处理的是离散时间步长，这在模拟中隐含了一个时滞。通过减小 dt 参数，减小时滞，使仿真更加平滑，就可以减小这种滞后。但要做到这一点，就要用到模型连续版本的 Lotka—Volterra 微分方程，我们在参考资料一节中有一个用 SciPy 库来求解该方程的示例的链接。

下一章将用整数个体为种群动力学建模，并在此概念的基础上更进一步：将个体本身建模为离散的、唯一的代理。

17.3 参考资料和进一步阅读

- Roughgarden，*Primer of Ecological Theory*[3].（Prentice Hall，1997）。很好的生态学和种群遗传学入门书，并提供编码实例。考虑到在撰写该书时 Python（或 R）尚不存在，我们将原谅 Roughgarden 对 SPlus 的使用。
- Edelstein-Keshet，*Mathematical Models in Biology*[4].（Siam，2004）。生物学和生态学中传统数学建模的经典书籍，含有随机模型的简介。
- 用 SciPy[5]求解 Lotka-Volterra 方程的 Python 示例代码。

---

[3] www.pearsonhighered.com/program/Roughgarden-Primer-of-Ecological-Theory/PGM148871.html
[4] http://epubs.siam.org/doi/book/10.1137/1.9780898719147
[5] www.gribblelab.org/compneuro/2_Modelling_Dynamical_Systems.html#orgheadline6

第18章 虚拟流感流行：用基于代理的模型探索流行病学

随着时间的推移，模拟龟和狮身鹰首兽解决了他们之间的分歧。模拟龟为称狮身鹰首兽为嗜血的野兽而道歉，狮身鹰首兽也为称模拟龟为会行走的沙拉吧台而道歉。

狮身鹰首兽说："我认为我们都同意，杂交生物不是野餐上的美食。""嗯，这不是双关语[1]。"由于担心可能因措辞不当而再次使模拟龟感到不快，他急忙补充道。

"在一个荒凉的岩石海岸上，我的猫鸟朋友说了许多真话，"模拟龟明智地说。

"你们确实有一大优势！"爱丽丝突然说，"杂交优势。"

"什么是杂交优势？"模拟龟问。

"具有更丰富、更多样化的遗传资源的有机体，如杂交。"爱丽丝说道，"通常不易感染在基因上相同的人群中肆虐的疾病。"

"真是个书呆子！"狮身鹰首兽大叫，用假喷嚏笨拙地掩饰着他的话。

"您还好吧？"爱丽丝问。

编程索引：*pop( )*；*Python 类*；*numpy.random 模块*

生物学索引：*流行病学*；*流行性感冒*；*SIR 模型*；*基于代理的模型*；*流行病*；*大流行*

---

[1] 译注：原文 "It's no picnic being a hybrid organism." 的另一个涵义是 "做个杂交生物可不是容易的事。"

流感每年都会出现，如果能有某种方法来模拟大致情况下的动态变化，那就太好了。亲爱的读者别害怕，我们这里说的只是模型，就是本章中我们将介绍的 SIR[2]模型，它代表易感-感染-康复（susceptible-infectious-recovered），是流行病学、公共卫生和病毒学等领域的基本概念模型。它还将允许我们引入基于代理的模型（agent-based model）或 ABM 的思想，其中单个实体在模型中具有自己的唯一身份。这不同于我们在前一章（第 17 章）捕食者-猎物动力学中所做的简单的个体总数的建模。

基于代理的模型是一种强大的方法论，它被用来模拟从股市到社会学等科学领域的复杂现象，但它深深植根于生物学，特别是生态学（有时它们被称为基于个体的模型）。许多基于代理的模型的演示都强调了复杂性，或者使用现有的 ABM 包，但我们在本章中的方法是从一个非常简单的基于代理的全 Python 模型开始，作为添加 ABM 所允许的更丰富动态的起点。

18.1 SIR 模型：易感-感染-康复

SIR 传染病模型背后的基本思想是，一个由个体组成的群体，每个个体都可能处于几种状态之一：易感-感染-康复。任何时候，每个人都会处于这三种状态中的一种，从最初的易感状态发展到感染状态，最终死亡或康复。通常假设一种疾病只被一个人（臭名昭著的零号患者）引入人群，并且人群是"良好混合"的，也就是说，任何特定的易感个体都有随机地被零号患者感染的概率。一旦所有这些条件建立起来，我们想知道疾病的整体是怎样进展的。换言之，在"流感季节"期间，各类病人的数量将如何起起落落？如前所述，这个模型可以用确定性的数学来建立，但正如我们之前所看到的，自然界往往不是这样建立起来的。

18.2 代理的概念

好吧，这很酷。但基于代理的建模和它有什么关系呢？正如我们之前所看到的，许多种类的生物系统基本上都充满噪声，因为有时结果仅依赖于一个基因的几份拷贝，或少数有机个体。基于代理的模型建立在这种跟踪离散个体数量的洞察力的基础上，但是通过允许每个代理的内部都有自己的唯一属性，可以使模型更加完善。通常把这个属性称为代理状态，这些状态也会受它们所处世界的其他方面的影响，即它们具有代理行为。

---

[2] 译注：SIR 代表易感（susceptible）、感染（infectious）和康复（recovered）这三个英文单词的首字母。

也许最好的办法就是直接进入模型，用 Python 进行初步的实现，看看代码的样子。让我们从模型的最底层开始，即单个患者。在示例 18-1 中无需进一步说明，就可以展示 Patient 类。

示例 18-1. Python 中一个简单的代理类—— 患者

```python
class Patient():
    # default state is susceptible
    def __init__(self, state = 'susceptible'): self.state = state
    def infect(self): self.state = 'infected'
    def recover(self): self.state = 'recovered'
```

通过使用 class 关键字，您会立即注意到我们用的是在第 7 章中开发的面向对象的编程技能。这里只有一个实例变量"state"，用来跟踪患者的感受（太神奇了！）。我们来分解这些代理的行为。

1. 通过传入表示状态的字符串来初始化 __init__ 方法中患者对象的每个实例，还为 state 提供了默认关键字 susceptible，因为在大多数情况下，这就是我们希望在模拟开始时创建的状态（但请注意，它可以被覆盖）。

2. 接下来用一个方法 infect 将状态更改为 infected。是的，从来没有预料到会被感染。

3. 最后，正像您所猜测的那样，我们用方法 recover 使代理康复！

是的，它看起来很简单。尽管看起来可能比包装器还要简单一些，但它建立了使复杂的代理沿着轨迹进一步前进的能力，同时它还使建模者的思维发生了重要的认知飞跃，即我们坚定地专注于为单个代理建模。

18.3　代理列表：使代理保持直线和狭窄

在管理患者群体时，我们需要做的下一件事是能够将他们作为一个集合来管理。这就是示例 18-2 所示的 PatientList 类的目的。它的目的是管理所有单个的代理，并持续更新代理集合的最新全局属性，例如，在任何给定时刻每种代理类型的数量是多少。

示例 18-2. PatientList：管理代理集合的类

```python
class PatientList():
    # create lists for each type of agents
    def __init__(self):
        self.susceptible_agents = []
        self.infected_agents = []
```

```
        self.recovered_agents = []
    def append(self, agent):
        if agent.state == 'susceptible': self.susceptible_agents.
append(agent)
        elif agent.state == 'infected': self.infected_agents.append
(agent)
        elif agent.state == 'recovered': self.recovered_agents.
append(agent)
        else: print("error: must be one of the three valid states")
    def infect(self):
        shuffle(self.susceptible_agents)          # shuffle list to
random order
        patient = self.susceptible_agents.pop()  # remove patient
from list
        patient.infect()
        self.append(patient)             # move to the appropriate list
    def recover(self):
        shuffle(self.infected_agents)
        patient = self.infected_agents.pop()
        patient.recover()
        self.append(patient)
    def get_num_susceptible(self):
        return len(self.susceptible_agents)
    def get_num_infected(self):
        return len(self.infected_agents)
    def get_num_recovered(self):
        return len(self.recovered_agents)
    def get_num_total(self):
        return len(self.susceptible_agents)+len(self.infected_agents)+
len(self.recovered_agents)
```

这里的基本思想是，这些类函数类似于本地 Python 列表（例如，它还有一个 append 方法），但还有一些特定于本模型的额外函数，如 infect 和 recover（请注意，这个类的代码实际上比原则上需要的代码长，因为它还包含了额外的错误检查。这非常重要，并且符合先前声明的鲁棒性的构建原则）。让我们分解一下这个类。

- __init__ 创建该类的一个实例，该类中的实例变量是带有三种个体（susceptible_agents，infected_agents，recovery_agents）的子列表。

- append 将已经创建的代理添加到适当的列表类型（创建代理的工作在主代码中完成）。这包括一些错误检查，以确保状态是有效的。请注意，我们可以只用一个列表包含所有的代理类型，但可能需要扫描整个列表以找到适当类型的代理，使用单独的列表可以加快搜索速度。

- infect 方法首先会遍历现有的 sensitive_agents 列表。然后用 pop()[3]方法获取预计被感染的单个代理。请注意，pop()返回列表中的第一个的代理，并从列表中删除该代理。然后，我们 infect()那个代理，并将其移到被感染代理的列表中。

- recover 的结构与 infect 完全相同，只是它遍历被感染的代理并随机选择一个被感染的代理，然后指示该代理自行康复，接着将其再次移到康复代理的列表中。

- get_num_susceptible、get_num_infected、get_num_recovered 及 get_num_total：这些都是很容易解释的方法，它们返回不同的计数（以及总数）。这似乎有些累赘，但这是您在进行面向对象的编程时通常要养成的良好习惯，即为可能随时间变化的任何内部状态提供 get 函数。另外，它使我们不必在所有地方都用一堆 len()函数。

太棒了！因此，在 40 行左右的 Python 中，我们为实际模型设置了关键的数据结构（如果不包括注释和空格，则更少）。当我们写下模型本身时，这种设置将得到回报，因为可以用非常直接和直观的方式来表达它。但在此之前，让我们先从初始化模型开始，包括示例 18-3 中的所有基本参数和代理的创建（在运行此代码之前必须执行示例 18-1 和示例 18-2 中的类定义）。

示例 18-3. 基于 agent 的 SIR 模型的建立

```
beta = 0.09        # susceptibility rate
gamma = 0.05   # recovery rate
susceptible_count = 1000
infected_count = 1
recovered_count = 0
# lists to record output
S = []
I = []
```

3 https://docs.python.org/3/tutorial/datastructures.html

```
R = []
t = []
time = 0.0
patients = PatientList()
# create the individuals patients
for indiv in range(susceptible_count):
    agent = Patient()        # by default all new patients are
susceptible
    patients.append(agent)      # add to list
for indiv in range(infected_count):
    agent = Patient(state='infected')
    patients.append(agent)
for indiv in range(recovered_count):
    agent = Patient(state='recovered')
    patients.append(agent)
```

我们首先定义了 SIR 模型的关键参数：易感率（用 β 表示，在代码中设置为 beta），这是易感患者被疾病感染的比率；康复率（用 γ 表示，在代码中为 gamma），即被感染患者康复的比率。这些是关键参数，也出现在模型的数学版本中。这些值之间的比值称为 R_0（$=\beta/\gamma$），可以认为是病毒或疾病在人群中传播的概率。2011 年电影《传染病》（*Contagion*）[4]的影迷们可能会记得，R_0 在剧情中扮演着关键的角色。当 $R_0>1$ 时，一种疾病会在人群中传播并成为一种流行病，而不是消亡。这在直觉上是有道理的：当患者的感染率高于他们能够康复的速度时，那么整个人群都很可能会受到感染（在传染病方面，人们担心的是这种传染病变成了一种流行病，成为一种跨越国际边界的传染病）。

接下来，我们将易感个体的数量初始化为 1000，并且将被感染的个体初始化为一个个体（此时还没有康复的个体）。接下来添加 4 个空列表 S、I、R 和 t 来记录每种个体的数量以及时间点，然后创建 PatientList 和 patients 的初始实例。最后遍历每个代理的数量，并用 state ='<type-of-agent>'关键字创建单独代理来代表三种代理类型中的每一种，同时将其添加到 patients 中。

请注意，因为我们设置了 Patient 和 PatientList 类，使其对添加代理的顺序具有鲁棒性，所以可以按任何顺序执行这些操作，甚至在理论上可以随意执行。

---

[4] www.imdb.com/title/tt1598778/

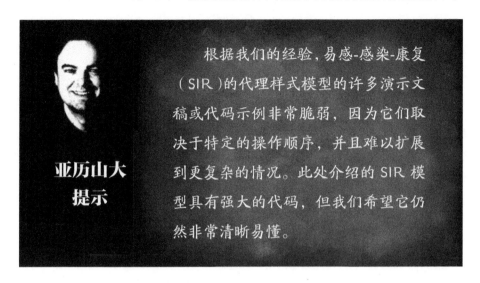

根据我们的经验,易感-感染-康复（SIR）的代理样式模型的许多演示文稿或代码示例非常脆弱, 因为它们取决于特定的操作顺序, 并且难以扩展到更复杂的情况。此处介绍的 SIR 模型具有强大的代码, 但我们希望它仍然非常清晰易懂。

亚历山大
提示

18.4　模拟流行病

好的，现在我们可以在示例 18-4 中非常简洁地写下该模型的动力学了。

示例 18-4. SIR 模型动力学

```python
from random import shuffle
from numpy.random import random
while len(patients.infected_agents) > 0:
    for susc in range(patients.get_num_susceptible()):
        if  random()  <  beta  *  (patients.get_num_infected()/
    float(patients.get_num_total())):
            patients.infect()      # infect patient
    for infected in range(patients.get_num_infected()):
        if random() < gamma:
            patients.recover()     # recover patient
    # record values for plotting
    t.append(time)
    S.append(patients.get_num_susceptible())
    I.append(patients.get_num_infected())
    R.append(patients.get_num_recovered())
    # update time
    time += 1
```

由于我们之前做的所有努力，现在写下模型就相当简单：只要有被感染的代理（while 条件），就做一步模拟。模拟中的第一项是遍历所有仍然易感的患者代理，并询问他们是否应该被感染。这个决定是基于被感染个体的数量 I 与总人口规模 N 的比率乘以前面提到的易感性参数 β。如果所选的随机数小于 $\beta \times I/N$，则该代理将被感染；否则，它将保持不变。这有效地假设了任何易受感染的个体代理都有同样的可能性成为被感染的代理（如果想探索关于某一特定代理感染概率的其他假设，就可以在这里进行干预以测试其他的可能性）。然后我们要求代理列表去 infect() 一个随机患者。

模拟中的第二项将遍历所有被感染的患者，并查询患者是否会康复。与感染步骤类似，我们使用概率 γ 来恢复一个代理，并类似地调用列表来 recover() 一个随机患者。

精明的观察者可能会注意到，所有这些循环都可能是低效的，并且有"更好"的方法来选择不依赖于在这些列表中循环的代理。特别是，可以用类似于第 14 章中介绍的 Gillespie 算法的方式向前"跳跃"时间。我们也意识到了这一点。然而我们认为，为了提出一个简单的模式，暂时不涉及这些问题。

我们在循环中做的最后一件事是更新记录的数量和时间，并增加时间步长。现在，您应该对所有这些数据的记录都非常熟悉了，也应该很熟悉下面的 matplotlib 命令，这些命令绘制了示例 18-5 中的最终时间过程。

示例 18-5. 绘制 SIR 模型的输出

```
# plot output
import matplotlib.pyplot as plt
fig1 = plt.figure()
plt.xlim(0, max(t))
plt.ylim(0, susceptible_count+infected_count+recovered_count)
plt.xlabel('time')
plt.ylabel('# patients')
plt.plot(t, S, label="S")
plt.plot(t, I, label="I")
plt.plot(t, R, label="R")
plt.legend()
plt.show()
```

如果运行最终模型，您应该会看到类似于图 18-1 的内容。

在这里，您可以看到易感代理（向下的曲线）和被感染代理（底部的曲线），在这一特定的运行中，它们开始相当快地康复，感染峰值约为 100 个时间步。大约在那之后，所有被感染的代理都康复得相当快（向上的曲线）。随后，感染会持续一段时间，新病例的数量不断下降。在大约 300 个时间步时，感染已经完全消失。在其他测试中，您会发现感染停止或消失的确切时间有很大的不同。这反映了真正流行病的现实，特别是在人口较少的地区，偶然性的接触会改变流行病的持续时间。我们在前面介绍的系统生物学和生态模型中都看到了这种随机性。

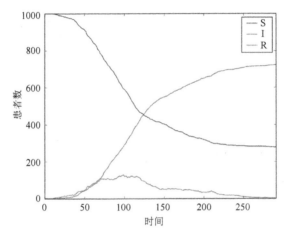

图 18-1　基于 SIR 代理模型的代表性运行输出（彩图请扫封底二维码）

还要注意的是，在某些运行中，您可能根本看不到曲线，而且感染人群可能很快就会全部消失。这是意料之中的，因为这是一个随机模拟，在某些情况下，最初被感染的个体在将其感染传播到另一个体之前，总会设法康复。

18.5　提高代理的能力

到目前为止，模型中患者的代理性并没有起到非常显著的作用，很大程度上他们是代理类型的占位符，在这个意义上他们是非常"瘦小"的代理。然而，通过我们的设置，可以很容易地添加更多的生物特征，这就是乐趣的开始。我们可以提出非常直接的问题，并以非常直观的方式将它们直接实现到代码中。假设我们漫不经心地想知道，如果康复代理在某些时候立即再次变得易感，会发生什么。

我们可以回到替代流行病学模型的数学公式，并从中重新推导出一个基于代理的模型，但没有什么可以阻止我们直接对原始 SIR 模型进行一些修改。把它想象成一个售后汽车的改装。嘘！别出声，如果您不愿意告诉制造商的话，我们也不会告诉他们。Python 的修改是微不足道的；在示例 18-6 中，我们只修改了代理类 Patient 而没有做其他任何修改。

示例 18-6. 修改的患者代理类

```
class Patient():
    # default state is susceptible
    def __init__(self, state = 'susceptible'): self.state = state
    def infect(self): self.state = 'infected'
    def recover(self):
        self.state = 'recovered'
        if random() < 0.8:
            print("switch back to susceptible")
            self.state = 'susceptible'
```

一旦切换到康复状态，我们只需在 80%的时间（0.8）将状态切换回易感的状态。正如您可能猜到的，这使得感染持续的时间更长，对于那些"明显"康复的患者，即继续转回到易感状态。典型运行如图 18-2 所示。

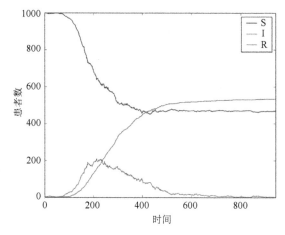

图 18-2　改良的 SIR 模型在康复患者自发地再次变得易感的情况下运行（彩图请扫封底二维码）

您会注意到感染持续的时间更长，易感个体曲线有更多的噪声，并且随着康复个体再次变得易感，抖动会更剧烈，而不是我们之前看到的平稳下降的曲线。在代码中可以很容易地进行这种更改，因为我们用的是面向对象的信息隐藏编程的原则，Patient 类完全独立于状态和行为，任何行为的更改都将传递到模型的其余部分，而无需对代码进行其他更改。面向对象编程正是针对基于代理的建模风格而设计的。在示例 18-7 中，我们展示了模型的完整代码，包括额外的代理行为。

示例 18-7. 改进 SIR 模型的完整代码

```
from random import shuffle
from numpy.random import random
```

```python
import matplotlib.pyplot as plt
class Patient():
  # default state is susceptible
  def __init__(self, state = 'susceptible'): self.state = state
  def infect(self): self.state = 'infected'
  def recover(self):
    self.state = 'recovered'
    if False:        # set to true to explore alternative model
        if random() < 0.8:
            self.state = 'susceptible'
class PatientList():
  # create lists for each type of agent
  def __init__(self):
    self.susceptible_agents = []
    self.infected_agents = []
    self.recovered_agents = []
  def append(self, agent):
    if agent.state == 'susceptible': self.susceptible_agents.append
    (agent)
    elif agent.state == 'infected': self.infected_agents.append
    (agent)
    elif agent.state == 'recovered': self.recovered_agents.append
    (agent)
    else: print("error: must be one of the three valid states")
  def infect(self):
    shuffle(self.susceptible_agents)         # shuffle list to
    random order
    patient = self.susceptible_agents.pop() # remove patient from
    list
    patient.infect()
    self.append(patient)      # handle appropriate list
  def recover(self):
    shuffle(self.infected_agents)
    patient = self.infected_agents.pop()
    patient.recover()
    self.append(patient)
  def get_num_susceptible(self):
    return len(self.susceptible_agents)
  def get_num_infected(self): return len(self.infected_agents)
  def get_num_recovered(self): return len(self.recovered_agents)
```

```python
    def get_num_total(self):
        return len(self.susceptible_agents)+len(self.infected_agents)+
            len(self.recovered_agents)
beta = 0.09            # susceptibility rate
gamma = 0.05          # recovery rate
susceptible_count = 1000
infected_count = 1
recovered_count = 0
S = []          # lists to record output
I = []
R = []
t = []
time = 0.0
patients = PatientList()
# create the individual patients
for indiv in range(susceptible_count):
    agent = Patient()        # by default all new patients are
    susceptible
    patients.append(agent)  # add to list
for indiv in range(infected_count):
    agent = Patient(state='infected')
    patients.append(agent)
for indiv in range(recovered_count):
    agent = Patient(state='recovered')
    patients.append(agent)
while patients.get_num_infected() > 0:
    for susc in range(patients.get_num_susceptible()):
        if random() < beta * (patients.get_num_infected() /
            float(patients.get_num_total())):
            patients.infect()        # infect patient
    for infected in range(patients.get_num_infected()):
        if random() < gamma:
            patients.recover()        # recover patient
    t.append(time)                    # record values for plotting
    S.append(patients.get_num_susceptible())
    I.append(patients.get_num_infected())
    R.append(patients.get_num_recovered())
    time += 1              # update time
fig1 = plt.figure()        # plot output
plt.xlim(0, max(t))
```

```
plt.ylim(0, susceptible_count+infected_count+recovered_count)
plt.xlabel('time')
plt.ylabel('# patients')
plt.plot(t, S, label="S")
plt.plot(t, I, label="I")
plt.plot(t, R, label="R")
plt.legend()
plt.show()
```

在上述例子中，我们展示了对单一方法的简单调整，但它说明了一个强大的观点，即基于代理的模型提供了一种非常简单而直接的方法，可以让您直观地了解系统中单个生物实体的变化如何影响全局属性。所有这些都只用了相当少的 Python 代码。在过去的 20 年中，已经建立了大量的工具和框架来产生许多高度复杂的基于代理的模型，并用这些工具进行研究。我们鼓励您去探索这些工具。但是请记住，在紧凑的 Python 程序中，可以非常容易地掌握基于代理方法的基本原理。

在下一章也是最后一章中，我们再次将时间尺度提升了一个档次：从生态时间尺度向进化时间尺度转变。我们将从使用 Python 来模拟不包括繁殖的个体种群，转向模拟改变其遗传组成的种群。

18.6　参考资料和进一步阅读

- Grimm and Railsback, *Individual Based Modeling and Ecology*[5].（Princeton University Press, 2005）。
- Railsback and Grimm, *Agent-based and Individual-based Modeling: A Practical Introduction*[6].（Princeton University Press, 2011）。
- Mesa 项目[7]：基于代理的 Python 建模环境。
- pyAbm[8]：另一个基于代理的 Python 建模框架（在撰写本书时处于休眠状态）[9]。
- 群体行为开发组（SDG）[10]：原始的基于代理的建模工具包 Swarm 的所在地。本书的作者之一（亚历山大）是原始开发团队的一员。SDG 目前是 SwarmFest 年度会议的托管人，该会议汇集了来自各个领域的建模人员，以及包括 Swarm、NetLogo 和 RePast 等在内的工具开发人员。

---

[5] http://press.princeton.edu/titles/8108.html
[6] www.railsback-grimm-abm-book.com/
[7] https://github.com/projectmesa
[8] https://pypi.python.org/pypi/pyabm
[9] 译注：翻译本书时，网址已改为：https://pypi.org/project/pyabm/，但最后更新的日期为 2013.02.02。
[10] www.swarm.org/

- NetLogo[11]: NetLogo 是由 Seymour Papert 开发的原始 Logo 系统的更新代，是一个基于代理的建模工具包，具有大型模型库和活跃的社区。
- OpenABM（基于开放代理的建模）联盟[12]：该网站提供有关理论、软件和模型的详细信息。

---

[11] https://ccl.northwestern.edu/netlogo/
[12] www.openabm.org/

第19章 追寻生活的脚步:Wright-Fisher 模型的进化动力学

所有的动物都围着老鼠听他讲冒险故事。爱丽丝现在已经看完了，很高兴坐下来听听。

"我们从成千上万人开始。"老鼠开始睿智地说道，"我们都相信我们会到达河的另一边。有些人就是游不好，但即使是真正优秀的游泳运动员也会被很强的水流所冲刷。太可怕了。"老鼠停了一下，然后高兴起来，"但至少有几百个人活了下来。"

就在这时渡渡鸟开口了："是的，我也遇到过。我是同类中唯一生存下来的那一个。"其他人安静下来，低头看着他们的脚、爪子或钳子。

爱丽丝急于打破沉重的心情："那个茶话会怎么样!"她叫道。

编程索引：*numpy.random 库*；*binomial( )*

生物学索引：*种群遗传学*；*进化生物学*；*哈迪-温伯格平衡*；*等位基因频率*；*固定*；*遗传漂变*；*自然选择*；*杂合子优势*；*镰状细胞贫血*

在这最后一章中，我们将 Python 的视角从生态动力学的建模转向进化建模。很多科学家都会为如何准确定义进化而争论不休，但大多数人都认为进化的核心是等位基因频率随时间的变化。支持这些变化的主要理论是种群遗传学（population genetics）。

群体遗传学有着悠久的历史（见 Provine，2001），它早于许多机械论的生物生命科学，如分子生物学。这门学科的框架是在 20 世纪 30 年代由当时一些著名的专家学者奠定的。其中有两个名字特别突出：英国统计学家罗纳德·费希尔爵士（Sir Ronald Fisher）和美国数学家塞沃尔·莱特（Sewall Wright）。多年来，他们建立的理论就像漂亮的发动机：闪闪发光的铬合金气缸和高深莫测的数学化油漆，但几乎没有燃料（即数据）让它们能真正高歌。人类基因组计划等测序项目所产生的大量数据已经完全改变了这一面貌，使种群遗传学变得比以往任何时候都更加重要。

不过，对您来说幸运的是，种群遗传学的基础只需少量的数学知识就很容易掌握。只需少量的 Python 代码，您就可以通过观察两个基本机制来开始构建自己的进化探索：遗传漂变和自然选择。我们将通过构建一个名为 Wright-Fisher 的简单模型来开始探索。与前面的章节一样，我们使用基于模拟的方法。

现在假设我们有有限的群体，其中有些个体含有一个基因变体（称为等位基因），即为等位基因 A，或为等位基因 B。因此在任何时候 t，整个群体仅由两个数字定义：等位基因 A 的个数（称为 n_A）和等位基因 B 的个数（称为 n_B）。为存储运行数代的模拟结果，我们创建了一个由示例 19-1 所示的二维矩阵，该矩阵每行存储一代，每代有两列，对应于两个等位基因。

示例 19-1. 建立二维矩阵存储等位基因的个数

```
from numpy import zeros
num_alleles = [10, 10]
twoN = sum(num_alleles)
allele_counts = zeros((generations + 1, 2))
allele_counts[0, :] = num_alleles
```

让我们进行一些解释。

1. 我们首先计算总的种群大小 2N，它总是定义为 Python 数组的每种类型的等位基因的数量，只有两个数字：$[n_A, n_B]$（在示例 19-1 中，我们将它们设置为 10 和 10）。然后对数组中的所有元素求和（本例中只有两个元素），并返回一个数字：$2N = n_A + n_B$。

2. 然后初始化 NumPy 零数组，其中第一列（索引为 0）存储 n_A，第二列（索引为 1）存储 n_B。这与我们在第 16 章中在二维细胞自动机中存储值的方式类似。

3. 最后，我们用片段算符 "：" 将第 0 代（$t=0$）初始化为等位基因的初始数量，以便利用 $[n_A, n_B]$ 作为列初始化的第一行。

［从技术上讲，我们只需要存储一个数字。因为种群大小保持恒定（2N），我们总是可以用公式 $2N = n_A + n_B$ 从 A 的等位基因数算出 B 的等位基因数，反之亦然。但出于以后绘图的目的，同时存储这两个数字是有用的。］

19.1　遗传漂变

现在让我们试着找出下一代 $t+1$ 中每种等位基因的数量。怎么做？在概念上，我们模拟的是等位基因在种群中随机交配并产生下一个后代的过程。可以认为这是把所有的 $2N$ 个个体放在一个袋子里，让它们交配繁殖，然后取出与原始个体数相同的个体（因为种群保持不变），得到下一代种群中每种类型的等位基因数。

如果有一种数学能帮我们解决这个问题就好了。嗯，幸运的是，这是二项分布（binomial distribution）。式（19-1）给出了当 A 等位基因出现的频率为（$f_A=n_A/2N$）时，从袋子中取出 $2N$ 个个体后具有 k 个 A 等位基因的概率 $p(k)$：

$$p(k) = \frac{(2N)!}{k!(2N-k)!} f_A^{\,k} f_B^{\,2N-k} \qquad (19\text{-}1)$$

这看起来有点混乱，幸运的是 NumPy 包可以再次起到拯救作用，它有一个很好的内置函数：binomial()[1]，它从前面给出的概率分布中，在取出 $2N$ 个个体后返回一个新的等位基因数 k。因此，我们只给函数两个参数：A 等位基因的原始频率（f_A）和从包中"提取"的数量，在本例中为 $2N$，函数将返回新的计数 A 的数量。让我们看看示例 19-2 中的代码（从示例 19-1 中继续）。

示例 19-2. 假设遗传漂变计算新等位基因数

```
from numpy.random import binomial
f_A = allele_counts[t,0] / twoN          # current frequency of A
f_B = (twoN - allele_counts[t,0]) / twoN # current frequency of B
allele_counts[t+1,0] = binomial(twoN, f_A)  # new A allele count
allele_counts[t+1,1] = twoN - allele_counts[t+1,0]  # new B allele
count
```

代码首先计算 A 等位基因的频率，然后计算 B 等位基因的频率（注意，我们总是可以从 f_A 计算出 f_B，因为频率的总和必须始终为 1，即 $f_A+f_B=1$）。接下来要做的是得到新的计数，利用 NumPy 二项式公式得到 A 的等位基因计数，然后计算出 B 的新等位基因计数（n_B 总是等于 $2N-n_A$）。

这就是它的核心！我们已经成功地在 Python 中实现了一代遗传漂变（one generation of genetic drift）！为了在多代中计算这个值，我们只需使用旧一代计数（在时间 t）来计算新一代（在时间 $t+1$）。方法是创建一个循环，并将整件事包装到一个函数中，以获得良好的度量，如示例 19-3 所示。

---

[1] http://docs.scipy.org/doc/numpy/reference/generated/numpy.random.binomial.html

示例 19-3. 用于模拟指定代数上种群的函数

```python
def simulate_population(generations, num_alleles):
    twoN = sum(num_alleles)
    allele_counts = zeros((generations + 1, 2))      # create array
    allele_counts[0, :] = num_alleles                # initialize t=0
    for t in range(generations):
        f_A = allele_counts[t,0] / twoN  # current frequency of A
        f_B = (twoN - allele_counts[t,0]) / twoN # current frequency
of A
        allele_counts[t+1,0] = binomial(twoN, f_A) # new A count
        allele_counts[t+1,1] = twoN - allele_counts[t+1,0]  # new
B count
        print(allele_counts[t+1, 0], allele_counts[t+1,1])
    return allele_counts
```

我们有一个完整的自包含函数，只要给定两个数字（*A* 和 *B* 的等位基因数）就可以计算出第 *t* 代的等位基因数。哇！如前几章所述，函数 range 将生成时间整数点的列表，我们将及时为其运行模拟。示例 19-4 显示了主程序的代码，该程序只运行了三代的进化。初始设置为 10 个 *A* 和 10 个 *B* 等位基因（必须先执行示例19-1 到示例 19-3）。

示例 19-4. 三代进化模拟主程序

```python
if __name__ == "__main__":
    generations = 3              # generations
    num_alleles = [10, 10]       # initial number of alleles [A, B]
    print(num_alleles[0], num_alleles[1]) # print first generation
    allele_counts = simulate_population(generations, num_alleles)
```

输出应该如下所示：

```
10 10
8.0 12.0
8.0 12.0
5.0 15.0
```

但并不完全正确，因为二项式函数是随机生成的，所以您的数字看起来可能有点不同。但如果您多次运行该函数，就会开始看到它们是如何变化的。我们现在已经准备好看到进化在起作用：通过基因漂变来改变等位基因的频率！让我们用老朋友 matplotlib 来绘制输出。

19.2　绘制遗传漂变

首先，我们为等位基因计数的数据绘制一个简单的时间图。您现在应该可以得心应手地使用 matplotlib 了，所以我们直接设置要打印的范围和标签的代码：

```
fig1 = plt.figure()
plt.xlim(0, generations)
plt.ylim(0, twoN)
plt.xlabel('time')
plt.ylabel('allele count')
```

绘图应该很容易。对于 y 轴，我们已经将数据存储在漂亮的 NumPy 数组中，可以像前面的章节一样简单地将其传递给主要的 plot() 命令。请注意，我们利用 [:,0] 和 [:,1]（详细信息请参阅 NumPy 文档中有关高级索引部分[2]）分别传递原始数组中第 0 列或第 1 列的所有行。在前面的章节中，我们同样用 range 和 list 命令创建一个 time_points 列表来创建图例并绘图：

```
time_points = list(range(generations + 1))
plt.plot(time_points, allele_counts[:,0], label="A") # print A count
plt.plot(time_points, allele_counts[:,1], label="B") # print B count
plt.legend()
plt.draw()
```

我们用 draw() 而不是紧跟着 show()，因为 show() 将导致代码在该位置停止，而用户在继续之前必须关闭该图形。正如我们在图灵模式的第 16 章中看到的，draw() 通过在后台准备图形并允许程序继续执行来绕过这个问题。然后，我们可以等到所有要显示的图形都准备好后再发出 show() 命令。让我们再次将这一切打包到一个示例 19-5 所示的函数中，该函数可以很容易地被不同类型的图重用。

示例 19-5. 绘制指定世代等位基因计数的函数

```
def plot_population(allele_counts, generations, selection=True):
    twoN = sum(num_alleles)    # total number of alleles (2N)
    fig1 = plt.figure()
    plt.xlim(0, generations)
    plt.ylim(0, twoN)
    plt.xlabel('time')
    plt.ylabel('allele count')
```

---

[2] http://docs.scipy.org/doc/numpy/reference/arrays.indexing.html

```
time_points = list(range(generations + 1))
plt.plot(time_points, allele_counts[:,0], label="A") # allele A
plt.plot(time_points, allele_counts[:,1], label="B") # allele B
plt.legend()
plt.draw()
return
```

把这两个函数放在一起,就可以在示例 19-6 的主程序中进行模拟并生成图形。但这次我们将运行更长时间,比如说 30 代。注意最后一个 plt.show(),它实际上显示了图形。

示例 19-6. 模拟进化 30 代

```
if __name__ == "__main__":
    generations = 30        # generations
    num_alleles = [10, 10]    # initial number of alleles [A, B]
    print(num_alleles[0], num_alleles[1])
    allele_counts = simulate_population(generations, num_alleles)
    plot_population(allele_counts, generations)
    plt.show()
```

运行上面的程序,您现在应该能够生成一个类似于图 19-1 的图。

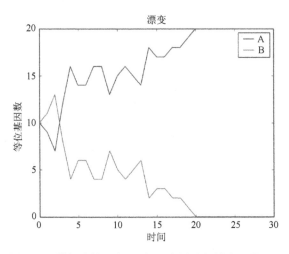

图 19-1 模拟遗传漂变 30 代(彩图请扫封底二维码)

您现在可以全身心地去探索进化模拟了。试着增加后代的数量,看看其中一个等位基因最终控制种群之前,该种群能维持多久。这就是我们所说的等位基因已经"固定"的地方,也就是说没有任何其他变化,如新的突变,种群现在已经固定为特定的等位基因（无论是 A 还是 B）。尝试多次运行模拟，并计算 A 等位基因固定的次数。注意到模式了吗？

您应该看到，在大约 50% 的试例中，任何给定的等位基因都会被固定。这可以从最初的数学公式中得到解释，即给定等位基因的固定概率等于其在种群中的初始频率。在我们的例子中，$f_A=n_A/2N=10/20=0.5$。但在运行模拟之后，您现在应该有一个更加直观的感觉，即在现实世界中，任何给定个体的种群都可能固定在这两个等位基因中的任何一个。但在这里，您可以使用已故伟大的进化生物学家史蒂芬·杰伊·古尔德（Stephen Jay Gould）的比喻，多次"重放生命的磁带"（replay life's tape），您就可以从每一个单独的特殊情况开始看到这一整体的统计模式，而 Python 为您提供了工具！

19.3　将自然选择添加到 Mix

但种群并不总是像这样"漂泊"。有时一个特定的等位基因组合会比其他组合更受欢迎。我们可以简单地扩展现有的 Wright-Fisher 代码，只需"插入"一个选择函数，就可以捕捉到这样一个事实：有时某些基因型比其他基因型更具有相对的优势。

我们将在这里稍作停留，以便快速了解一些非常基础的遗传学。如果关于等位基因和基因型的讨论让您觉得昏昏欲睡，敬请跳过这部分内容。你们大多数人也许会记得，二倍体生物（如人类）有两个给定基因的拷贝（每个染色体上一个）。任何给定的基因（或位点）都由两个等位基因组成，每个等位基因来自一条染色体；这些等位基因的特定组合称为该位点的基因型。在我们这里描述的情况下，两个可能的等位基因 A 和 B 可以排列成 4 种可能的基因型之一：

AA　AB　BA　BB

$f_{AA}+f_{AB}+f_{BA}+f_{BB}=1$

AA 和 *BB* 是两种纯合基因型，其中 *AB* 和 *BA* 是杂合基因型（由于 *AB* 和 *BA* 在功能上通常无法区分，因此，我们将其缩写为 *AB*。但请注意，有两种方法可以获取 *AB* 杂合子，这在后面的讨论中可能很重要！）。如上面的等式所示，每个基因型在种群中也具有相应的基因型频率（请注意，与等位基因频率一样，这些基因型频率的总和也等于 1！）。

现在一切都很好。那么我们如何从等位基因频率 f_A 和 f_B 求出种群中基因型的频率？在这里，我们可以转向种群遗传学的另一个重要原理，即哈迪-温伯格原理（Hardy-Weinberg principle）。您可以在 Wikipedia 文章中找到详细的说明[3]，但直观

---

[3] 译注：网址为 https://en.wikipedia.org/wiki/Hardy-Weinberg_principle

的想法是，随机交配种群中基因型的频率与构成这些基因型的等位基因频率的乘积成正比。这导致了基因型频率的以下计算公式：

$$f_{AA} = f_A \times f_A = f_A^2$$
$$f_{AB} = f_A \times f_B + f_B \times f_A = 2f_A f_B$$
$$f_{BB} = f_B \times f_B = f_B^2$$

（请注意，有两种获取 *AB* 基因型的方法，因此我们将 *AB* 和 *BA* 频率的乘积求和）。这是一段 Python 代码（请注意，我们使用内置的 *x**y* 指数运算符[4]，它是指数 x^y 的 Python 版本）：

```
# calculate current genotype frequencies from the allele frequencies
f_AA = f_A**2
f_AB = 2 * f_A * f_B
f_BB = f_B**2
```

由于选择是在基因型水平上进行的，所以计算群体中基因型在当前代 *t* 的比例是计算其在下一代 *t*+1 中比例的第一步。我们可以用三种不同的权重 w_{AA}、w_{AB} 和 w_{BB} 来表示三种可能的基因型的选择强度。由于这些都是相对权重，因此它们的大小可以是任意的。但按照惯例，它们的大小通常是 0 到 1 之间的值。例如，当 $w_{AA} = w_{AB} = w_{BB}$ 时，就表明所有基因型都是等价的，相当于种群中没有偏向性的选择作用。

为了获得下一代，我们只需将这些权重应用于现有的基因型频率，以得到新的绝对适应度（注意，这些值的总和不等于 1！）：

```
g_AA = f_AA * w_AA
g_AB = f_AB * w_AB
g_BB = f_BB * w_BB
```

我们还没有完成计算，因为这些新数字还不是种群中真正的基因型频率，我们要通过总体平均适应度对这些频率进行归一化。按照惯例，将其称为 *w*（此处用 bar 标记），它是绝对适应度的总和：

```
w_bar = g_AA + g_AB + g_BB
```

然后将各个频率除以适应度以获得新的基因型频率（它们的总和等于 1！）

```
f_AA = g_AA / w_bar
f_AB = g_AB / w_bar
f_BB = g_BB / w_bar
```

快完成了！最后，回到等位基因频率（我们要用它来执行漂变的步骤）。

---

[4] https://docs.python.org/3/reference/expressions.html#the-power-operator

我们注意到每个 *AB* 基因型都含有一个 *A* 等位基因，因此我们将 *AB* 基因型一半的频率（f_{AB}）添加到 *AA* 基因型的频率（f_{AA}）。这将获得等位基因 *A* 的频率（f_A）。从这里可以很容易地计算出等位基因 *B* 的频率为 $1 - f_A$。在 Python 中的表示式为：

```
f_A = f_AA + f_AB/2
f_B = 1 - f_A
```

因此，让我们将它们放到示例 19-7 的函数中，该函数将第 *t* 代的等位基因的频率作为输入，并在下一代 *t* + 1 返回新的等位基因频率。

示例 19-7. 对输入等位基因频率进行选择的函数

```
def do_selection(f_A, f_B):
    # calculate current genotype frequencies from allele frequencies
    f_AA = f_A**2
    f_AB = 2 * f_A * f_B
    f_BB = f_B**2
    # now apply selection to get absolute fitnesses of genotypes
    # note these DO NOT sum to 1!
    g_AA = f_AA * w_AA
    g_AB = f_AB * w_AB
    g_BB = f_BB * w_BB
    # calculate the mean fitness, the weighted sum of the above
    w_bar = g_AA + g_AB + g_BB
    # now use mean fitness to get *new* genotype frequencies
    # note that these DO sum to 1!
    f_AA = g_AA / w_bar
    f_AB = g_AB / w_bar
    f_BB = g_BB / w_bar
    # get find new frequency of A:
    # AA genotype + half of all AB genotypes contain A
    # so add them together:
    f_A = f_AA + f_AB/2
    # frequency of B is just 1 - frequency of A
    # frequencies must sum to 1!
    f_B = 1 - f_A
    return f_A, f_B
```

现在我们可以将此 do_selection 函数放到示例 19-8 的 Simulation_population 中，将其放置在根据当前等位基因数量计算的等位基因频率之后，并在用二项式绘制模拟随机交配和漂变之前。概念上这样做的好处在于，选择只是将等位基因频率转换为一组新的等位基因频率的一个步骤。我们还利用此机会添加了一个新的关键字参数 selection（默认情况下设置为 False），以便可以选择性地"切换"打开和关闭选项。

示例 19-8. 带有可选项（关键字参数）的新的模拟函数

```
def simulate_population(generations, num_alleles, selection=
False):
    twoN = sum(num_alleles)
    allele_counts = zeros((generations + 1, 2)) # create array
    allele_counts[0, :] = num_alleles    # initialize t=0
    for t in range(generations):
        f_A = allele_counts[t,0] / twoN  # current frequency of A
        f_B = (twoN - allele_counts[t,0]) / twoN    #    current
frequency of A
        if selection:
            f_A, f_B = do_selection(f_A, f_B)
        allele_counts[t+1,0] = binomial(twoN, f_A)      #  new  A
count
        allele_counts[t+1,1] = twoN - allele_counts[t+1,0] #  new
B count
        print(allele_counts[t+1, 0], allele_counts[t+1,1])
    return allele_counts
```

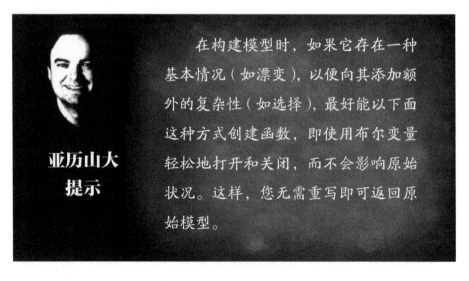

在构建模型时，如果它存在一种基本情况（如漂变），以便向其添加额外的复杂性（如选择），最好能以下面这种方式创建函数，即使用布尔变量轻松地打开和关闭，而不会影响原始状况。这样，您无需重写即可返回原始模型。

亚历山大 提示

因此，让我们想象一个真实的示例，其中选择将起作用，并查看是否可以使用 Python 代码来模拟效果。最有趣的情况之一是杂合子（AB）比每个纯合子（AA 和 BB）都更适合生存。这被称为杂合子优势或超显性。记载最充分的杂合子优势的案例之一是，在持续爆发疟疾的地区，那些只有一个镰状细胞贫血隐性等位基因的人比有两个等位基因的人（在我们的命名法中隐性纯合子为 AB）或两者都没有的人（显性等位基因纯合子为 AA）具有健康的优势。这是因为隐性纯合子几乎都是有害的（导致镰状细胞疾病），但显性纯合子（AA）对疟疾不具有抵抗力，而那些仅含一个镰状细胞等位基因（B）的个体则容易感染疟疾。

在具有杂合子优势的有限人群中，随着时间的推移，通过将等位基因的两个拷贝都保留更长的时间，与只受遗传漂变影响的种群（等位基因更容易丢失）相比，该种群保持了更高程度的多样性（通常称为多态性）。我们可以通过设置适合度权重，添加选择，并用示例 19-9 中的代码运行 10 代来定性地观察这一现象（应先运行示例 19-7 和示例 19-8 中函数的代码）。

示例 19-9. 用 10 代模拟杂合子优势

```
w_AA = 0.33
w_AB = 0.95
w_BB = 0.33
if __name__ == "__main__":
    generations = 10          # generations
    num_alleles = [10, 10]    # initial number of alleles [A, B]
    print(num_alleles[0], num_alleles[1])
    # drift + selection
    allele_counts = simulate_population(generations, num_alleles,
selection=True)
    plot_population(allele_counts, generations, selection=True)
    plt.show()
```

现在看看图 19-2 中的输出。

如果您将这个模型运行了几次，也会看到一种模式：每种类型的 A 或 B 的等位基因的数量将在种群中保留更长的时间。杂合子优势确实存在。恭喜您，在这最后一章中，您已经开始探索生物学中最长的时间尺度：进化。追溯到前几章，我们从开始研究在纳秒时间尺度上变化的三维蛋白质结构到现在已经走了很长的路程。然而，所有这些生物时间尺度都可让您通过 Python 进行探索。

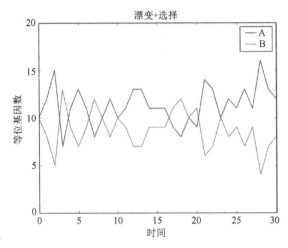

图 19-2 用 30 代模拟漂变和选择（杂合子优势）（彩图请扫封底二维码）

19.4 参考资料和进一步阅读

- simuPop[5]：基于 Python 的脚本环境，用于前向种群遗传学的模拟。
- popRange[6]：尽管是用 R 开发的，但它是用于种群遗传学模拟的有趣的软件包（它在 CRAN[7]上有一个包）。
- PyPop[8]：由本书作者之一（亚历山大）开发的基于 Python 的种群遗传学框架，可分析基因型数据以了解对哈迪-温伯格平衡的偏离。
- Stephen Jay Gould, *Wonderful Life: the Burgess Shale and the Nature of history*[9]. （WW Norton & Company, 1990）。
- William Provine, *The Origins of Theoretical Population Genetics*[10]. （University of Chicago Press, 2001）。

---

[5] http://simupop.sourceforge.net
[6] www.ncbi.nlm.nih.gov/pmc/articles/PMC4399400/
[7] https://cran.r-project.org/web/packages/popRange/index.html
[8] http://pypop.org/
[9] 译注：https://en.wikipedia.org/wiki/Wonderful_Life_(book)
[10] http://press.uchicago.edu/ucp/books/book/chicago/O/bo3618372.html

后记：因为分手很难做到

从小瓶子里喝出来的那种奇怪的效果很快就消失了，爱丽丝发现自己又一次站在原来喝饮料的小桌子旁，手里拿着现在空着的瓶子。

"哇！"她说，"这真是一次长途的旅行。我在哪里啊？"

"您在后记中。"一个神秘而又不显眼的声音说。

"什么是后记？"爱丽丝问，从她的经历来看，还是有点晕乎。

"就像一本书的最后一章。"那个声音说道，"每个人都会对自己所处的位置进行评估，谈论自己学到的东西，通常会对（旅程结束）之类的事充满激情。"

"听起来很像白天的电视。"爱丽丝打趣道。

进一步的探索

好的，温文尔雅的读者，我们已经到了本书的结尾，这是我们应该说"这不是结束，只是开始……"或"我们希望您喜欢读这本书，就像我们喜欢写它一样……"等等。但由于您可能有一百万件事要在实验室里做，我们会尽量保持简短（不要太油嘴滑舌）。

除了这本书之外，对于任何想要学习或提高 Python 技能的人来说，还有大量奇妙的资源，这在很大程度上要归功于围绕 Python 语言在许多领域的成功而形成的庞大而热情的程序员社区。我们强烈推荐的一个有价值的技术资源是您当地的 Python 会议组。我们很幸运地生活在美国波士顿的大都市地区，那里有美国最大的 Python 会议组之一。如果您住在任何一个有一定规模的城市或附近，附近很有可能就有一个 Python 会议组。

毫无疑问，这些团体的形式在不同的地区有所不同，但如果您加入到本地的团体（而且是免费的），将可以享受各种讲座、研讨会和编程讲习班，甚至与其他 Python 小组的社交活动，并能接触到一批经验丰富的 Python 编程人员，他们可以提供专业知识来帮助您做自己的项目。所以，您一定要帮自己找到一个当地真正的 Python 会议组并注册！

每年也都会有一个 PyCon[1]，这是一个来自世界各地的规模庞大的 Python 编程人员的聚会。他们聚在一起不仅讨论 Python 语言及其未来，而且展示人们使用 Python 所做的令人难以置信的很酷的事情。Python 社区和语言本身一样，都是关于交流、协作和共享的，所以这些类型的社区活动在 Python 领域真的很重要。

读者如何帮助我们

我们一直在努力使这本书尽可能的好——甚至是一本我们自己在开始学习 Python 时想读的书。但我们知道，再大的投入也不能保证这本书在文本和它所包含的 Python 代码中都没有错误或遗漏。事实上，我们非常肯定的是，作为读者的您一旦开始使用这本书，就会发现它有很多缺点。有鉴于此，我们非常感谢您对这本书的反馈，不管是好是坏，只要它是有建设性的。如果您注意到书中有错误或遗漏，请发电子邮件至：info@amberbiology.com。

然后，我们可以将这些修订合并到下一个版本中。由于显而易见的原因，这本书的任何印刷版本的更新都需要一段时间（现在很难找到好的抄写员，而且那些鹅毛笔也没有办法速递）。我们还会及时地在该书的网站上发布与本书相关的更新：http://pythonforthelifesciences.com。

咨询与培训

如果不给自己适当的充电，我们真的完成不了这本书。我们都是数字生物学研究公司 Amber Biology[2] 的合作伙伴，总部位于美国马萨诸塞州的剑桥市，在生物学和计算机科学的交叉学科领域工作。我们提供专业技能和专业知识，支持生命科学研发和生命科学软件及产品的开发。事实证明，Python 是我们所承担的绝大多数客户项目的首选武器。除了软件开发组件外，我们的大多数项目都具有很

---

[1] https://us.pycon.org/
[2] www.amberbiology.com/

强的生命科学研究的味道。我们都是训练有素的科学家，拥有多年解决工业和学术界现实研究问题的集体经验，所以我们戴上科研人员的帽子会跟我们戴上程序员及软件开发人员的帽子一样舒适。

除了咨询工作，我们还为需要的组织、团体和个人提供 Python 培训，重点是生命科学领域的 Python。如果您希望我们将本书中的任何材料导入您所在团队或组织的课堂环境，请通过 info@amberbiology.com 与我们联系，或访问我们的网站 http://amberbiology.com，我们很乐意为您量身定制一个 Python 或生物计算领域的培训计划，以满足您的需求。

最后的祝愿

我们觉得本书的结尾处需要一点东西来把它很好地连在一起，没有什么比一块好地毯更能把一个房间连在一起的了[3]，我们认为这块地毯也可以将本书连成一个整体——所以您可以开始了。

我们向大家致以最良好的祝愿！

---

[3] http://thebiglebowski.wikia.com/wiki/The_Rug